T0240954

Diskrete Mathematik

Lukas Pottmeyer

Diskrete Mathematik

Ein kompakter Einstieg

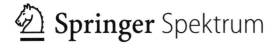 Springer Spektrum

Lukas Pottmeyer
Fakultät für Mathematik
Universität Duisburg-Essen
Essen, Deutschland

ISBN 978-3-662-59662-3   ISBN 978-3-662-59663-0   (eBook)
https://doi.org/10.1007/978-3-662-59663-0

Die Deutsche Nationalbibliothek verzeichnet diese Publikation in der Deutschen Nationalbibliografie; detail-lierte bibliografische Daten sind im Internet über http://dnb.d-nb.de abrufbar.

Springer Spektrum
© Springer-Verlag GmbH Deutschland, ein Teil von Springer Nature 2019
Das Werk einschließlich aller seiner Teile ist urheberrechtlich geschützt. Jede Verwertung, die nicht ausdrücklich vom Urheberrechtsgesetz zugelassen ist, bedarf der vorherigen Zustimmung des Verlags. Das gilt insbesondere für Vervielfältigungen, Bearbeitungen, Übersetzungen, Mikroverfilmungen und die Einspeicherung und Verarbeitung in elektronischen Systemen.
Die Wiedergabe von allgemein beschreibenden Bezeichnungen, Marken, Unternehmensnamen etc. in diesem Werk bedeutet nicht, dass diese frei durch jedermann benutzt werden dürfen. Die Berechtigung zur Benutzung unterliegt, auch ohne gesonderten Hinweis hierzu, den Regeln des Markenrechts. Die Rechte des jeweiligen Zeicheninhabers sind zu beachten.
Der Verlag, die Autoren und die Herausgeber gehen davon aus, dass die Angaben und Informationen in diesem Werk zum Zeitpunkt der Veröffentlichung vollständig und korrekt sind. Weder der Verlag, noch die Autoren oder die Herausgeber übernehmen, ausdrücklich oder implizit, Gewähr für den Inhalt des Werkes, etwaige Fehler oder Äußerungen. Der Verlag bleibt im Hinblick auf geografische Zuordnungen und Gebietsbezeichnungen in veröffentlichten Karten und Institutionsadressen neutral.

Planung/Lektorat: Iris Ruhmann

Springer Spektrum ist ein Imprint der eingetragenen Gesellschaft Springer-Verlag GmbH, DE und ist ein Teil von Springer Nature.
Die Anschrift der Gesellschaft ist: Heidelberger Platz 3, 14197 Berlin, Germany

Vorwort

Dieses Buch ist im Laufe einer Vorlesungsreihe *Diskrete Mathematik I und II* an der Universität Duisburg-Essen entstanden. Es richtet sich an Studierende im ersten Semester eines mathematischen Studienganges und gibt in komprimierter Form einen Überblick über die – meiner Meinung nach – wichtigsten Bereiche der diskreten Mathematik.

Es bietet sich an, die Kapitel 1 bis 4 im ersten und die Kapitel 5 bis 8 im zweiten Semester zu studieren. Für die Kapitel 5 bis 8 ist es an einigen Stellen hilfreich (aber nicht erforderlich), über Grundkenntnisse einer Linearen-Algebra-I und einer Analysis-I-Vorlesung zu verfügen.

Alle behandelten Themen werden formal sauber eingeführt ohne dabei tieferes mathematisches Vorwissen vorauszusetzen. Viele der Themen haben eine sehr anschauliche Deutung, die in diesem Buch ebenfalls genannt wird. Allerdings sollten auch Studierende ohne mathematisches Vorstellungsvermögen diesem Buch folgen können, da alles ausgehend von den Peano-Axiomen Schritt für Schritt bewiesen wird.

Jedes Kapitel endet mit einer Aufgabensammlung. Die Lösungen zu diesen Aufgaben werden auf https://www.springer.com/de/book/9783662596623 bereitgestellt. Der Lerneffekt ist natürlich am größten, wenn Sie sich die Lösungen erst anschauen, nachdem Sie die Aufgabe selbst bearbeitet haben. Einige Aufgaben sind mit einem • gekennzeichnet. Diese sollten Sie nach dem Studium des entsprechenden Kapitels lösen können, bevor Sie zum nächsten Kapitel weiterblättern. Wenn Sie also nicht alle Aufgaben bearbeiten wollen, dann nehmen Sie zunächst die gekennzeichneten Aufgaben.

Obwohl sich das Buch an Studierende im ersten Semester richtet, wurde auf ein Kapitel zur elementaren Logik und zu Beweisstrategien verzichtet. Dieses Wissen soll während der Lektüre dieses Buches *im laufenden Betrieb* erlernt werden.

Bevor es nun mit dem Inhalt des Buches losgeht, möchte ich mich bei Ömer Arslan, Georg Hein, Franziska Heinloth, Simon Hermkens, Michael Ingelski, Jonas Keppel, Florian Leptien, Cedric Nguepnang, Matea Perkovic, Robin Piwatz und Alexey Shvartsman für hilfreiche Anmerkungen und Korrekturen bedanken!

Lukas Pottmeyer

Einleitung

In der diskreten Mathematik behandelt man alles, was *abzählbar* ist. Das heißt, alles dessen Größe wir mit den natürlichen Zahlen 1, 2, 3, … und der 0 bestimmen können. Wir werden insbesondere die Anzahl von Elementen in gewissen endlichen Mengen bestimmen – wir werden also das Zählen lernen!

Ein Beispiel: In Ihrer ersten Vorlesung haben sich 182 Personen getroffen. Nämlich 181 Studierende (um Anonymität zu wahren, nennen wir diese $S_1, S_2, S_3, \ldots, S_{181}$) und ein Dozent (aufgrund der Gleichberechtigung bekommt auch der nur den Buchstaben D als Namen). Angenommen, alle diese Personen begrüßen sich mit Handschlag. Wie viele Handschläge gibt es dann insgesamt?

Eine erste Lösung ist die Folgende. D gibt jedem Studierenden die Hand (das sind 181 Handschläge). Danach ist er fertig und kann seine Hände in die Tasche stecken. Danach gibt S_1 allen anderen Studierenden die Hand (180 Handschläge) und steckt seine/ihre Hände ebenfalls in die Tasche. So geht es weiter: S_2 gibt den Studierenden $S_3, \ldots, S_{181}$ die Hand (179 Handschläge) und so weiter, bis es nur noch den Handschlag zwischen S_{180} und S_{181} gibt. Dann hat tatsächlich jeder jedem genau einmal die Hand geschüttelt, und es waren hierfür genau

$$181 + 180 + 179 + \ldots + 1 \tag{1}$$

Handschläge nötig. Diese Schreibweise ist etwas sperrig. Wir benutzen oft das Summensymbol Σ, um solche Summen eleganter zu schreiben. Obige Summe können wir damit verkürzen zu

$$\sum_{n=1}^{181} n.$$

Das bedeutet, dass wir alle natürlichen Zahlen n von 1 bis 181 addieren. Ob der Index hier n heißt oder k oder η oder $\spadesuit$ spielt keine Rolle. Da auch Addition mit 0 nichts verändert, könnten wir die Summe also auch schreiben als

$$\sum_{\spadesuit=0}^{181} \spadesuit.$$

Kommen wir zurück zu der Frage nach der Anzahl von nötigen Handschlägen zwischen den Personen $D, S_1, S_2, \ldots, S_{181}$. Eine zweite Lösung ist etwas eleganter. Jede der 182 Personen gibt den restlichen 181 Personen die Hand (D gibt $S_1, \ldots, S_{181}$ die Hand; S_1 gibt $D, S_2, S_3, \ldots, S_{181}$ die Hand und so weiter). Dann gab es insgesamt $182 \cdot 181$ Handschläge. Allerdings haben wir auf diese Weise jeden Handschlag doppelt gezählt, da jede Person jeder anderen einmal die Hand gereicht hat und einmal von jeder Person die Hand gereicht bekommen hat. Teilen wir also $182 \cdot 181$ durch 2, so erhalten wir die nötige Anzahl von Handschlägen, nämlich

$$\frac{182 \cdot 181}{2} = 16.471. \tag{2}$$

Da beide Argumentationen richtig sind, haben wir unter anderem die Gleichheit der Ausdrücke (1) und (2) gezeigt.

Um Fragen der Form *wie viele* … zu beantworten, ist es wichtig, sich auf eine geeignete Sprache – oder Klasse von Antworten – zu einigen. In der Sprache Pirahã gibt es zum Beispiel nur Wörter für *ungefähr eins* (hói), *etwas mehr als eins* (hoí) und *viele* (baágsio) [7]. Das obige Beispiel wäre also ohne jegliche Überlegung in Pirahã zu beantworten. Wir wollen jedoch wie angekündigt die natürlichen Zahlen benutzen. Diese werden wir daher in einem Grundlagenkapitel einführen. Dabei werden wir uns nicht auf den Standpunkt von Leopold Kronecker stellen („Die natürlichen Zahlen hat der liebe Gott gemacht, der Rest ist Menschenwerk."), sondern die natürlichen Zahlen anhand ihrer Eigenschaften einführen. Das hat zur Folge, dass auch die Addition und die Multiplikation auf den natürlichen Zahlen definiert werden muss und grundlegende Eigenschaften, wie z. B. die Kommutativität der Addition, nachgewiesen werden müssen. Am Ende erhalten wir natürlich, dass auf den natürlichen Zahlen genauso gerechnet werden darf, wie wir es aus der Grundschule kennen. Für den etwas mühsamen Weg zu den natürlichen Zahlen werden wir reich belohnt. Wir bekommen nämlich die wichtigste Beweisstrategie für dieses Buch an die Hand: die *vollständige Induktion*.

Nachdem wir im ersten Kapitel definiert haben, was wir mit *Zählen* meinen, wenden wir uns der *Kombinatorik* zu. Darin beschäftigen wir uns mit Zählproblemen wie dem Eingangsbeispiel. Das anschließende Kapitel über *Rekursionen* liefert uns ein weiteres Hilfsmittel um „wie viele" …-Fragen zu beantworten.

Verbildlichen wir das Beispiel mit den Handschlägen und zeichnen die Personen als Punkte und verbinden Sie mit einer Linie, wenn sie sich die Hand gegeben haben, so erhalten wir einen *Graphen*. Damit können wir nun Relationen zwischen Elementen studieren, die über das schlichte Abzählen hinausgehen. Zum Beispiel können wir uns fragen, ob es möglich ist, dass sich alle untereinander per Handschlag begrüßen, wenn die Handschläge der Reihe nach abgearbeitet werden und eine Person immer genau zweimal hintereinander eine Hand gibt. Zum Beispiel: S_1 gibt S_2 die Hand, S_2 gibt S_3 die Hand, S_3 gibt S_1 die Hand, S_1 gibt S_4 die Hand, S_4 …

Wir werden zeigen, dass man auf diese Art bei mehr als zwei Personen nur dann alle Handschläge (ohne dass ein Händepaar doppelt geschüttelt wird) erhält, wenn wir eine ungerade Anzahl von Personen haben.

Im anschließenden Kapitel zur elementaren Zahlentheorie betrachten wir Teilbarkeit in den ganzen Zahlen. Um auch hier möglichst wenig Wissen voraussetzen zu müssen, werden wir die ganzen Zahlen $\mathbb{Z} = \{\ldots, -2, -1, 0, 1, 2, \ldots\}$ formal einführen – so wie wir es auch mit den natürlichen Zahlen gemacht haben. Nachdem wir uns ein bisschen mit den ganzen Zahlen befasst haben, wollen wir wieder auf endliche Mengen zurückkommen. Dies machen wir, indem wir *Restklassen modulo einer ganzen Zahl* in $\mathbb{Z}$ betrachten. Mit solchen Restklassen können Sie bereits rechnen, denn Sie wissen natürlich wie viel Uhr es in genau 28 h sein wird. Dabei haben Sie nichts anderes gemacht als *modulo 24* zu rechnen: In 24 h von jetzt an haben wir dieselbe Uhrzeit wie jetzt. Damit ist die Uhrzeit in 28 h genau dieselbe wie die Uhrzeit in 4 h. Wir haben also vor dem Rechnen schlicht die ganzen Zahlen bei 0 und 24 zusammengeklebt.

Diese Theorie wollen wir nutzen, um uns ein bisschen mit *Kryptographie* – also Verschlüsselungstheorie – zu beschäftigen. Wenn Nachrichten zwischen zwei bekannten Personen verschlüsselt werden sollen, ist das ziemlich einfach, wenn die beiden vorher die Gelegenheit hatten, sich im Geheimen einen Schlüssel zum Ver- und Entschlüsseln zu überlegen und auszutauschen. Wir möchten aber auch, dass unsere Nachrichten verschlüsselt sind, wenn wir im Internet – über eine potentiell unsichere Leitung – mit Personen, die wir noch nie getroffen haben, kommunizieren. Das RSA-Kryptosystem (benannt nach R. Rivest, A. Shamir, L. Adleman) ist ein Verfahren, das uns genau diese Art von Verschlüsselung erlaubt. Unser Hauptaugenmerk wird daher auf diesem Verfahren liegen.

Im kurzen Kapitel 7 betrachten wir lateinische Quadrate. Dies sind im Wesentlichen $n \times n$ Tabellen, sodass in jeder Zeile und jeder Spalte jede der Zahlen $1, 2, \ldots, n$ genau einmal vorkommt. Solche Tabellen kennen Sie zum Beispiel von ausgefüllten Sudokus. Wir nehmen diese Objekte zum Anlass, um das letzte große Zählprinzip des Buches, den Hochzeitssatz, zu beweisen.

Im letzten Kapitel werden wir *erzeugende Funktionen* studieren. Diese können Sie sich zunächst als „Polynome von unendlichem Grad" vorstellen. Der eigentliche Zweck hierbei ist, dass wir unendlich viele (natürliche) Zahlen in einem einzigen Objekt zusammenfassen können. Mit diesem recht abstraktem Zugang können wir Rekursionen lösen und Fragen der Kombinatorik beantworten, die in Kapitel 2 und 3 nicht behandelt werden konnten.

Es gibt natürlich weitere spannende Themen der diskreten Mathematik, die keinen Platz in diesem Buch gefunden haben. Dazu zählen unter anderem Codierungstheorie, Designs, algebraische Graphentheorie, gerichtete Graphen und Boolsche Algebren. Zum Erlernen dieser und weiterer Themen verweise ich auf die Bücher [1] und [14].

Mathematisches Vokabelheft

Um Zeit und Nerven zu sparen, ist es in der Mathematik nötig, gewisse Symbole zur Unterstützung heranzuziehen. Verwenden Sie die folgenden Symbole ausschließlich in der angegebenen Bedeutung!

Symbol	Bedeutung
$=$	gleich, ist gleich
$\neq$	ungleich, ist ungleich
$\Rightarrow$	daraus folgt, impliziert
$\Leftarrow$	wird impliziert von
$\Leftrightarrow$	ist äquivalent zu
$\forall$	für alle
$\exists$	es existiert, oder existiert
$\in$	ist Element von, ist in
$\notin$	ist kein Element von, ist nicht in

Dies sind nur die wichtigsten Vokabeln, und es ist genug Platz übrig, damit Sie es selbst erweitern können.

Griechische Buchstaben

In der Mathematik wird viel mit Variablen gearbeitet. Dafür reicht unser herkömmliches lateinisches Alphabet oft nicht aus, und es werden auch Buchstaben des griechischen Alphabets benutzt. Da dies vielleicht nicht jedem bekannt ist, listen wir hier alle Buchstaben einmal auf. Wir werden meistens nur die kleinen Buchstaben benutzen (auch wenn uns oben bereits das große Sigma begegnet ist).

A, α	Alpha
B, β	Beta
Γ, γ	Gamma
Δ, δ	Delta
E, ε	Epsilon
Z, ζ	Zeta
H, η	Eta
Θ, θ	Theta
I, ι	Iota
K, κ	Kappa
Λ, λ	Lambda
M, μ	My
N, ν	Ny
Ξ, ξ	Xi
O, o	Omikron
Π, π	Pi
P, ρ	Rho
Σ, σ	Sigma
T, τ	Tau
Y, υ	Ypsilon
Φ, φ	Phi
X, χ	Chi
Ψ, ψ	Psi
Ω, ω	Omega

Inhaltsverzeichnis

Grundlagen

1

Was beweisbar ist, soll in der Wissenschaft nicht ohne Beweis geglaubt werden.

Richard Dedekind

Hier wollen wir die wesentlichen Objekte einführen, die in diesem Buch behandelt werden. Insbesondere wollen wir präzisieren, was mit *Zählen* eigentlich gemeint ist. Dies ist anschaulich vollkommen klar, und zum Glück wird uns der abstrakte Zugang zu den natürlichen Zahlen genau das liefern, was wir auch erwartet haben. Um alle (wirklich alle!) Eigenschaften und Konzepte der natürlichen Zahlen herzuleiten, brauchen wir aber erstaunlich wenige (genau fünf) Annahmen.

1.1 Naive Mengenlehre

Mengen sind die grundlegendsten mathematischen Objekte. Daher können sie nicht durch andere mathematische Strukturen definiert werden. Wir geben eine anschauliche Definition einer Menge, die von Georg Cantor eingeführt wurde.

Definition 1.1 Unter einer *Menge* verstehen wir jede Zusammenfassung M von bestimmten wohlunterschiedenen Objekten m unserer Anschauung und unseres Denkens (welche die *Elemente* von M genannt werden) zu einem Ganzen.

Dies besagt nichts anderes als das, was man sich naiv unter einer Menge vorstellt: Nehmen Sie irgendeine Zusammenstellung von Dingen oder Gedanken. Solange alles, was Sie zusammengestellt haben, unterschiedlich ist, ist diese Zusammenstellung eine Menge.

© Springer-Verlag GmbH Deutschland, ein Teil von Springer Nature 2019
L. Pottmeyer, *Diskrete Mathematik,*
https://doi.org/10.1007/978-3-662-59663-0_1

Beispiel 1.2 Eines der wichtigsten Beispiele ist die *leere Menge* ∅. Also die Menge, die kein einziges Element enthält. Weitere Beispiele sind:

- Alle Personen, die dieses Buch gelesen haben, bilden eine Menge M_1.
- Alle deutschen Städte bilden eine Menge M_2.
- Die Buchstaben α, β, γ bilden eine Menge M_3.
- Es gibt genau eine Menge M_4, die aus den Elementen Dortmund, γ und der allgemeinen Relativitätstheorie besteht. Das heißt, Elemente einer Menge müssen nicht thematisch zusammengehören. Der Zusammenhang wird vielmehr durch das Bilden von Mengen geschaffen.
- Auch die Menge M_5, die als Elemente die Mengen M_1, M_2, M_3 und M_4 besitzt, existiert.

Biografische Anmerkung: Die Idee von *Georg Ferdinand Ludwig Philipp Cantor* (1845–1918), die Mathematik auf der Mengenlehre aufzubauen, stieß seinerzeit auf teils harschen Widerstand führender Mathematiker. Eines seiner bedeutendsten Resultate ist, dass es zu jeder Menge mit unendlich vielen Elementen eine Menge gibt, die echt mehr Elemente enthält. Es gibt also unendlich viele Unendlichkeiten.

Notation 1.3 Sind die Elemente einer Menge bekannt, so schreiben wir diese explizit in geschweifte Klammern. Es sind somit $M_3 = \{\alpha, \beta, \gamma\}$ und $M_5 = \{M_1, M_2, M_3, M_4\}$.

Ist m ein Objekt und ist M eine Menge, dann schreiben wir $m \in M$, falls m ein Element von M ist (gesprochen: m ist in M), und $m \notin M$, falls m kein Element von M ist. Ein vertikaler Strich „|" in geschweiften Klammern bedeutet „mit der Eigenschaft". Es gilt zum Beispiel

$$\{\text{Berlin, München, Hamburg, Köln}\}$$
$$= \{x \in M_2 | x \text{ hat mehr als } 1.000.000 \text{ Einwohner}\}.$$

Zwei Mengen M und N sind *gleich*, genau dann, wenn sie dieselben Elemente enthalten. Formal:
$$M = N \iff [x \in M \Leftrightarrow x \in N].$$

Insbesondere gibt es in einer Menge keine Reihenfolge, und ein Element kann nicht mehrfach in einer Menge sein. Dies ist in der Definition mit dem Wort *wohlunterschieden* gemeint. Beispielsweise haben wir $\{\alpha, \beta, \gamma\} = \{\gamma, \alpha, \gamma, \beta, \alpha\}$.

Definition 1.4 Seien M und N Mengen. Dann heißt M *Teilmenge* von N, genau dann, wenn jedes Element von M auch ein Element von N ist. Die Menge N wird in diesem Fall *Obermenge* von M genannt. Wir notieren dies mit $M \subseteq N$. Formal:

$$M \subseteq N \iff [m \in M \Rightarrow m \in N].$$

Falls $M \subseteq N$ und $M \neq N$ gilt, schreiben wir auch $M \subsetneq N$, und nennen M eine *echte Teilmenge* von N. Die Notation $M \not\subseteq N$ besagt, dass M keine Teilmenge von N ist.

Es folgt sofort aus den Definitionen, dass zwei Mengen M und N genau dann gleich sind, wenn sowohl $M \subseteq N$ als auch $N \subseteq M$ gilt.

Definition 1.5 Sei M eine Menge. Die Menge $\mathcal{P}(M)$ aller Teilmengen von M heißt die *Potenzmenge* von M. Die Potenzmenge von M ist also formal gegeben durch

$$\mathcal{P}(M) = \{N \,|\, N \subseteq M\}.$$

Bemerkung 1.6 Da eine leere Aussage *(alle Elemente der leeren Menge...)* stets wahr ist, gilt für jede Menge M bereits $\emptyset \subseteq M$. Wir haben also stets $\emptyset \in \mathcal{P}(M)$.

Beispiel 1.7 Es ist:

- $\mathcal{P}(\emptyset) = \{\emptyset\}$. Die Menge $\mathcal{P}(\emptyset)$ enthält also die leere Menge als Element und ist damit nicht selbst die leere Menge.
- $\mathcal{P}(\{\alpha, \beta, \gamma\}) = \{\emptyset, \{\alpha\}, \{\beta\}, \{\gamma\}, \{\alpha, \beta\}, \{\alpha, \gamma\}, \{\beta, \gamma\}, \{\alpha, \beta, \gamma\}\}$

Definition 1.8 (Mengenoperationen) Seien M und N Teilmengen der Menge U.

(a) Die Menge $M \cup N = \{m \in U \,|\, m \in M \text{ oder } m \in N\}$ heißt *Vereinigung* von M und N.
(b) Die Menge $M \cap N = \{m \in U \,|\, m \in M \text{ und } m \in N\}$ heißt *Schnitt* von M und N.
(c) Die Menge $M \setminus N = \{m \in M \,|\, m \notin N\}$ heißt *Mengendifferenz* von M und N.
(d) Das *Komplement* von M in U ist gegeben durch die Menge $M^{C} = U \setminus M$.
(e) Wir sagen M und N sind *disjunkt*, wenn $M \cap N = \emptyset$ gilt.

Diese Mengenoperationen kann man sich sehr gut mithilfe von Mengen-Diagrammen veranschaulichen, welche wir in Abb. 1.1 zusammenfassen.

Proposition 1.9 *Seien M, N, L Teilmengen der Menge U. Das Komplement wird im Folgenden stets in U gebildet. Es gilt*

(a) $M \setminus M = \emptyset$ und $M \setminus \emptyset = M$,
(b) $M \setminus N = M \setminus (M \cap N)$,
(c) $M \cap M = M$ und $M \cup M = M$,
(d) $M \cap N = N \cap M$ und $M \cup N = N \cup M$,
(e) $[M \cap N = M \iff M \subseteq N]$ und $[M \cup N = M \iff N \subseteq M]$,
(f) $(M \cap N)^{C} = M^{C} \cup N^{C}$ und $(M \cup N)^{C} = M^{C} \cap N^{C}$,
(g) $(M^{C})^{C} = M$,

(h) $M \subseteq N \Longrightarrow N^{\mathcal{C}} \subseteq M^{\mathcal{C}}$,

(i) $M \cap (N \cap L) = (M \cap N) \cap L$ *und* $M \cup (N \cup L) = (M \cup N) \cup L$,

(j) $M \cap (N \cup L) = (M \cap N) \cup (M \cap L)$ *und* $M \cup (N \cap L) = (M \cup N) \cap (M \cup L)$.

Beweis Diese Aussagen folgen direkt aus den Definitionen. Es ist sehr einfach, ihre Gültigkeit anhand von Mengen-Diagrammen wie in Abb. 1.1 einzusehen. Versuchen Sie es! Um erste formale Beweise kennenzulernen, werden wir exemplarisch die erste Aussage in Teil (e) beweisen. Wir wollen also zeigen, dass für zwei Mengen M und N die Äquivalenz

$$M \cap N = M \Longleftrightarrow M \subseteq N$$

gilt. Dazu müssen wir zeigen, dass sowohl $M \cap N = M \Rightarrow M \subseteq N$ als auch $M \cap N = M \Leftarrow M \subseteq N$ gilt. Diese beiden Richtungen der Äquivalenz beweisen wir nun nacheinander.

$\Leftarrow$ Wir beweisen die Aussage per *direktem Beweis,* also nur durch Betrachtung von logischen Implikationen. Wenn $M \subseteq N$ ist, so gilt für jedes $m \in M$ auch $m \in N$. Damit ist $m \in M$ und $m \in N$ genau dann, wenn nur $m \in M$ ist. Damit erhalten wir

$$M \cap N = \{m \in U \,|\, m \in M \text{ und } m \in N\} = \{m \in U \,|\, m \in M\} = M.$$

Dies beweist die erste Implikation.

$\Rightarrow$ Diese Richtung beweisen wir durch *Kontraposition* der Aussage. Das heißt, wir beweisen die zu $M \cap N = M \Rightarrow M \subseteq N$ äquivalente Aussage, dass wenn $M \subseteq N$ falsch ist, auch $M \cap N = M$ falsch ist. Es ist also zu zeigen, dass die Implikation $M \not\subseteq N \Rightarrow M \cap N \neq M$ gilt.

Abb. 1.1 In diesen Mengen-Diagrammen ist das Rechteck als die Obermenge U zu verstehen. Der graue Bereich beschreibt die jeweilige Menge

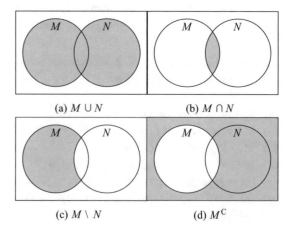

(a) $M \cup N$ (b) $M \cap N$

(c) $M \setminus N$ (d) $M^{\mathcal{C}}$

Sei also $M \not\subseteq N$. Dann gibt es ein Element $m \in M$ mit $m \notin N$. Dieses m ist somit in M, aber nicht in $M \cap N$. Also gilt tatsächlich $M \cap N \neq M$, wie gewünscht. $\quad\square$

Zusammenfassung

- Eine Menge ist nichts anderes als eine Zusammenstellung von verschiedenen Elementen.
- Es gibt die leere Menge $\emptyset$, die kein Element enthält.
- Sind zwei Mengen M und N gegeben, ist der Schnitt von M und N die Menge aller Elemente, die sowohl in M als auch in N liegen. Die Vereinigung von M und N ist die Menge aller Elemente, die in M oder in N liegen.
- Schnitt und Vereinigung erfüllen gewisse „Rechengesetze", die Sie in Proposition 1.9 nachschlagen können.

1.2   Die natürlichen Zahlen und Induktion

Wir werden in diesem Abschnitt die für uns wichtigste Menge definieren: die Menge der natürlichen Zahlen $\mathbb{N}$. Genauer werden wir $\mathbb{N}$ durch Axiome, also die grundlegenden Eigenschaften, beschreiben. Mit diesen Eigenschaften weisen wir dann nach, dass man auf $\mathbb{N}$ tatsächlich genauso rechnen kann, wie wir es aus der Grundschule kennen.

Definition 1.10 Seien M und N nicht leere Mengen. Eine *Abbildung* f von M nach N ordnet jedem Element $m \in M$ ein eindeutiges Element $n \in N$ zu. Dieses n nennen wir oft $f(m)$. Formal schreiben wir eine solche Abbildung

$$f : M \longrightarrow N \quad ; \quad m \mapsto f(m)$$

Zwei Abbildungen $f : M \longrightarrow N$ und $g : M \longrightarrow N$ sind genau dann gleich, wenn für alle $m \in M$ die Gleichung $f(m) = g(m)$ gilt.

Beispiel 1.11 Ordnen wir jeder Person, die dieses Buch besitzt, ihr Geburtsdatum zu, so erhalten wir eine Abbildung von der Menge aller Personen, die dieses Buch besitzen, in die Menge der Daten im Gregorianischen Kalender nach dem 01.01.1900. Denn jede(r) von Ihnen hat genau ein Geburtsdatum, und niemand von Ihnen ist älter als 118 Jahre.[1]

Definition 1.12 Die Menge $\mathbb{N}_0$ der *natürlichen Zahlen mit* 0 ist durch die folgenden Eigenschaften charakterisiert:

---

[1]Laut der Gerontology Research Group wurde der älteste lebende Mensch am 02.01.1903 geboren [Stand 2019].

(P1) Es gibt ein Element 0 in $\mathbb{N}_0$. Insbesondere ist $\mathbb{N}_0 \neq \emptyset$.
      Weiter existiert eine Abbildung $S : \mathbb{N}_0 \longrightarrow \mathbb{N}_0$ so, dass:
(P2) $S(n) \neq n$ für alle $n \in \mathbb{N}_0$.
(P3) $S(n) \neq 0$ für alle $n \in \mathbb{N}_0$.
(P4) Für $n, k \in \mathbb{N}_0$ mit $n \neq k$ gilt stets $S(n) \neq S(k)$.
(P5) Ist $T \subseteq \mathbb{N}_0$ mit
      (i) $0 \in T$ und
      (ii) $t \in T \implies S(t) \in T$,
           so ist $T = \mathbb{N}_0$.

Bemerkung 1.13 Für ein Element $n \in \mathbb{N}_0$ können wir $S(n)$ als *direkten Nachfolger* von n betrachten. Dann sagen die Eigenschaften (P2), (P3) und (P4):

- kein Element von $\mathbb{N}_0$ ist Nachfolger von sich selbst,
- die 0 ist kein Nachfolger eines Elementes in $\mathbb{N}_0$,
- verschiedene Elemente aus $\mathbb{N}_0$ haben verschiedene Nachfolger.

Die Eigenschaften (P1)–(P5) werden *Peano-Axiome* genannt.

Biografische Anmerkung: Der italienische Mathematiker *Giuseppe Peano* (1858–1932) etablierte den Großteil der in diesem Buch benutzten Notationen. Z. B.: $\cap$, $\cup$, $\exists$, ... Er arbeitete viel daran, die wichtigsten mathematischen Resultate zu formalisieren. Neben seiner überaus produktiven mathematischen Tätigkeiten erfand er noch eine neue Sprache (eine Art vereinfachtes Latein).

Satz 1.14 *Es ist $\mathbb{N}_0 = \{0, S(0), S(S(0)), S(S(S(0))), \ldots\}$.*

Beweis Da S eine Abbildung von $\mathbb{N}_0$ nach $\mathbb{N}_0$ ist, ist $S(n) \in \mathbb{N}_0$ für alle $n \in \mathbb{N}_0$. Weiter ist nach (P1) auch $0 \in \mathbb{N}_0$. Damit ist $\{0, S(0), S(S(0)), \ldots\}$ eine Teilmenge von $\mathbb{N}_0$. Nach Konstruktion enthält diese Teilmenge das Element 0 und mit jedem Element t auch das Element $S(t)$. Nach (P5) gilt also die behauptete Gleichheit. $\square$

Das Axiom (P5) impliziert sofort folgende wichtige Beweismethode.

I. Prinzip der vollständigen Induktion 1.15 *Soll nachgewiesen werden, dass jedes Element aus $\mathbb{N}_0$ eine gewisse Eigenschaft A besitzt, so zeigt man:*

(i) *Das Element 0 hat die Eigenschaft A (Induktionsanfang oder kurz IA) und*
(ii) *unter der Annahme, dass ein beliebiges, aber festes Element $n \in \mathbb{N}_0$ die Eigenschaft A besitz (Induktionsvoraussetzung oder kurz IV), besitzt auch das Element $S(n)$ Eigenschaft A (Induktionsschritt oder kurz IS).*

Beweis Dass diese Beweismethode funktioniert, erkennt man sofort, wenn man die Menge $\{n \in \mathbb{N}_0 | n \text{ hat Eigenschaft } A\}$ betrachtet. Sind nun die Bedingungen (i) und (ii) erfüllt, so liefert (P5) sofort

$$\{n \in \mathbb{N}_0 | n \text{ hat Eigenschaft } A\} = \mathbb{N}_0.$$

Das heißt nichts anderes, als dass jedes Element aus $\mathbb{N}_0$ die Eigenschaft A besitzt. $\square$

Definition 1.16 Wir definieren die Verknüpfungen *Addition* „+" und *Multiplikation* „·" auf $\mathbb{N}_0$ durch

  (i) $n + 0 = n$ und $n + S(k) = S(n + k)$ für alle $n, k \in \mathbb{N}_0$,
 (ii) $n \cdot 0 = 0$ und $n \cdot S(k) = (n \cdot k) + n$ für alle $n, k \in \mathbb{N}_0$.

Bemerkung 1.17 Warum wird damit die Summe aller möglichen Paare von Elementen aus $\mathbb{N}_0$ definiert? Zunächst wird nur festgelegt, was bei der Addition mit 0 passieren soll: nichts! Nehmen wir nun den Nachfolger der 0, so erhalten wir

$$n + S(0) = S(n + 0) = S(n). \tag{1.1}$$

Die Addition mit $S(0)$ ist somit ebenfalls definiert. Genauso ist die Addition mit $S(S(0))$, durch $n + S(S(0)) = S(n + S(0)) = S(S(n))$ definiert und so weiter. Wegen Satz 1.14 können wir auf diese Art die Summe beliebiger Elemente aus $\mathbb{N}_0$ bilden. Das gleiche Argument greift auch bei der Multiplikation.

Auf dieselbe Weise können auch die Potenzen von $n \in \mathbb{N}_0$ definiert werden, durch $n^0 = S(0)$ und $n^{S(k)} = n \cdot n^k$ für alle $k \in \mathbb{N}_0$.

Um das erste große Resultat in diesem Buch zu beweisen benötigen wir zunächst einen Hilfssatz. Ein Hilfssatz wird in der Mathematik (also auch in diesem Buch) *Lemma* genannt.

Lemma 1.18 *Seien $n, k \in \mathbb{N}_0$ beliebig. Dann gilt*

(a) $0 + k = k + 0$,
(b) $n + S(k) = S(n) + k$.

Beweis Wir beweisen die Aussagen mit vollständiger Induktion.

Zu (a): Wir wollen also zeigen, dass alle Elemente $k \in \mathbb{N}_0$ die Eigenschaft $0 + k = k + 0$ erfüllen.

  Induktionsanfang: $\boxed{k = 0}$ Es ist trivialerweise $0 + 0 = 0 + 0$. Also ist die Aussage für $k = 0$ erfüllt und der Induktionsanfang erledigt.

Induktionsvoraussetzung: Wir nehmen an, dass für beliebiges, aber festes $k \in \mathbb{N}_0$ die Aussage $0 + k = k$ gilt.

Induktionsschritt: $\boxed{k \mapsto S(k)}$ Wir müssen zeigen, dass unter der Induktionsvoraussetzung (IV) auch die Gleichheit $0 + S(k) = S(k)$ gilt. Dies folgt durch

$$0 + S(k) \overset{\text{Def.}}{=} S(0 + k) \overset{\text{IV}}{=} S(k).$$

Zu (b): *Induktionsanfang:* $\boxed{k = 0}$ Aus der Definition 1.16 (i) folgt für alle $n \in \mathbb{N}_0$

$$n + S(0) = S(n + 0) = S(n) = S(n) + 0.$$

Damit ist der Induktionsanfang erfüllt.

Induktionsvoraussetzung: Für beliebiges, aber festes $k \in \mathbb{N}_0$ gelte $n + S(k) = S(n) + k$ für alle $n \in \mathbb{N}_0$.

Induktionsschritt: $\boxed{k \mapsto S(k)}$ Unter Annahme der Induktionsvoraussetzung ist zu zeigen, dass $n + S(S(k)) = S(n) + S(k)$ für alle $n \in \mathbb{N}_0$ gilt. Dies folgt schlicht durch

$$n + S(S(k)) \overset{\text{Def.}}{=} S(n + S(k)) \overset{\text{IV}}{=} S(S(n) + k) \overset{\text{Def.}}{=} S(n) + S(k).$$

Damit ist das Lemma bewiesen. $\square$

Theorem 1.19 *Seien $n, k, l \in \mathbb{N}_0$ beliebig. Dann gelten die Rechenregeln*

Kommutativgesetz: $n + k = k + n$ *und* $n \cdot k = k \cdot n$,
Assoziativgesetz: $(n + k) + l = n + (k + l)$ *und* $(n \cdot k) \cdot l = n \cdot (k \cdot l)$,
Distributivgesetz: $n \cdot (k + l) = n \cdot k + n \cdot l$.

Beweis Wir beweisen hier nur die Kommutativität bezüglich der Verknüpfung $+$. Den vollständigen (und ehrlicherweise etwas abschreckenden) Beweis des Theorems stellen wir im Anhang zu diesem Kapitel zur Verfügung. Um das Prinzip der vollständigen Induktion möglichst schnell zu verinnerlichen, empfehle ich Ihnen die Assoziativität bezüglich $+$ selbst zu beweisen.

Wir wollen nun zeigen, dass für alle $n, k \in \mathbb{N}_0$ die Gleichung $n + k = k + n$ gilt. Anders ausgedrückt wollen wir zeigen, dass alle $n \in \mathbb{N}_0$ folgende Eigenschaft besitzen:

$$n + k = k + n \text{ für alle } k \in \mathbb{N}_0.$$

Dies weisen wir per vollständiger Induktion nach.

Induktionsanfang: $\boxed{n = 0}$ Nach Lemma 1.18 (a) gilt $0 + k = k + 0$ für alle $k \in \mathbb{N}_0$. Das zeigt den Induktionsanfang.

Induktionsvoraussetzung: Für beliebiges, aber festes $n \in \mathbb{N}_0$ gilt $n + k = k + n$ für alle $k \in \mathbb{N}_0$.

Induktionsschritt: $\boxed{n \mapsto S(n)}$ Wir müssen zeigen, dass unter der Induktionsvoraussetzung auch $S(n) + k = k + S(n)$ für alle $k \in \mathbb{N}_0$ gilt. Das sehen wir folgendermaßen

$$S(n) + k \overset{1.18}{=} n + S(k) \overset{\text{Def.}}{=} S(n + k) \overset{\text{IV}}{=} S(k + n) \overset{\text{Def.}}{=} k + S(n).$$

Damit ist auch der Induktionsschritt, und somit die Aussage, bewiesen. $\qquad\square$

Mit diesem Theorem haben wir festgestellt, dass man nur unter Voraussetzung der Peano-Axiome genauso mit Elementen aus $\mathbb{N}_0$ rechnen darf, wie wir es kennen. Da die 0 oft eine Sonderrolle einnimmt, definieren wir die *natürlichen Zahlen* als $\mathbb{N} = \mathbb{N}_0 \setminus \{0\}$.

> Ab jetzt nennen wir wie gewohnt $S(0) = 1$, $S(S(0)) = 2$, $S(S(S(0))) = 3$ und so weiter. Damit ist
>
> $$\mathbb{N}_0 = \{0, 1, 2, 3, 4, 5, \ldots\},$$
> $$\mathbb{N} = \{1, 2, 3, 4, 5, \ldots\}.$$

Die Abbildung $S : \mathbb{N}_0 \longrightarrow \mathbb{N}_0$, die jedem Element den Nachfolger zuordnet ist (wie bereits in (1.1) gesehen) gegeben durch $n \mapsto n + 1$.

Notation 1.20 Um Klammern zu sparen, benutzen wir die übliche Konvention „Punkt vor Strich". Das heißt, ein Ausdruck der Form $n \cdot k + l$ ist zu lesen als $(n \cdot k) + l$. Aufgrund der Assoziativität können wir auch $n + k + l$ und $n \cdot k \cdot l$ ohne Klammern schreiben, da jede Art der Klammerung zum selben Ergebnis führt.

Bemerkung 1.21 Mithilfe der natürlichen Zahlen kann man auch die bekannten Zahlbereiche der ganzen Zahlen $\mathbb{Z} = \{\ldots, -2, -1, 0, 1, 2, \ldots\}$, der rationalen Zahlen $\mathbb{Q}$ und der reellen Zahlen $\mathbb{R}$ konstruieren. Dies wird in Abschnitt 5.2 dieses Buches ($\mathbb{Z}$), in einer Algebra-Vorlesung ($\mathbb{Q}$) und einer Analysis-Vorlesung ($\mathbb{R}$) erledigt. Auch auf diesen Zahlbereichen gilt die übliche Addition und Multiplikation, die wir im Folgenden frei benutzen werden. Wer jetzt schon mehr über die Konstruktion dieser (und weiterer) Zahlbereiche wissen möchte, dem sei das Buch [10] empfohlen.

Beispiel 1.22 Wir geben ein weniger abstraktes Beispiele für einen Induktionsbeweis.
  In der Einleitung haben wir die Gleichung

$$1 + 2 + \ldots + 181 = \sum_{i=0}^{181} i = \frac{182 \cdot 181}{2}$$

eingesehen. Allgemein beweisen wir nun, dass für alle $n \in \mathbb{N}_0$ die Formel

$$\sum_{i=0}^{n} i = \frac{n \cdot (n+1)}{2} \tag{1.2}$$

gilt. Dies beweisen wir per Induktion nach n.

Induktionsanfang: Für $n = 0$ erhalten wir die Gleichung $0 = 0$. Somit ist der Induktionsanfang erledigt.

Induktionsvoraussetzung: Wir nehmen an, dass (1.2) für ein beliebiges, aber festes $n \in \mathbb{N}_0$ gilt.

Induktionsschritt: Wir haben die folgende Gleichungskette

$$\sum_{i=0}^{n+1} i = \left(\sum_{i=0}^{n} i \right) + (n+1) \overset{\text{IV}}{=} \frac{n \cdot (n+1)}{2} + (n+1)$$

$$= \frac{n \cdot (n+1) + 2 \cdot (n+1)}{2} = \frac{(n+2) \cdot (n+1)}{2}.$$

Da $n + 2 = (n+1) + 1$, gilt (1.2) wie gewünscht auch für $n + 1$. Nach dem I. Prinzip der vollständigen Induktion 1.15 gilt somit (1.2) für alle $n \in \mathbb{N}_0$.

In der obigen Summenschreibweise haben wir schon implizit eine Reihenfolge der natürlichen Zahlen benutzt. Auch das wollen wir formalisieren. In der nächsten Definition taucht eine neue mathematische Vokabel auf, nämlich das Symbol $\exists$. Dies ist stets als „es existiert" zu übersetzen.

Definition 1.23 Seien $n, k \in \mathbb{N}_0$. Dann schreiben wir $n \leq k$, genau dann, wenn es ein $u \in \mathbb{N}_0$ gibt mit $n + u = k$. Formal können wir dies folgendermaßen schreiben:

$$n \leq k \iff \exists u \in \mathbb{N}_0 \text{ mit } n + u = k.$$

Wir sagen dazu n ist *kleiner oder gleich* k. Das $u \in \mathbb{N}_0$ nennen wir nun $k - n$. Weiter definieren wir $n \geq k$ (n ist *größer oder gleich* k), falls $k \leq n$ gilt. Für $n \neq k$ und $n \leq k$ (bzw. $n \geq k$) schreiben wir $n < k$ (n ist *(echt) kleiner* als k) (bzw. $n > k$ (n ist *(echt) größer* als k).

Unsere Definition von $k - n$ spiegelt natürlich genau die Differenz von k und n wieder. Mittlerweile dürfen wir also auch „Minus rechnen".

Definition/Satz 1.24 *Für beliebige Elemente $n, k \in \mathbb{N}_0$ gilt entweder $n = k$ oder $n < k$ oder $n > k$. Damit haben wir auf $\mathbb{N}_0$ (und somit auf $\mathbb{N}$) eine* Reihenfolge

$$0 < 1 < 2 < 3 < 4 < \ldots < n < n+1 < \ldots$$

Beweis Dies ist wieder ein einfacher Induktionsbeweis, den wir hier nur flüchtig skizzieren. Jedes $n \in \mathbb{N}_0$ ist entweder gleich 0, oder es gilt $0 + n = n$, mit $n \neq 0$, also $n > 0$. Das ist der Induktionsanfang. Sei nun $k \in \mathbb{N}_0$ so, dass jedes $n \in \mathbb{N}$ entweder gleich oder kleiner oder größer k ist. Falls $n \leq k$, dann ist erst recht $n < k + 1$. Falls $n > k$ ist, ist $n = k + u$ für ein $u \in \mathbb{N}$. Falls $u = 1$, so ist $n = k + 1$, und falls $u \neq 1$, ist, $n > k + 1$. Damit hat auch $k + 1$ die gewünschte Eigenschaft. $\square$

Diese Reihenfolge der natürlichen Zahlen wollen wir stets beibehalten. Damit erklärt sich auch die folgende Notation, die wir intuitiv schon in der Einleitung benutzt haben:

$$\{1, \ldots, k\} = \{n \in \mathbb{N} | n \leq k\}.$$

Wir sind nun in der Lage, das erste Prinzip der vollständigen Induktion 1.15 etwas zu verallgemeinern.

II. Prinzip der vollständigen Induktion 1.25 *Sei n_0 ein festgewähltes Element aus $\mathbb{N}_0$. Soll nachgewiesen werden, dass jedes Element $n \in \mathbb{N}_0$ mit $n \geq n_0$ eine gewisse Eigenschaft A besitzt, so zeigt man*

  (i)   *das Element n_0 hat die Eigenschaft A (Induktionsanfang) und*
  (ii) *unter der Annahme, dass alle Elemente $k \in \mathbb{N}_0$ mit $n_0 \leq k \leq n$ für ein beliebiges, aber festes Element $n \in \mathbb{N}_0$ mit $n \geq n_0$ die Eigenschaft A besitzen (Induktionsvoraussetzung), besitzt auch das Element $n + 1$ Eigenschaft A (Induktionsschritt).*

Beweis Wir wenden (P5) aus Definition 1.12 auf die Menge

$$\{n \in \mathbb{N}_0 | \text{ alle } k \in \mathbb{N}_0 \text{ , mit } n_0 \leq k \leq n_0 + n, \text{ haben Eigenschaft } A\}$$

an.

Anschaulich passiert dabei Folgendes: Seien also die Aussagen (i) und (ii) gezeigt. Dann müssen wir einsehen, dass die Eigenschaft A für alle natürlichen Zahlen $n \geq n_0$ gilt. Die Eigenschaft A gilt nach (i) für n_0. Wählen wir in (ii) $n = n_0$, so ist die Annahme in (ii) erfüllt und es folgt, dass A auch für $n_0 + 1$ gilt. Wählen wir als nächstes $n = n_0 + 1$, so gilt A für n_0 (nach (i)) und für $n_0 + 1$ (nach obigem Argument). Damit gilt Eigenschaft A tatsächlich für alle $k \in \mathbb{N}_0$ mit $n_0 \leq k \leq n_0 + 1$. Also ist die Annahme in (ii) erfüllt, und wir erhalten, dass A auch für $n_0 + 1 + 1 = n_0 + 2$ gilt. Wählen wir als Nächstes $n = n_0 + 2$ so gilt ...

Auf diese Weise sehen wir, dass A tatsächlich für alle $n \in \mathbb{N}_0$ mit $n \geq n_0$ gilt.

Bemerkung 1.26 Wir sehen sofort, dass beide Prinzipien der vollständigen Induktion alleine auf dem fünften Peano-Axiom aufbauen. Streng genommen ist also die erste Version genauso gut wie die zweite. Meistens genügt es daher vollkommen, das erste Prinzip der vollständigen Induktion anzuwenden.

Zum Abschluss dieses Abschnittes führen wir noch eine weitere Konstruktionsmöglichkeit für Mengen ein.

Definition 1.27 Seien $M_1, \ldots, M_k$ Mengen ungleich $\emptyset$. Das *kartesische Produkt* der Mengen $M_1, \ldots, M_k$ ist gegeben durch

$$M_1 \times \cdots \times M_k = \{(m_1, m_2, \ldots, m_k) | m_i \in M_i \text{ für alle } i \in \{1, \ldots, k\}\}.$$

Wir schreiben auch kurz $\prod_{i=1}^{k} M_i$ für das kartesische Produkt $M_1 \times \cdots \times M_k$.

Beispiel 1.28 Seien $M_1 = \{1, 2\}$ und $M_2 = \{1, 2, 3\}$. Dann ist

$$M_1 \times M_2 = \{(1, 1), (1, 2), (1, 3), (2, 1), (2, 2), (2, 3)\}.$$

Die Elemente im kartesischen Produkt können also als geordnete Tupel – in unserem Beispiel geordnete Paare – aufgefasst werden, da $(1, 2) \neq (2, 1)$. Insbesondere ist es daher wichtig, den Unterschied zwischen geschweiften und runden Klammern zu beachten, denn für Mengen gilt natürlich $\{1, 2\} = \{2, 1\}$.

Biografische Anmerkung: Das kartesische Produkt ist nach dem französischen Philosophen, Mathematiker und Naturwissenschaftler *René Descartes* (1596 –1650; lat: Renatus Cartesius) benannt. Descartes studierte Jura, verbrachte die Zeit nach seinem Examen jedoch mit Reisen, auf denen er durch zahlreiche Gespräche den Ruf eines Universalgelehrten erlangte. Sein philosophischer Grundsatz „Ich denke, also bin ich" ist jedem vertraut.

Zusammenfassung

- Auf $\mathbb{N}_0 = \{0, 1, 2, 3, \ldots\}$ kann man genauso rechnen wie man es aus der Schule kennt.
- Alles, was Sie über die natürlichen Zahlen bereits wussten, folgt aus genau fünf Eigenschaften der natürlichen Zahlen (den Peano-Axiomen).
- Soll gezeigt werden, dass alle natürlichen Zahlen mit der Null eine gewisse Eigenschaft besitzen, so überprüft man die Eigenschaft für die 0, nimmt an, dass die Eigenschaft für ein abstraktes n gilt und zeigt, dass dann auch $n + 1$ diese Eigenschaft hat. Dieses Verfahren heißt vollständige Induktion.
- Man muss die Induktion nicht bei 0 starten. Startet man bei irgendeinem $n_0 \in \mathbb{N}$, so kann eine Eigenschaft für alle natürlichen Zahlen $\geq n_0$ nachgewiesen werden.

1.3 Kardinalität einer Menge

Da wir die natürlichen Zahlen und ihre Reihenfolge jetzt kennengelernt haben, können wir auch sagen, was mit *Zählen* gemeint ist: Es ist das sukzessive und eindeutige Zuordnen der Elemente 1, 2, 3, ... ohne Auslassung, so lange, bis diese Zuordnung in ihrer Eindeutigkeit versagt. Es liegt auf der Hand, dass wir zu einer präzisen Beschreibung hiervon mit Abbildungen arbeiten werden.

Mit *Kardinalität* ist die Größe einer Menge, bzw. die Anzahl der Elemente einer Menge, gemeint. Die Hauptresultate aus diesem Abschnitt sind – unter Voraussetzung des naiven Verständnisses des Zählens – offensichtlich. Daher werden wir sie hier bereits formulieren.

Notation 1.29 Eine Vereinigung von k Mengen $M_1, M_2, \ldots, M_k$ schreiben wir kompakt als

$$M_1 \cup M_2 \cup \ldots \cup M_k = \bigcup_{i=1}^{k} M_i.$$

Wenn $|M|$ die Anzahl der Elemente einer Menge M beschreibt, so gelten die folgenden Theoreme.

Additionsprinzip *Sei $k \in \mathbb{N}$ und seien $M_1, M_2, \ldots, M_k$ paarweise disjunkte endliche Mengen. D. h., es gilt $M_i \cap M_j = \emptyset$ für alle $i \neq j$ mit $i, j \leq k$. Dann gilt*

$$|M_1 \cup M_2 \cup \ldots \cup M_k| = \left| \bigcup_{i=1}^{k} M_i \right| = \sum_{i=1}^{k} |M_i|.$$

Das erste Gleichheitszeichen ist nur eine Anwendung der Notation 1.29.

Multiplikationsprinzip *Seien $M_1, \ldots, M_k$ endliche Mengen ungleich $\emptyset$. Dann gilt*

$$|M_1 \times \ldots \times M_k| = |M_1| \cdot \ldots \cdot |M_k| = \prod_{i=1}^{k} |M_k|.$$

Das letzte Gleichheitszeichen ist als Definition zu betrachten. Das Symbol $\prod$ spielt also für die Multiplikation die gleiche Rolle wie das Symbol Σ für die Addition.

Dies wird nun präzisiert und bewiesen.

Definition 1.30 Seien M und N Mengen und $f : M \to N$ eine Abbildung. Das *Bild* von f ist die Menge $f(M) = \{f(m) \in N | m \in M\}$. Die Abbildung f heißt

(i)   *injektiv,* falls $m \neq n \in M \Rightarrow f(m) \neq f(n)$,

(ii) *surjektiv,* falls $f(M) = N$,

(iii) *bijektiv,* falls f injektiv und surjektiv ist.

Beispiel 1.31 Wir betrachten zwei Beispiele:

- Die Abbildung $S : \mathbb{N}_0 \longrightarrow \mathbb{N}_0; n \mapsto S(n) = n + 1$ aus Definition 1.12 ist injektiv. Denn aus $n \neq k$ folgt $S(n) = n + 1 \neq k + 1 = S(k)$ (siehe 1.12 (P4)). Die Abbildung ist jedoch nicht surjektiv, da $0 \notin S(\mathbb{N}_0)$ und somit $S(\mathbb{N}_0) \neq \mathbb{N}_0$.
- Die Abbildung aus Beispiel 1.11

$$\{\text{Besitzer(innen) dieses Buches}\} \longrightarrow \{\text{Tage seit dem } 01.01.1900\}$$

ist nicht surjektiv, da niemand am 01.01.1900 geboren wurde. Sie ist injektiv, genau dann, wenn keine zwei von Ihnen am gleichen Tag geboren wurden.

Proposition 1.32 *Seien M, N und L Mengen und $f : M \longrightarrow N$ und $g : N \longrightarrow L$ Abbildungen. Dann ist die* Hintereinanderausführung

$$g \circ f : M \longrightarrow L \quad ; \quad m \mapsto g(f(m))$$

wieder eine Abbildung. Sind f und g beide injektiv, surjektiv oder bijektiv, so gilt die entsprechende Eigenschaft auch für $g \circ f$.

Beweis Dass $g \circ f$ eine Abbildung ist, ist klar nach Konstruktion.

Zur Injektivität: Seien f und g injektiv und seien $m, n \in M$ mit $m \neq n$. Dann ist auch $f(m) \neq f(n)$, da f injektiv ist. Aus der Injektivität von g folgt sofort, dass damit auch $g(f(m)) \neq g(f(n))$ gilt. Damit ist auch $g \circ f$ injektiv.

Zur Surjektivität: Gelte also $f(M) = N$ und $g(N) = L$. Damit ist auch

$$(g \circ f)(M) = \{g(f(m)) | m \in M\} = \{g(n) | n \in N\} = L.$$

Somit ist $g \circ f$ auch surjektiv.

Zur Bijektivität: Da eine Abbildung bijektiv ist, genau dann, wenn sie injektiv und surjektiv ist, folgt die Aussage sofort aus dem gerade Bewiesenen. $\square$

Bemerkung 1.33 Es gilt stets: Falls $f : M \longrightarrow N$ eine injektive Abbildung ist, so ist $f : M \longrightarrow f(M)$ eine bijektive Abbildung.

Satz 1.34 *Eine Abbildung $f : M \longrightarrow N$ ist genau dann bijektiv, wenn es eine Abbildung $f^{-1} : N \longrightarrow M$ gibt mit $f \circ f^{-1}(n) = n$ für alle $n \in N$ und $f^{-1} \circ f(m) = m$ für alle $m \in M$. Wenn eine solche Abbildung f^{-1} existiert, heißt sie* Umkehrabbildung *von f.*

Beweis Jede *Genau-dann-wenn*-Aussage beschreibt eine Äquivalenz von Aussagen. Damit müssen wir auch hier wieder zwei Implikationen beweisen.

⇒ Sei also f bijektiv. Damit ist $N = f(M) = \{f(m)|m \in M\}$. Weiter ist mit $f(m) = f(k)$ auch $m = k$. Damit erhalten wir eine Abbildung

$$f^{-1} : N \longrightarrow M \quad ; \quad f(m) \mapsto m$$

Diese erfüllt die geforderten Eigenschaften: Per Konstruktion ist $f^{-1}(f(m)) = m$ für alle $m \in M$. Ist andererseits $f(m) \in N$ beliebig (hier benutzen wir wieder $N = f(M)$), so ist auch $f(f^{-1}(f(m))) = f(m)$.

⇐ Sei also eine Abbildung f^{-1} wie beschrieben gegeben. Da es für jedes $n \in N$ ein Element $f^{-1}(n) \in M$ mit $f(f^{-1}(n)) = n$ gibt, ist f surjektiv. Sei nun $f(m) = f(k)$ für $m, k \in M$. Dann folgt

$$m = f^{-1}(f(m)) = f^{-1}(f(k)) = k.$$

Das bedeutet nichts anderes als dass f^{-1} auch injektiv ist. □

Lemma 1.35 *Seien n und k aus $\mathbb{N}$. Dann gilt*

(a) *$n \leq k$ genau dann, wenn es eine injektive Abbildung $f : \{1, \ldots, n\} \longrightarrow \{1, \ldots, k\}$ gibt,*
(b) *$n \geq k$ genau dann, wenn es eine surjektive Abbildung $f : \{1, \ldots, n\} \longrightarrow \{1, \ldots, k\}$ gibt,*
(c) *$n = k$ genau dann, wenn es eine bijektive Abbildung $f : \{1, \ldots, n\} \longrightarrow \{1, \ldots, k\}$ gibt.*

Beweis Offensichtlich gibt es stets eine bijektive Abbildung von $\{1, \ldots, n\}$ nach $\{1, \ldots, n\}$ (jedes Element wird auf sich selbst abgebildet). Die Rückrichtung von Aussage (c) folgt sofort aus (a) und (b). Wir werden nur Aussage (a) beweisen. Die Aussage (b) folgt dann analog. Wir beweisen die Aussage per Induktion über k.

Induktionsanfang: $\boxed{k = 1}$ Für jedes $n \in \mathbb{N}$ gibt es nur eine Abbildung $f : \{1, \ldots, n\} \longrightarrow \{1\}$. Für diese gilt $f(1) = 1 = f(n)$. Demnach ist f genau dann injektiv, wenn $n = 1$ gilt. Dies ist genau dann der Fall, wenn $n \leq k = 1$ ist. Damit ist der Induktionsanfang gemacht.

Induktionsvoraussetzung: Für beliebiges, aber festes $k \in \mathbb{N}$ gelte die Aussage aus (a).

Induktionsschritt: $\boxed{k \to k + 1}$ Es sind zwei Implikationen zu beweisen.

⇒ Sei also $n \leq k + 1$. Das bedeutet, dass $\{1, \ldots, n\} \subseteq \{1, \ldots, k + 1\}$ ist. Damit existiert die Abbildung

$$f : \{1, \ldots, n\} \longrightarrow \{1, \ldots, k + 1\} \quad ; \quad i \mapsto i,$$

welche offensichtlich injektiv ist. (Beachten Sie, dass wir hier die Induktionsvoraussetzung nicht benutzt haben.)

$\Leftarrow$ Sei nun eine injektive Abbildung f von $\{1, \ldots, n\}$ nach $\{1, \ldots, k+1\}$ gegeben. Falls $k+1$ nicht im Bild von f liegt, so können wir f auch als injektive Abbildung $f : \{1, \ldots, n\} \longrightarrow \{1, \ldots, k\}$ betrachten. Nach Induktionsvoraussetzung ist somit $n \leq k < k+1$.

Sei also ab jetzt $k+1$ im Bild von f. Da sicher $1 < k+1$ ist, dürfen wir ohne Einschränkung $n \geq 2$ annehmen. Es existiert ein $i \in \{1, \ldots, n\}$ mit $f(i) = k+1$. Durch die Injektivität von f folgt, dass i damit eindeutig bestimmt ist. Damit erhalten wir eine injektive Abbildung

$$f' : \{1, \ldots, n\} \setminus \{i\} \longrightarrow \{1, \ldots, k\} \quad ; \quad j \mapsto f(j).$$

Weiter definieren wir die Abbildung

$$g : \{1, \ldots, n-1\} \longrightarrow \{1, \ldots, n\} \setminus \{i\} \quad ; \quad j \mapsto \begin{cases} j & \text{falls } j < i, \\ j+1 & \text{falls } j \geq i. \end{cases}$$

Die Abbildung g ist offensichtlich ebenfalls injektiv. Damit ist nach Proposition 1.32 auch die Abbildung

$$f' \circ g : \{1, \ldots, n-1\} \longrightarrow \{1, \ldots, k\}$$

injektiv. Nach Induktionsvoraussetzung folgt $n-1 \leq k$, was gleichbedeutend mit $n \leq k+1$ ist.

Bemerkung 1.36 Der Beweis ist – wie alles in diesem Kapitel – sehr formal. Mit unserem intuitiven Verständnis vom Zählen ist die Aussage aber bereits jedem von wilden Kindergeburtstagsfeiern bekannt. Beim Spiel „Reise nach Jerusalem" gibt es mehr Personen als Stühle, und jeder weiß, dass nicht alle einen eigenen Sitzplatz bekommen können. Es gibt also keine injektive Abbildung einer größeren Menge in eine kleinere. Andererseits sind sicher alle Stühle besetzt, wenn die Musik ausgeht, damit gibt es auf jeden Fall eine surjektive Abbildung von einer größeren in eine kleinere Menge.

Andersherum sitzt auf jedem Stuhl eine andere Person, und es gibt eine Person, die auf keinem Stuhl sitzt. Das zeigt auch die andere Richtung.

Kommen wir nun endlich zur angekündigten Definition von der Größe einer Menge.

Definition 1.37 Sei $n \in \mathbb{N}$ beliebig. Eine Menge M hat *Kardinalität* n genau dann, wenn eine bijektive Abbildung von M nach $\{1, \ldots, n\}$ existiert. Wir schreiben hierfür $|M| = n$. Weiter setzen wir $|\emptyset| = 0$. Eine Menge M heißt *endliche Menge*, wenn $|M| = n$ für ein $n \in \mathbb{N}_0$ gilt.

Allgemein heißen zwei Mengen *gleichmächtig,* wenn es eine bijektive Abbildung zwischen diesen Mengen gibt. Eine Menge M ist *abzählbar* wenn sie gleichmächtig zu einer Teilmenge von $\mathbb{N}$ ist.

Bemerkung 1.38 In der Mathematik können zum Teil erstaunliche Dinge passieren. Daher ist es oft erforderlich, neue Definitionen auf ihre Sinnhaftigkeit zu prüfen. Wir sagen auch, dass alles *wohldefiniert* sein muss. Damit z. B. $|M|$ für eine Menge M wohldefiniert ist, muss die natürliche Zahl $|M|$ eindeutig bestimmt sein. Dass dies so ist, folgern wir so:

Seien zwei Bijektionen $f : M \longrightarrow \{1, \ldots, n\}$ und $g : M \longrightarrow \{1, \ldots, k\}$ für natürliche Zahlen n, k gegeben. Dann ist $f \circ g^{-1}$ nach Proposition 1.32 eine Bijektion zwischen $\{1, \ldots, n\}$ und $\{1, \ldots, k\}$. Nach Lemma 1.35 gilt also tatsächlich $n = k$ und $|M|$ ist damit eindeutig bzw. wohldefiniert.

Bemerkung 1.39 Die Kardinalität einer Menge bedeutet nichts anderes als die Anzahl der Elemente in der Menge. Die obige Definition liefert insbesondere $|\{1, \ldots, n\}| = n$, denn natürlich gibt es eine bijektive Abbildung f von $\{1, \ldots, n\}$ nach $\{1, \ldots, n\}$ (wir setzen einfach $f(i) = i$ für alle $i \in \{1, \ldots, n\}$).

Insbesondere können wir nun eine beliebige endliche Menge M der Kardinalität k schreiben als $\{m_1, \ldots, m_k\}$.

Es ist mathematisch möglich, dass eine echte Teilmenge einer Menge gleichmächtig zur Menge selbst ist (also genauso viele Elemente besitzt). Dies kann natürlich nicht bei endlichen Mengen passieren, wie wir im Folgenden sehen werden.

Satz 1.40 *Seien M und N nicht leere endliche Mengen. Dann gilt*

(a) $|M| \leq |N|$ genau dann, wenn es eine injektive Abbildung $f : M \longrightarrow N$ gibt,

(b) $|M| \geq |N|$ genau dann, wenn es eine surjektive Abbildung $f : M \longrightarrow N$ gibt.

Beweis Der Beweis kann gerne als Übung geführt werden. $\qquad\square$

Nun formulieren und beweisen wir die zwei fundamentalen Abzählprinzipien vom Beginn dieses Abschnittes.

Theorem 1.41 (Additionsprinzip) *Sei $k \in \mathbb{N}$ und seien M_1, M_2, ..., M_k paarweise disjunkte endliche Mengen. D. h., es gilt $M_i \cap M_j = \emptyset$ für alle $i \neq j$ mit $i, j \leq k$. Dann gilt*

$$|M_1 \cup M_2 \cup \ldots \cup M_k| = \left| \bigcup_{i=1}^{k} M_i \right| = \sum_{i=1}^{k} |M_i|.$$

Beweis Für $k = 1$ ist nichts zu zeigen. Für $k \geq 2$ beweisen wir den Satz per Induktion über k.

Induktionsanfang: $\boxed{k = 2}$ Wir müssen also zeigen, dass für disjunkte endliche Mengen M_1 und M_2 die Gleichung $|M_1 \cup M_2| = |M_1| + |M_2|$ gilt. Sei $|M_1| = n_1$ und $|M_2| = n_2$. Falls n_1 oder n_2 gleich 0 ist, dann ist die Aussage trivialerweise richtig. Sei also $n_1 \neq 0 \neq n_2$. Dann existieren Bijektionen $f_i : M_i \longrightarrow \{1, \ldots, n_i\}$ für $i \in \{1, 2\}$.

Da $M_1 \cap M_2 = \emptyset$, ist jedes Element $m \in M_1 \cup M_2$ entweder in M_1 oder in M_2. Damit ist die Zuordnung

$$f : M_1 \cup M_2 \longrightarrow \{1, \ldots, n_1 + n_2\} \quad ; \quad m \mapsto \begin{cases} f_1(m) & \text{falls } m \in M_1, \\ f_2(m) + n_1 & \text{falls } m \in M_2 \end{cases}$$

wohldefiniert und somit eine Abbildung. Diese Erkenntnis ist schon der Schlüssel zum gesamten Beweis. Es gilt

$$f(M_1 \cup M_2) = \underbrace{\{f_1(m) | m \in M_1\}}_{=\{1, \ldots, n_1\}} \cup \underbrace{\{f_2(m) + n_1 | m \in M_2\}}_{=\{1 + n_1, \ldots, n_2 + n_1\}} = \{1, \ldots, n_1 + n_2\}.$$

Also ist f surjektiv. Wir sehen weiter, dass $f(m) \leq n_1 \iff m \in M_1$. Sind also $m, n \in M_1 \cup M_2$ mit $f(m) = f(n)$, so müssen m und n beide in M_i sein für ein $i \in \{1, 2\}$. Dann gilt jedoch $f(m) = f(n) \iff f_i(m) = f_i(n)$. Da die Abbildung f_i nach Voraussetzung injektiv ist, folgt damit $m = n$. Also ist auch f injektiv und somit bijektiv. Es folgt, wie gewünscht, $|M_1 \cup M_2| = n_1 + n_2 = |M_1| + |M_2|$.

Induktionsvoraussetzung: Es gelte also $\left|\cup_{i=1}^k M_i\right| = |M_1| + \ldots + |M_k| (= \sum_{i=1}^k |M_i|)$ für ein beliebiges, aber festes $k \geq 2$.

Induktionsschritt: Es ist $\cup_{i=1}^{k+1} M_i = \left(\cup_{i=1}^k M_i\right) \cup M_{k+1}$. Weiter ist $\left(\cup_{i=1}^k M_i\right) \cap M_{k+1} = \cup_{i=1}^k (M_i \cap M_{k+1}) = \emptyset$ nach Proposition 1.9. Im Induktionsanfang haben wir $\left|\left(\cup_{i=1}^k M_i\right) \cup M_{k+1}\right| = \left|\cup_{i=1}^k M_i\right| + |M_{k+1}|$ bewiesen. Nach Induktionsvoraussetzung gilt also

$$|\cup_{i=1}^{k+1} M_i| = |(\cup_{i=1}^k M_i) \cup M_{k+1}| = |\cup_{i=1}^k M_i| + |M_{k+1}|$$

$$= \sum_{i=1}^k |M_i| + |M_{k+1}| = \sum_{i=1}^{k+1} |M_i|.$$

Dies war zu zeigen. $\qquad\qquad\qquad\qquad\qquad\qquad\qquad\qquad\qquad\qquad\qquad\qquad\qquad\qquad\square$

Beispiel 1.42 Ein Passwort für die Uni-Mailadresse darf aus den folgenden Zeichen bestehen:

Kleinbuchstaben $KB = \{a, b, \ldots, z\}$

Großbuchstaben $GB = \{A, B, \ldots, Z\}$

Ziffern $Zi = \{0, 1, \ldots, 9\}$

Sonderzeichen $SZ = \{(,), [,], \{, \}, ?, !, \$, \%, \&, =, *, +, \sim, ,, ., ;, :, <, >, -, \_\}$

Damit stehen für die Zusammensetzung eines Uni-Mail-Passwortes $|KB \cup GB \cup Zi \cup SZ| = 26 + 26 + 10 + 23 = 85$ Symbole zur Verfügung.

Korollar 1.43 *Sei M eine endliche Menge und sei $N \subseteq M$. Dann gilt $|N| + |M \setminus N| = |M|$. Insbesondere ist also $|N| \leq |M|$ mit Gleichheit genau dann, wenn $N = M$.*

Beweis Dies folgt unmittelbar aus Theorem 1.41. $\square$

Korollar 1.44 *Seien M, N endliche Mengen mit $|M| = |N|$. Sei weiter $f : M \longrightarrow N$ eine Abbildung. Dann gilt*

$$f \text{ ist injektiv} \iff f \text{ ist surjektiv}.$$

Beweis Wir müssen zwei Implikationen beweisen:

$\Rightarrow$ Ist f injektiv, so erhalten wir dadurch eine Bijektion zwischen M und $f(M)$. Es gilt also $|N| = |M| = |f(M)|$ und $f(M) \subseteq N$. Nach Korollar 1.43 ist damit $f(M) = N$, und f ist surjektiv.

$\Leftarrow$ Ist f surjektiv, so gilt $f(M) = N$. Wir beweisen die Aussage nun per *Widerspruchsbeweis*. Dazu nehmen wir an, dass f nicht injektiv ist. Das heißt, es gibt Elemente $a \neq b$ in M mit $f(a) = f(b)$. Also ist $N = f(M) = f(M \setminus \{a\}) = \{f(m) | m \in M \setminus \{a\}\}$. Damit liefert f eine surjektive Abbildung von $M \setminus \{a\}$ nach N. Insbesondere ist damit $|N| \leq |M \setminus \{a\}| = |M| - 1 = |N| - 1$. Das ist natürlich nicht möglich, was bedeutet, dass unsere Annahme falsch gewesen sein muss. Es folgt somit, dass f injektiv ist. $\square$

Proposition 1.45 *Sei M eine endliche Menge mit $|M| = k$. Dann haben wir $|\mathcal{P}(M)| = 2^k$, wobei $\mathcal{P}(M)$ die Potenzmenge von M beschreibt.*

Beweis Dies sehen wir per Induktion über k.

Induktionsanfang: Für $k = 0$ ist $M = \emptyset$ und $|\mathcal{P}(M)| = |\{\emptyset\}| = 1 = 2^0$.

Induktionsvoraussetzung: Es gelte $|\mathcal{P}(M)| = 2^k$ für alle Mengen M mit $|M| = k$, wobei $k \in \mathbb{N}_0$ beliebig, aber fest ist.

Induktionsschritt: Seien M eine Menge mit $|M| = k + 1$ und $m \in M$ beliebig. Die Abbildung

$$\{N \subseteq M | m \in N\} \longrightarrow \mathcal{P}(M \setminus \{m\}) \quad ; \quad N \mapsto N \setminus \{m\}$$

ist bijektiv. Es gilt also

$$|\{N \subseteq M | m \in N\}| = |\mathcal{P}(M \setminus \{m\})|. \tag{1.3}$$

Weiter ist nach Theorem 1.41 $|M \setminus \{m\}| + |\{m\}| = k + 1$, also $|M \setminus \{m\}| = k$. Damit erhalten wir

$$|\mathcal{P}(M)| = |\underbrace{\{N \subseteq M | m \notin N\}}_{=\mathcal{P}(M \setminus \{m\})} \cup \{N \subseteq M | m \in N\}|$$

$$\overset{1.41}{=} |\mathcal{P}(M \setminus \{m\})| + |\{N \subseteq M | m \in N\}|$$

$$\overset{IV + (1.3)}{=} 2^k + 2^k = 2 \cdot 2^k = 2^{k+1}.$$

Korollar 1.46 *Seien M und N endliche Mengen. Dann gilt*

$$|M \cup N| = |M| + |N| - |M \cap N|.$$

Beweis Jedes Element aus $M \cup N$ ist entweder in M, aber nicht in N, oder in N, aber nicht in M, oder in N und M, d.h.:

$$M \cup N = (M \setminus N) \cup (M \cap N) \cup (N \setminus M) = (M \setminus (M \cap N)) \cup (M \cap N) \cup (N \setminus (M \cap N)).$$

Die drei Mengen auf der rechten Seite sind offensichtlich disjunkt. Damit folgt

$$|M \cup N| \overset{1.41}{=} |M \setminus (M \cap N)| + |M \cap N| + |N \setminus (M \cap N)|$$

$$\overset{1.43}{=} |M| - |M \cap N| + |M \cap N| + |N| - |M \cap N|.$$

Das war zu zeigen.   □

Theorem 1.47 *Seien s und $k_1, \ldots, k_s$ natürliche Zahlen. Sei ein Verfahren V zur Konstruktion von Objekten gegeben, welches aus s Schritten besteht und folgende Eigenschaften erfüllt:*

(i) *Für den ersten Schritt gibt es k_1 verschiedene mögliche Durchführungen.*

(ii) *Wenn $i < s$ Schritte durchgeführt wurden gibt es immer k_{i+1} verschiedene Möglichkeiten, den $(i + 1)$-ten Schritt durchzuführen.*

(iii) *Unterscheiden sich zwei Abläufe in mindestens einem Schritt, so liefert V unterschiedliche Objekte.*

Dann können mit diesem Verfahren genau $k_1 \cdot \ldots \cdot k_s$ verschiedene Objekte konstruiert werden.

Beweis Wir beweisen dies mit Induktion nach s.

Induktionsanfang: Für $s = 1$ gibt es nur einen Schritt, und das Verfahren konstruiert nach (i) k_1 Objekte, welche nach (iii) alle verschieden sind.

Induktionsvoraussetzung: Für beliebiges, aber festes $s \in \mathbb{N}$ konstruiert jedes Verfahren mit s Schritten, welches die Eigenschaften (i)–(iii) erfüllt, genau $k_1 \cdot \ldots \cdot k_s$ verschiedene Objekte.

Induktionsschritt: Wir müssen die Aussage für ein $(s + 1)$-schrittiges Verfahren beweisen. Nach IV gibt es genau $k_1 \cdot \ldots \cdot k_s$ verschiedene Möglichkeiten, die ersten s Schritte durchzuführen. Wir nennen diese Teilkonstruktionen $T_1, \ldots, T_{k_1 \cdot \ldots \cdot k_s}$. Damit gilt

$$\{a | V \text{ konstruiert } a\} = \bigcup_{i=1}^{k_1 \cdot \ldots \cdot k_s} \{a | V \text{ konstruiert } a \text{ aus } T_i\}.$$

Eigenschaft (iii) impliziert, dass die Mengen auf der rechten Seite paarweise disjunkt sind. Eigenschaft (ii) liefert uns, dass jede dieser Mengen die Kardinalität k_{s+1} besitzt. Damit erhalten wir

$$|\{a | V \text{ konstruiert } a\}| \overset{1.41}{=} \sum_{i=1}^{k_1 \cdot \ldots \cdot k_s} |\{a | V \text{ konstruiert } a \text{ aus } T_i\}|$$

$$\overset{(ii)}{=} \sum_{i=1}^{k_1 \cdot \ldots \cdot k_s} k_{s+1} = k_1 \cdot \ldots \cdot k_s \cdot k_{s+1}.$$

Das war zu zeigen. $\square$

Frage Wie viele Nummernschilder kann die Stadt Essen vergeben, die aus ein oder zwei Buchstaben und einer natürlichen Zahl mit maximal drei Ziffern bestehen?

Um ein Nummernschild der beschriebenen Form zu konstruieren, wählen wir in einem ersten Schritt einen Buchstaben aus (26 Möglichkeiten); in einem zweiten Schritt wählen wir entweder einen weiteren Buchstaben oder keinen Buchstaben ($26 + 1 = 27$ Möglichkeiten); im dritten und letzten Schritt wählen wir eine natürliche Zahl mit maximal drei Ziffern (999 Möglichkeiten). Dieses Verfahren erfüllt offensichtlich die Eigenschaften aus Theorem 1.47. Damit kann die Stadt maximal $26 \cdot 27 \cdot 999 = 701.298$ Nummernschilder der beschriebenen Form vergeben.

Bemerkung 1.48 Wir können Theorem 1.47 auch nutzen um kurz die Gleichung $\mathcal{P}(M) = 2^{|M|}$ aus Proposition 1.45 herzuleiten. Schreiben wir dazu $M = \{m_1, \ldots, m_k\}$. Wir konstruieren Teilmengen in k Schritten, in dem wir im i-ten Schritt entscheiden ob das Element m_i in unsere Teilmenge kommt oder nicht. Damit können sicher alle Teilmengen konstruiert werden und entscheiden wir uns bei zwei solchen Konstruktionen in mindestens einem Schritt anders, erhalten wir auch andere Teilmengen. Da wir in jedem Schritt zwei Möglichkeiten haben, gibt es insgesamt 2^k Teilmengen von M.

Korollar 1.49 (Multiplikationsprinzip) *Seien $M_1, M_2, \ldots, M_k$ endliche leere Mengen ungleich $\emptyset$. Dann gilt*

$$|M_1 \times \ldots \times M_k| = |M_1| \cdot \ldots \cdot |M_k| = \prod_{i=1}^{k} |M_i|.$$

Beweis Wir benutzen Theorem 1.47, um alle Elemente in $\prod_{i=1}^{k} M_i$ zu konstruieren. Jedes Element in diesem kartesischen Produkt entsteht durch das k-schrittige Verfahren, das im i-ten Schritt ein Element aus M_i auswählt und dieses an die i-te Stelle schreibt. Dafür gibt es genau $|M_i|$ Möglichkeiten. Zwei Elemente $(a_1, \ldots, a_k), (b_1, \ldots, b_k) \in \prod_{i=1}^{k} M_i$ sind genau dann gleich, wenn alle Einträge gleich sind, also genau dann, wenn $a_i = b_i$ für alle $i \in \{1, \ldots, k\}$.

Damit erfüllt dieses Verfahren die Voraussetzungen von Theorem 1.47 und liefert insgesamt $|M_1| \cdot \ldots \cdot |M_k| (= \prod_{i=1}^{k} |M_i|)$ verschiedene Elemente. Damit ist das Korollar bewiesen. $\square$

Beispiel 1.50 Ein Passwort (PW) für die Uni-Mailadresse, das aus 9 Zeichen besteht, kann als Element in

$$\underbrace{\{\text{für PW zulässige Symbole}\} \times \ldots \times \{\text{für PW zulässige Symbole}\}}_{\text{9-mal}}$$

aufgefasst werden. So entspricht beispielsweise das Passwort „IchmagDM1" dem Element $(I, c, h, m, a, g, D, M, 1)$. Nach Beispiel 1.42 hat $\{\text{für PW zulässige Symbole}\}$ die Kardinalität 85. Damit gibt es nach Korollar 1.49 genau 85^9 mögliche Passwörter, die aus 9 Zeichen bestehen.

Korollar 1.51 *Seien $M \neq \emptyset \neq N$ endliche Mengen mit $|M| = k$ und $|N| = n$. Dann gibt es genau n^k Abbildungen von M nach N.*

Beweis Diese Aussage muss ab jetzt jeder kennen! Daher geben wir vorsichtshalber zwei Beweise.

Erster Beweis: Wir betrachten die Abbildung

$$\{f \mid f : M \to N \text{ ist Abbildung}\} \longrightarrow \prod_{i=1}^{k} N \quad ; \quad f \mapsto (f(m_1), \ldots, f(m_k)). \qquad (1.4)$$

Dazu gibt es die Umkehrabbildung, die jedem Element $(l_1, \ldots, l_k) \in \prod_{i=1}^{k} N$ die eindeutige Abbildung $f : M \to N$, mit $f(m_i) = l_i$ für alle $i \in \{1, \ldots, k\}$, zuordnet. Nach Satz 1.34 ist die Zuordnung aus (1.4) bijektiv. Also ist die Anzahl der Abbildungen von M nach N gleich $\left| \prod_{i=1}^{k} N \right| \overset{1.49}{=} n^k$.

Zweiter Beweis: Wir benutzen direkt Theorem 1.47, um alle Abbildungen zu konstruieren. Wir schreiben $M = \{m_1, \ldots, m_k\}$. Eine Abbildung f von M nach N ordnet jedem Element aus M genau ein Element aus N zu. Für m_1 gibt es also $|N| = n$ Möglichkeiten $f(m_1)$ festzulegen. Genauso gibt es für alle $i \in \{1, \ldots, k\}$ genau n Möglichkeiten $f(m_i)$ festzulegen. Insgesamt gibt es also $n \cdot \ldots \cdot n = n^k$ Möglichkeiten, eine Abbildung von M nach N zu konstruieren.   □

Zusammenfassung

- Eine Abbildung von M nach N ist genau dann bijektiv, wenn es zu jedem Element n aus N genau ein Element aus M gibt, das auf n abgebildet wird.
- Eine Menge M hat genau dann n Elemente, wenn es eine bijektive Abbildung zwischen M und $\{1, \ldots, n\}$ gibt.
- Sind $M_1, \ldots, M_k$ endliche Mengen, sodass kein Element in zwei verschiedenen dieser Mengen vorkommt, dann sind in der Vereinigung aller dieser Mengen genau $\sum_{i=0}^{k} |M_i|$ Elemente.
- Sind $M_1, \ldots, M_k$ endliche Mengen so besitzt $M_1 \times \ldots \times M_k$ genau $\prod_{i=0}^{k} |M_i|$ Elemente.

1.A Beweis von Theorem 1.19

Wir werden hier Theorem 1.19 zu Ende beweisen. Mittlerweile wissen wir bereits, dass die Addition kommutativ ist. Das wollen wir ab jetzt frei benutzen. Weiter folgt mit jedem Teilbeweis eine weitere Eigenschaft, die wir in den folgenden Argumenten benutzen dürfen.

Assoziativität der Addition

Es ist zu zeigen, dass für alle $n, k, l \in \mathbb{N}_0$ die Gleichung

$$(n + k) + l = n + (k + l)$$

gilt. Wir führen eine Induktion über n. (Sie können sich genauso gut für k oder l entscheiden).

IA: Für $n = 0$ erhalten wir $(0 + k) + l = (k + 0) + l = k + l = (k + l) + 0 = 0 + (k + l)$, womit der Induktionsanfang gemacht wäre.

IV: Für beliebiges, aber festes $n \in \mathbb{N}_0$ gilt für alle $k, l \in \mathbb{N}_0$ die Gleichung $(n + k) + l = n + (k + l)$.

IS: Wir zeigen, dass für das n aus der Induktionsvoraussetzung auch $(S(n) + k) + l = S(n) + (k + l)$ für alle $k, l \in \mathbb{N}_0$ gilt. Dies folgt durch

$$(S(n) + k) + l \overset{1.18}{=} (n + S(k)) + l \overset{IV}{=} n + (S(k) + l) \overset{1.18}{=} n + (k + S(l))$$

$$= n + S(k + l) \overset{1.18}{=} S(n) + (k + l).$$

Damit ist dieser Induktionsbeweis erledigt, und die Addition ist tatsächlich assoziativ.

Kommutativität der Multiplikation

Wir dürfen bereits benutzen, dass die Addition kommutativ und assoziativ ist. Bevor wir zum eigentlichen Beweis kommen, noch ein kleines Lemma.

Lemma *Seien* $n, k \in \mathbb{N}_0$ *beliebig. Dann gilt* $0 \cdot k = k \cdot 0$.

Beweis Wir wollen also zeigen, dass alle Elemente $k \in \mathbb{N}_0$ die Eigenschaft $0 \cdot k = k \cdot 0$ erfüllen.

IA: Für $k = 0$ ist trivialerweise $0 \cdot 0 = 0 \cdot 0$. Also ist die Aussage für $k = 0$ erfüllt und der Induktionsanfang erledigt.

IV: Wir nehmen an, dass für beliebiges, aber festes $k \in \mathbb{N}_0$ die Aussage $0 \cdot k = k \cdot 0$ gilt.

IS: Wir müssen zeigen, dass unter der Induktionsvoraussetzung auch die Gleichheit $0 \cdot S(k) = S(k) \cdot 0$ gilt. Dies folgt durch

$$0 \cdot S(k) = 0 \cdot k + 0 \overset{IV}{=} k \cdot 0 + 0 = 0 + 0 = 0 = S(k) \cdot 0. \qquad \square$$

Kommen wir nun zum Beweis der Gleichung $\mathbf{n} \cdot k = k \cdot \mathbf{n}$ für alle $\mathbf{n}, k \in \mathbb{N}_0$. Dabei werden wir zwei Induktionsbeweise verschachteln. Damit wir den Überblick behalten haben wir das $\mathbf{n}$ fett gedruckt, und führen eine **Induktion über n** (ebenfalls fett gedruckt). Später fügen wir noch eine Induktion über k hinzu, die nicht fett gedruckt ist.

IA: Für $\mathbf{n} = 0$ haben wir die Aussage gerade im Lemma bewiesen.

IV: Für beliebiges, aber festes $\mathbf{n} \in \mathbb{N}_0$ gelte $\mathbf{n} \cdot k = k \cdot \mathbf{n}$ für alle $k \in \mathbb{N}_0$.

IS: Wir zeigen, dass unter der Induktionsvoraussetzung auch $S(\mathbf{n}) \cdot k = k \cdot S(\mathbf{n})$ für alle $k \in \mathbb{N}_0$ gilt. Das beweisen wir nun wieder per Induktion über k. Es folgt also eine Induktion in unserem Induktionsbeweis.

IA: Für $k = 0$ haben wir die Aussage $S(\mathbf{n}) \cdot 0 = 0 \cdot S(\mathbf{n})$ gerade im Lemma bewiesen.

IV: Für beliebiges, aber festes $k \in \mathbb{N}_0$ gelte $S(\mathbf{n}) \cdot k = k \cdot S(\mathbf{n})$ für alle $k \in \mathbb{N}_0$.

IS: Wir zeigen, dass unter der **Induktionsvoraussetzung** (bzw. den Induktionsvoraussetzungen) auch $S(\mathbf{n}) \cdot S(k) = S(k) \cdot S(\mathbf{n})$ gilt. Wir werden dabei mehrmals benutzten, dass die Addition kommutativ und assoziativ ist.

$$S(\mathbf{n}) \cdot S(k) = (S(\mathbf{n}) \cdot k) + S(\mathbf{n}) \overset{IV}{=} (k \cdot S(\mathbf{n})) + S(\mathbf{n}) = (k \cdot \mathbf{n} + k) + S(\mathbf{n})$$

$$= (k \cdot \mathbf{n}) + (k + S(\mathbf{n})) \overset{1.18}{=} (k \cdot \mathbf{n}) + (S(k) + \mathbf{n}) = (k \cdot \mathbf{n}) + (\mathbf{n} + S(k))$$

$$\overset{IV}{=} (\mathbf{n} \cdot k) + (\mathbf{n} + S(k)) = (\mathbf{n} \cdot k + \mathbf{n}) + S(k) = (\mathbf{n} \cdot S(k)) + S(k) \overset{IV}{=} (S(k) \cdot \mathbf{n}) + S(k)$$

$$= S(k) \cdot S(\mathbf{n}).$$

Das schließt die innere Induktion. Damit ist der äußere **Induktionsschritt** gezeigt und somit gilt die gesamte Aussage.

Distributivgesetz

Wir beweisen nun mit dem Wissen, dass die Multiplikation kommutativ ist das Distributivgesetz. Es muss also für alle $n, k, l \in \mathbb{N}_0$ die Gleichung $n \cdot (k + l) = (n \cdot k) + (n \cdot l)$ gelten.

IA: Für $n = 0$ ist $0 \cdot (k+l) = (k+l) \cdot 0 = 0 = 0+0 = (k \cdot 0) + (l \cdot 0) = (0 \cdot k) + (0 \cdot l)$ für alle $k, l \in \mathbb{N}_0$.

IV: Für beliebiges, aber festes $n \in \mathbb{N}_0$ gelte $n \cdot (k+l) = (n \cdot k) + (n \cdot l)$ für alle $k, l \in \mathbb{N}_0$.

IS: Sei n wie in der Induktionsvoraussetzung. Für alle $k, l \in \mathbb{N}_0$ gilt dann

$$S(n) \cdot (k + l) = (k + l) \cdot S(n) = ((k+l) \cdot n) + (k+l) = (n \cdot (k+l)) + (k+l)$$

$$\stackrel{IV}{=} ((n \cdot k) + (n \cdot l)) + (k+l) = (n \cdot k) + ((n \cdot l) + (k+l))$$

$$= (n \cdot k) + ((n \cdot l) + k) + l) = (n \cdot k) + ((k + (n \cdot l)) + l)$$

$$= (n \cdot k) + (k + ((n \cdot l) + l)) = ((n \cdot k) + k) + ((n \cdot l) + l)$$

$$= (S(n) \cdot k) + (S(n) \cdot l).$$

Das schließt die Induktion.

Assoziativität der Multiplikation

Endlich sind wir bei der letzten zu beweisenden Aussage angekommen. Es soll gezeigt werden, dass $n \cdot (k \cdot l) = (n \cdot k) \cdot l$ gilt für alle $n, k, l \in \mathbb{N}_0$.

IA: Für $n = 0$ gilt $(0 \cdot k) \cdot l = (k \cdot 0) \cdot l = 0 \cdot l = l \cdot 0 = 0 = (k \cdot l) \cdot 0 = 0 \cdot (k \cdot l)$ für alle $k, l \in \mathbb{N}_0$.

IV: Für beliebiges, aber festes $n \in \mathbb{N}_0$ gelte für alle $k, l \in \mathbb{N}_0$ die Gleichung $n \cdot (k \cdot l) = (n \cdot k) \cdot l$.

IS: Wir zeigen nun, dass für das n aus der Induktionsvoraussetzung auch die Gleichung $S(n) \cdot (k \cdot l) = (S(n) \cdot k) \cdot l$ für alle $k, l \in \mathbb{N}_0$ gilt. Wir dürfen dabei das Distributivgesetz benutzen. Damit ist

$$S(n) \cdot (k \cdot l) = (k \cdot l) \cdot S(n) = ((k \cdot l) \cdot n) + (k \cdot l) = (n \cdot (k \cdot l)) + (k \cdot l)$$

$$\stackrel{IV}{=} ((n \cdot k) \cdot l) + (k \cdot l) = (l \cdot (n \cdot k)) + (l \cdot k) = l \cdot ((n \cdot k) + k)$$

$$= l \cdot ((k \cdot n) + k) = l \cdot (k \cdot S(n)) = (k \cdot S(n)) \cdot l = (S(n) \cdot k) \cdot l.$$

1.B Was ist an der Mengenlehre naiv?

Wenn Sie die Frage des Abschnittes nicht sonderlich interessiert, können Sie diesen gefahrlos überspringen!

Wie bereits gesagt sind Mengen die grundlegendsten Objekte in der Mathematik. Um also wünschenswerte Eigenschaften von Mengen zu formulieren, müssen wir uns zunächst überlegen, was wir von der Mathematik erwarten. Hierauf hat wahrscheinlich jeder seine eigenen Antworten. Aber wir können uns ganz sicher alle darauf verständigen, dass eine Aussage, die in mathematischer Sprache formuliert ist, nicht wahr und falsch zugleich sein kann.

Genau dieses für die Mathematik zwingend erforderliche Grundprinzip wird mit Cantors Definition einer Menge (die wir in diesem Buch benutzen) angreifbar. Denn, so wie wir es bisher gelernt haben, ist auch die Menge aller Mengen definiert. Sagen wir

$$\mathcal{M} = \{M \mid M \text{ ist Menge}\}$$

Da $\mathcal{M}$ aber eine Menge ist, enthält sie sich selbst als Element. Damit lässt sich nun das *Russell'sche Paradoxon* konstruieren:

Sei E die Menge, die genau die Mengen enthält, die sich nicht selbst als Element enthalten. Formal ist also

$$E = \{M \in \mathcal{M} \mid M \notin M\}.$$

Wir wollen versuchen herauszufinden, ob sich E selbst als Element enthält oder nicht. Wir nehmen mal an, es wäre $E \in E$, dann ist nach Definition der Menge E also $E \notin E$. Wir haben also gezeigt, dass $E \in E$ die Aussage $E \notin E$ impliziert.

Nehmen wir nun an, dass $E \notin E$ gilt. Dann muss per Definition der Menge E aber $E \in E$ gelten. Es gilt also auch, dass $E \notin E$ die Aussage $E \in E$ impliziert. Damit ist nun

$$E \in E \quad \Longleftrightarrow \quad E \notin E.$$

Damit ist die Aussage $E \in E$ genau dann wahr, wenn sie falsch ist. Das ist ein Zustand, der keinesfalls möglich sein darf. Damit ist es zwingend erforderlich, dass sich eine Menge nicht selbst als Element enthalten darf. Cantors Definition einer Menge ist also etwas zu einfach oder auch zu naiv.

Was eine Menge genau ist, wird in der modernen Mathematik über Axiome geregelt. D.h., so wie wir die natürlichen Zahlen über ihre charakterisierenden Eigenschaften (die Peano-Axiome) definiert haben, können auch Mengen über ihre charakterisierenden Eigenschaften (die Zermelo-Fraenkel-Axiome) definiert werden. Dieser Zugang wird *axiomatische Mengenlehre* genannt. Einige der Zermelo-Fraenkel-Axiome haben wir schon implizit gesehen. Unsere Definition, wann zwei Mengen gleich sind, ist eines der Axiome und die Existenz der leeren Menge ein weiteres. Auch dass die Potenzmenge einer Menge tatsächlich eine Menge ist, ist Teil der Axiome. Auch die Vereinigung von Mengen und Teilmengen von Mengen sind wieder Mengen.

Wichtig für uns ist, dass alles, was wir abzählbare Menge genannt haben, auch tatsächlich eine Menge im Sinn der axiomatischen Mengenlehre ist. Da wir uns in diesem Buch ausschließlich mit abzählbaren Mengen beschäftigen, stehen wir also nach diesem Kapitel – trotz der naiven Mengenlehre – auf einem sicheren Grund. Die anspruchsvolle präzise Definition der Zermelo-Fraenkel-Axiome werden wir daher in diesem Buch nicht behandeln.

Die Geschichte über die Suche nach den Grundlagen der Mathematik wird unter anderem auf recht unterhaltsame Weise in dem Graphic Novel [6] erzählt.

Aufgaben

Aufgabe • 1 Seien M, N, L Mengen. Zeigen Sie die Gleichung

$$M \setminus (N \cap L) = (M \setminus N) \cup (M \setminus L)$$

(a) mithilfe eines Mengen Diagramms,

(b) formal.

Aufgabe • 2 Zum Lösen dieser Aufgabe benutzen Sie bitte vollständige Induktion.

(a) Beweisen Sie, dass für alle $n \in \mathbb{N}_0$ die folgende Gleichheit gilt:

$$\sum_{i=0}^{n} i \cdot (i+1) = 0 \cdot 1 + 1 \cdot 2 + 2 \cdot 3 + \ldots + n \cdot (n+1) = \frac{(n+2) \cdot (n+1) \cdot n}{3}.$$

(b) Finden Sie eine Formel für die Summe der ersten n ungeraden Zahlen und beweisen Sie diese.

Hinweis: Ungerade Zahlen lassen sich schreiben als $2 \cdot n + 1$ für ein $n \in \mathbb{N}_0$.

Aufgabe 3 Bei Induktionsbeweisen ist es wichtig, jeden der drei Schritte *Induktionsanfang*, *Induktionsvoraussetzung* und *Induktionsschritt* gewissenhaft zu überprüfen. Die folgende Behauptung ist offensichtlich falsch. Finden Sie den Fehler im „Beweis".

BEHAUPTUNG: Sei $n \in \mathbb{N}$. Wählen wir n beliebige Studierende aus, so haben alle dieselbe Schuhgröße.

BEWEIS: Wir führen eine Induktion über n.

Induktionsanfang: $\boxed{n = 1}$ Haben wir nur einen Studierenden ausgewählt, so haben sicher alle ausgewählten Studierenden dieselbe Schuhgröße. Damit ist der Induktionsanfang erledigt.

Induktionsvoraussetzung: Für beliebiges, aber fest gewähltes $n \in \mathbb{N}$ gilt, dass n beliebig ausgewählte Studierende alle dieselbe Schuhgröße haben.

Induktionsschritt: $\boxed{n \to n+1}$ Sei also $S = \{s_1, s_2, s_3, \ldots, s_{n+1}\}$ eine Menge von $n + 1$ Studierenden. Wir betrachten die Menge $S' = S \setminus \{s_{n+1}\}$. In S' sind genau n Studierende und somit haben diese nach Induktionsvoraussetzung alle dieselbe Schuhgröße – sagen wir x. Insbesondere haben s_1 und s_2 die Schuhgröße x.

Betrachte nun $S'' = S \setminus \{s_1\}$. Wieder folgt aus der Induktionsvoraussetzung, dass alle Studierenden in S'' dieselbe Schuhgröße haben – sagen wir y. Da aber s_2 in S'' ist und die Schuhgröße von s_2 gleich x ist, muss $x = y$ gelten.

Weiter ist $S = S' \cup S''$. Wir haben also gezeigt, dass alle Studierenden aus S dieselbe Schuhgröße haben. Das war zu zeigen. $\square$

Aufgabe 4 Beweisen Sie das Assoziativgesetzt der Addition auf $\mathbb{N}_0$. Das bedeutet: Zeigen Sie, dass für alle $n, k, l \in \mathbb{N}_0$ die Gleichungen

$$n + k = k + n \quad \text{und} \quad n + (k + l) = (n + k) + l$$

gelten.
  Hinweis: Induktion!

Aufgabe 5 Wir betrachten die Bilder

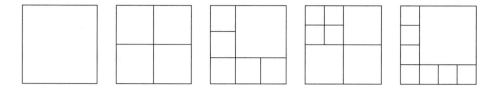

Beweisen Sie allgemein, dass sich für jedes $n \geq 6$ ein gegebenes Quadrat in n kleinere Quadrate aufteilen lässt.
  Hinweis: II. Prinzip der vollständigen Induktion.

Aufgabe • 6 Welche der folgenden Abbildungen sind injektiv, surjektiv oder bijektiv?

  (i) $f : \mathbb{N}_0 \longrightarrow \mathbb{N}_0 \; ; \quad n \mapsto f(n) = n^2 - n.$

  (ii) $f : \{1, 2, 3, 4\} \longrightarrow \{0, 1\} \; ; \quad n \mapsto f(n) = \begin{cases} 0 & \text{falls } n \text{ gerade,} \\ 1 & \text{falls } n \text{ ungerade.} \end{cases}$

(iii)

$$f : \{g \mid g : \{1, 2, 3\} \longrightarrow \{1, 2, 3, 4\} \text{ ist Abbildung}\}$$
$$\longrightarrow \{1, 2, 3, 4\} \times \{1, 2, 3, 4\} \times \{1, 2, 3, 4\}$$

  mit $g \mapsto f(g) = (g(1), g(2), g(3)).$

Aufgabe • 7 Beweisen Sie, dass die Menge aller Quadratzahlen $\{n^2 \mid n \in \mathbb{N}_0\}$ und die Menge aller ungeraden Zahlen $\{2 \cdot n + 1 \mid n \in \mathbb{N}_0\}$ gleichmächtig sind.

Aufgabe 8 Beweisen Sie, dass genau dann $k \leq n$ gilt, wenn eine surjektive Abbildung $f : \{1, \ldots, n\} \longrightarrow \{1, \ldots, k\}$ existiert.

Aufgabe 9 Seien M und N endliche Mengen ungleich $\emptyset$ (d.h., es gilt $|M|, |N| \in \mathbb{N}$). Beweisen Sie

(i) $|M| \leq |N| \iff \exists f : M \longrightarrow N$ injektiv,

(ii) $|N| \leq |M| \iff \exists f : M \longrightarrow N$ surjektiv.

Aufgabe 10 Das Multiplikationsprinzip 1.49 besagt, dass $|\{1, \ldots, k\} \times \{1, \ldots, n\}| = k \cdot n$ gilt. Geben Sie explizit eine bijektive Abbildung

$$f : \{1, \ldots, k\} \times \{1, \ldots, n\} \longrightarrow \{1, \ldots, k \cdot n\}$$

an.

Hinweis: Sie können das kartesische Produkt der beiden Mengen in einem rechteckigen Schema betrachten:

	$\{1$	2	$\cdots$	$n-1$	$n\}$
1	$(1, 1)$	$(1, 2)$	$\cdots$	$(1, n-1)$	$(1, n)$
2	$(2, 1)$	$(2, 2)$	$\cdots$	$(2, n-1)$	$(2, n)$
$\vdots$	$\vdots$	$\vdots$	$\cdots$	$\vdots$	$\vdots$
$k-1$	$(k-1, 1)$	$(k-1, 2)$	$\cdots$	$(k-1, n-1)$	$(k-1, n)$
k	$(k, 1)$	$(k, 2)$	$\cdots$	$(k, n-1)$	(k, n)

Aufgabe • 11 In der Mensa gibt es 5 Hauptgerichte, 6 Beilage und 3 Nachspeisen. Wie viele verschiedene Mittagessen bestehend aus je einem Hauptgericht, einer Beilage und einem Nachtisch gibt es?

Aufgabe • 12 Sie haben eine Kiste mit genau 40 Bauklötzen darin. Die eine Hälfte der Klötze ist rot und die andere Hälfte ist blau. Weiter gibt es genau 25 Quader und 15 Dächer (Prismen mit dreieckiger Grundfläche). Zeigen Sie, dass es mindestens fünf rote Quader gibt.

Kombinatorik

2

*Nicht alles, was man zählen kann, zählt auch und nicht alles, was
zählt, kann man zählen.*

Albert Einstein

In diesem Kapitel studieren wir auf wie viele Arten wir verschiedene Elemente unter gewissen Randbedingungen kombinieren können. Dies führt uns unter anderem zu Aussagen darüber, wie groß die Wahrscheinlichkeit ist, im Lotto zu gewinnen oder wie viele verschiedene Passwörter für eine Uni-Mailadresse möglich sind.

2.1 Permutationen

In diesem Abschnitt beschäftigen wir uns mit Anordnungen von endlich vielen Objekten. Eine Anordnung kann zum Beispiel als Sitzordnung in einem voll besetzten Hörsaal betrachtet werden.

Sind drei Studierende in einem Hörsaal mit nur drei Plätzen (der zum Glück nicht existiert), so gibt es sechs mögliche Sitzordnungen. Nennen wir die Studierenden α, β, γ und nummerieren die Plätze 1, 2 und 3, so sind diese gegeben durch

$$
\begin{array}{cccccc}
1\ 2\ 3 & 1\ 2\ 3 & 1\ 2\ 3 & 1\ 2\ 3 & 1\ 2\ 3 & 1\ 2\ 3 \\
\alpha\ \beta\ \gamma & \alpha\ \gamma\ \beta & \beta\ \alpha\ \gamma & \beta\ \gamma\ \alpha & \gamma\ \alpha\ \beta & \gamma\ \beta\ \alpha
\end{array}
$$

Wenn man dieses Auflisten im Fall von vier Studierenden und vier Plätzen fortführt, hat man schon einiges zu tun. Spätestens bei sechs Studierenden und sechs Plätzen gibt bei der Auflistung jeder auf.

© Springer-Verlag GmbH Deutschland, ein Teil von Springer Nature 2019
L. Pottmeyer, *Diskrete Mathematik*,
https://doi.org/10.1007/978-3-662-59663-0_2

Definition 2.1 Sei M eine endliche Menge mit $|M| = n \in \mathbb{N}$ und sei $k \leq n$ eine natürliche Zahl. Eine k-*Permutation der Elemente von* M ist ein Tupel $(a_1, \ldots, a_k) \in \prod_{i=1}^{k} M$, sodass $a_1, \ldots, a_k$ paarweise verschieden sind. Die Menge aller k-Permutationen der Elemente von M bezeichnen wir mit $\text{Per}_k(M)$. Gilt $k = n = |M|$, so sprechen wir schlicht von einer *Permutation der Elemente von* M und setzen $\text{Per}(M) = \text{Per}_n(M)$.

Beispiel 2.2 Ein paar Beispiele für Permutationen:

- Die Permutationen der Elemente α, β, γ haben wir oben bereits bestimmt: (α, β, γ), (α, γ, β), (β, α, γ), (β, γ, α), (γ, α, β), (γ, β, α).
- $\text{Per}_2(\{\alpha, \beta, \gamma\}) = \{(\alpha, \beta), (\alpha, \gamma), (\beta, \alpha), (\beta, \gamma), (\gamma, \alpha), (\gamma, \beta)\}$.
- (a, c, h, s, o) ist eine Permutation der Elemente c, h, a, o, s.

Bemerkung 2.3 Sei $M = \{m_1, \ldots, m_n\}$ wie oben. Jedes Element aus $\text{Per}(M)$ ist durch eine bijektive Abbildung $\pi : M \longrightarrow M$ gegeben. Denn falls π bijektiv ist, so ist das Element $(\pi(m_1), \ldots, \pi(m_n))$ sicher eine Permutation der Elemente von M. Ist andererseits $(a_1, \ldots, a_n)$ eine Permutation der Elemente von M, so ist die Abbildung $m_i \mapsto a_i$ für alle $i \in \{1, \ldots, k\}$ eine Bijektion. Wir bezeichnen die Menge aller bijektiven Abbildungen $\pi : M \longrightarrow M$ mit $\text{Bij}(M)$. Wie in Korollar 1.51 sehen wir, dass die Abbildungen

$$\text{Bij}(M) \longrightarrow \text{Per}(M) \quad ; \quad \pi \mapsto (\pi(m_1), \ldots, \pi(m_n)),$$

$$\text{Per}(M) \longrightarrow \text{Bij}(M) \quad ; \quad (a_1, \ldots, a_n) \mapsto \pi, \text{ mit } \pi(m_i) = a_i$$

gegenseitige Umkehrabbildungen sind. Damit erhalten wir

$$|\text{Bij}(M)| = |\text{Per}(M)|.$$

Daher werden oft auch bijektive Abbildungen einer Menge auf sich selbst als Permutation bezeichnet. Da wir die Menge $\text{Bij}(\{1, \ldots, n\})$ im Folgenden oft benutzen wollen, setzen wir kurz $\text{Bij}(n) = \text{Bij}(\{1, \ldots, n\})$.

Definition 2.4 Wir definieren $0! = 1$ und $(n + 1)! = (n + 1) \cdot (n!)$ für alle $n \in \mathbb{N}_0$. Der Ausdruck $n!$ heißt *Fakultät* von n.

Beispiel 2.5 Wir haben

- $1! = 1$
- $2! = 2 \cdot 1! = 2$
- $3! = 3 \cdot 2! = 6$
- $4! = 4 \cdot 3! = 24$

- $10! = 3628800$
- $46! = 5502622159812088949850305428800025489296165175296000000000000$

Proposition 2.6 *Sei M eine Menge mit* $|M| = n \in \mathbb{N}$ *und sei* $k \leq n$ *eine natürliche Zahl. Dann ist* $\prod_{i=1}^{k}(n - i + 1)$ *die Anzahl der* k*-Permutationen der Elemente von M. In Formeln:*

$$|\operatorname{Per}_k(M)| = n \cdot (n - 1) \cdot \ldots \cdot (n - k + 1) = \frac{n!}{(n - k)!}.$$

Beweis Jede k-Permutation der Elemente von M entsteht dadurch, dass wir der Reihe nach Elemente aus M für die Positionen $1, \ldots, k$ der Permutation wählen, sodass für die i-te Position ein Element a_i aus M gewählt wird, welches noch nicht auf einer Position j mit $j < i$ steht. Jedes so konstruierte Objekt ist natürlich auch eine k-Permutation der Elemente von M. Unabhängig von der Wahl der Elemente $a_1, \ldots, a_{i-1}$ gibt es für das Element a_i genau $n - i + 1$ Möglichkeiten. Aus Theorem 1.47 folgt somit, dass es genau $\prod_{i=1}^{k}(n - i + 1) = \frac{n!}{(n-k)!}$ verschiedene k-Permutationen der Elemente von M gibt. □

Korollar 2.7 *Es ist* $|\operatorname{Per}(M)| = |\operatorname{Bij}(M)| = |M|!$.

Beweis Das erste Gleichheitszeichen haben wir bereits in Bemerkung 2.3 eingesehen. Das zweite folgt unmittelbar aus Proposition 2.6 wenn wir $k = |M|$ wählen. □

Das nächste Korollar folgt ebenfalls unmittelbar.

Korollar 2.8 *Sind n verschiedene Elemente gegeben, so kann man diese Elemente auf genau* $n!$ *verschiedene Arten anordnen.*

Beispiel 2.9 Es gibt nach Korollar 2.8 genau 120! mögliche Sitzordnungen wenn 120 Studierende in einen Hörsaal mit 120 Plätzen kommen.

Dies können wir uns bildlich folgendermaßen vorstellen. Der erste Student kann aus 120 freien Plätzen einen auswählen. Die zweite Studentin hat noch 119 Möglichkeiten einen Platz zu wählen (und zwar unabhängig von der Platzwahl des ersten Studenten). Dies geht immer so weiter, bis der letzte Student sich auf den letzten freien Platz setzen muss, also nur noch eine Möglichkeit hat. Damit ergeben sich die eben formal bewiesenen 120! verschiedenen Sitzordnungen.

Wie viele Möglichkeiten gibt es, die ersten zehn Plätze des Hörsaals zu besetzen?

Es ist also nach der Anzahl der 10-Permutationen der Studierenden im Hörsaal gefragt. Damit ist die Antwort $\frac{120!}{110!} = 120 \cdot 119 \cdot \ldots \cdot 111$.

Anschaulich drehen wir die Sichtweise von oben einfach um. Nun kann sich der erste Platz einen Studenten aussuchen, hat also 120 Möglichkeiten. Der zweite Platz kann noch aus 119 Studierenden wählen. Der 10 und letzte Platz hat immer noch die Auswahl zwischen 111 Studierenden.

Bis jetzt haben wir uns in diesem Kapitel nur mit Anordnungen von verschiedenen Elementen beschäftigt. Dies wollen wir jetzt erweitern auf Anordnungen von Elementen, von denen wir einige nicht unterscheiden können.

Beispiel 2.10 Anagramme sind Permutationen der Buchstaben eines Wortes. Anagramme von PERMUTATION sind zum Beispiel TRAUMPOETIN, OPIUMRATTEN, PIANO-MUTTER oder ARMUT NIE TOP.

Wir möchten wissen, wieviele solcher Anagramme ein Wort besitzt, wobei wir uns nicht darum kümmern, ob die neue Anordnung der Buchstaben ein sinnvolles Wort in irgendeiner Sprache liefert. Wir behandeln zunächst wieder ein Beispiel anschaulich. Das Wort *Permutation* hat 11 Buchstaben. Wären alle Buchstaben verschieden, so gäbe es nach Korollar 2.7 genau 11! verschiedene Anordnungen der Buchstaben. Allerdings kommt das T doppelt vor, die beiden T's können also stets vertauscht werden, ohne das Anagramm zu verändern. Damit haben wir mit den 11! Permutationen aller Buchstaben jede Anordnung doppelt (also 2!-mal) gezählt. Es gibt somit genau $\frac{11!}{2!}$ verschiedene Anagramme des Wortes *Permutation*.

Wie viele Anagramme hat dann das Wort *Essen*?

Hier ist die Argumentation die gleiche. Wären alle fünf Buchstaben verschieden, so gäbe es 5! Anordnungen. In jeder Anordnung können wir aber die beiden S vertauschen (2 Möglichkeiten) und die beiden E vertauschen (wieder 2 Möglichkeiten). Damit haben wir bei allen 5! Permutationen, jede $2 \cdot 2 = 4$-mal gezählt. Es folgt, dass es genau $\frac{5!}{4} = 5 \cdot 3 \cdot 2 \cdot 1 = 30$ Anagramme von *Essen* gibt.

Diese Argumentation wollen wir im Folgenden wieder formalisieren.

Lemma 2.11 *Sei $\sigma \in \mathrm{Bij}(k)$ beliebig. Die Abbildung*

$$f_\sigma : \mathrm{Bij}(k) \longrightarrow \mathrm{Bij}(k) \quad ; \quad \pi \mapsto \sigma \circ \pi$$

ist bijektiv.

Beweis Nach Proposition 1.32 ist $\sigma \circ \pi$ wieder eine bijektive Abbildung auf der Menge $\{1, \dots, k\}$, also tatsächlich in $\mathrm{Bij}(k)$. Damit ist die Abbildung f_σ wohldefiniert. Dies gilt natürlich auch für die Abbildung $f_{\sigma^{-1}}$, wobei σ^{-1} die Umkehrabbildung von σ ist. Für $\pi \in \mathrm{Bij}(k)$ und $i \in \{1, \dots, k\}$ beliebig gilt nun

$$f_{\sigma^{-1}} \circ f_\sigma(\pi)(i) = \sigma^{-1}(\sigma(\pi(i))) = \pi(i) \text{ und}$$

$$f_\sigma \circ f_{\sigma^{-1}}(\pi)(i) = \sigma(\sigma^{-1}(\pi(i))) = \pi(i).$$

Damit ist $f_{\sigma^{-1}} \circ f_\sigma(\pi) = f_\sigma \circ f_{\sigma^{-1}}(\pi) = \pi$, und $f_{\sigma^{-1}}$ ist die Umkehrabbildung von f_σ. Nach Satz 1.34 ist f_σ damit bijektiv. $\qquad\square$

Definition 2.12 Sei $n \in \mathbb{N}$. Eine *Partition* von n ist gegeben durch natürliche Zahlen $n_1, \ldots, n_s$, sodass $n = n_1 + \ldots + n_s$.

Lemma 2.13 *Sei $k_1, \ldots, k_s$ eine Partition von der natürlichen Zahl k. Seien weiter Elemente $m_1, \ldots, m_k$ gegeben, sodass je k_i von diesen Elementen gleich sind. D. h.*

$$m_1 = \ldots = m_{k_1}, \; m_{k_1+1} = \ldots = m_{k_1+k_2}, \ldots, \; m_{k_1+\ldots+k_{s-1}+1} = \ldots = m_k.$$

Dann gibt es genau $k_1! \cdot \ldots \cdot k_s!$ Elemente $\pi \in \mathrm{Bij}(k)$, sodass $(m_1, \ldots, m_k) = (m_{\pi(1)}, \ldots, m_{\pi(k)})$ gilt.

Der Beweis dieses Lemmas ist sehr abstrakt, spiegelt aber genau die Argumentation aus 2.10 wieder.

Beweis Wir definieren zunächst

$$M_1 = \{1, \ldots, k_1\}$$
$$M_2 = \{k_1 + 1, \ldots, k_1 + k_2\}$$
$$\vdots$$
$$M_s = \{k_1 + \ldots + k_{s-1} + 1, \ldots, \underbrace{k_1 + \ldots + k_s}_{=k}\}$$

Die Mengen $M_1, \ldots, M_s$ sind offensichtlich disjunkt, und es gilt $\{1, \ldots, k\} = \cup_{i=1}^s M_i$. Weiter ist nun

$$m_i = m_j \Longleftrightarrow \exists\, r \in \{1, \ldots, s\} \text{ mit } i, j \in M_r. \qquad (2.1)$$

Für jedes $i \in \{1, \ldots, s\}$ und jedes $\pi \in \mathrm{Bij}(k)$ sei $\pi|_{M_i}$ die Einschränkung von π auf M_i. Es ist also

$$\pi|_{M_i} : M_i \longrightarrow \{1, \ldots, k\} \;\; ; \;\; n \mapsto \pi(n).$$

Da π injektiv ist, ist auch $\pi|_{M_i}$ injektiv für alle $i \in \{1, \ldots, s\}$. Aus (2.1) erhalten wir sofort die folgenden Äquivalenzen

$$(m_1, \ldots, m_k) = (m_{\pi(1)}, \ldots, m_{\pi(k)})$$
$$\Longleftrightarrow m_j = m_{\pi(j)} \text{ für alle } j \in \{1, \ldots, k\}$$
$$\Longleftrightarrow \pi|_{M_i}(M_i) = M_i \text{ für alle } i \in \{1, \ldots, s\}$$
$$\Longleftrightarrow \pi|_{M_i} \in \mathrm{Bij}(M_i) \text{ für alle } i \in \{1, \ldots, s\}$$
$$\Longleftrightarrow (\pi|_{M_1}, \ldots, \pi|_{M_s}) \in \mathrm{Bij}(M_1) \times \ldots \times \mathrm{Bij}(M_s)$$

Damit sind die Elemente $\pi \in \mathrm{Bij}(k)$, mit $(m_1, \ldots, m_k) = (m_{\pi(1)}, \ldots, m_{\pi(k)})$, genau diejenigen, mit $(\pi|_{M_1}, \ldots, \pi|_{M_s}) \in \mathrm{Bij}(M_1) \times \ldots \times \mathrm{Bij}(M_s)$. Nach Proposition 2.7 ist $|\mathrm{Bij}(M_i)| = |M_i|! = k_i!$ für alle $i \in \{1, \ldots, s\}$. Folglich ist die Anzahl der $\pi \in \mathrm{Bij}(k)$ mit $(m_1, \ldots, m_k) = (m_{\pi(1)}, \ldots, m_{\pi(k)})$ gleich

$$|\mathrm{Bij}(M_1) \times \ldots \times \mathrm{Bij}(M_s)| \overset{1.49}{=} \prod_{i=1}^{s} |\mathrm{Bij}(M_i)| \overset{2.7}{=} k_1! \cdot \ldots \cdot k_s!$$

und das Lemma ist bewiesen. $\qquad\qquad\qquad\qquad\qquad\qquad\qquad\qquad\qquad\qquad\qquad\Box$

Bevor wir nun das Theorem beweisen, was uns die Formel für die Anzahl von Anagrammen liefert, führen wir noch eine hilfreiche Notation ein.

Notation 2.14 Sei I eine Menge, und sei für jedes $i \in I$ eine Menge M_i gegeben. Dann bezeichnen wir die Vereinigung aller Mengen M_i mit $\bigcup_{i \in I} M_i$. Insbesondere ist $\bigcup_{i \in \{1,\ldots,n\}} M_i = \bigcup_{i=1}^{n} M_i$.

Theorem 2.15 *Unter den Voraussetzungen von Lemma 2.13 gibt es* $\frac{k!}{k_1! \cdot \ldots \cdot k_s!}$ *verschiedene Anordnungen der Elemente* $m_1, \ldots, m_k$.

Beweis Der Beweis funktioniert nun genau wie wir es anschaulich schon im Beispiel der Anagramme gesehen haben. Wir definieren die Menge der gesuchten Anordnungen der Elemente $m_1, \ldots, m_k$ als

$$P = \{(m_{\pi(1)}, \ldots, m_{\pi(k)}) | \pi \in \mathrm{Bij}(k)\}.$$

Damit können wir $\mathrm{Bij}(k)$ schreiben als

$$\mathrm{Bij}(k) = \bigcup_{(a_1,\ldots,a_k) \in P} \{\pi \in \mathrm{Bij}(k) | (m_{\pi(1)}, \ldots, m_{\pi(k)}) = (a_1, \ldots, a_k)\}.$$

Die Mengen auf der rechten Seite sind offenbar paarweise disjunkt, da ein π nicht zwei verschiedene Permutationen generieren kann. Weiter ist jedes $(a_1, \ldots, a_k)$ gegeben durch $(m_{\sigma(1)}, \ldots, m_{\sigma(k)})$ für ein $\sigma \in \mathrm{Bij}(k)$, und es gilt

$$\{\pi \in \mathrm{Bij}(k) | (m_{\pi(1)}, \ldots, m_{\pi(k)}) = (m_{\sigma(1)}, \ldots, m_{\sigma(k)})\}$$
$$= \{\pi \in \mathrm{Bij}(k) | (m_{\sigma^{-1} \circ \pi(1)}, \ldots, m_{\sigma^{-1} \circ \pi(k)}) = (m_1, \ldots, m_k)\}.$$

Nach Lemma 2.11 sind die Elemente $\sigma^{-1} \circ \pi$ für $\pi \in \mathrm{Bij}(k)$ paarweise verschieden. Damit ist die Kardinalität dieser Menge in Lemma 2.13 bestimmt worden: $k_1! \cdot \ldots \cdot k_s!$. Es folgt

$$k! \overset{2.7}{=} \mathrm{Bij}(k) \overset{1.41}{=} |P| \cdot k_1! \cdot \ldots \cdot k_s!$$

Teilen wir auf beiden Seiten durch $k_1! \cdot \ldots \cdot k_s!$, so erhalten wir die gewünschte Aussage. $\square$

Wir haben mit dieser Proposition noch ein interessantes weiteres Resultat bewiesen.

Korollar 2.16 *Seien $k \in \mathbb{N}$ und $k_1, \ldots, k_s$ eine Partition von k. Dann ist auch $\frac{k!}{k_1! \cdot \ldots \cdot k_s!}$ eine natürliche Zahl.*

Beispiel 2.17 Wir betrachten drei Beispiele.

(a) Wie viele Anagramme hat das Wort *Ananas*?
    Es sind sechs Buchstaben von denen einmal drei gleich sind und einmal zwei gleich sind. Damit ergeben sich $\frac{6!}{3! \cdot 2!} = 60$ verschiedene Anordnungen der Buchstaben. Dies ist natürlich gleich der Anzahl von Anagrammen.

(b) Es sollen sechs verschiedene Geschenke an Pia, Mia und Lea verteilt werden und zwar so, dass Pia drei Geschenke, Mia zwei Geschenke und Lea ein Geschenk bekommt. Wie viele Möglichkeiten gibt es diese Aufgabe zu erfüllen?
    Wir nennen die Geschenke einfach $g_1, \ldots, g_6$. Jetzt schreibt Pia drei, Mia zwei und Lea einen Zettel mit ihrem Namen darauf. Nach Theorem 2.15 gibt es $\frac{6!}{3! \cdot 2! \cdot 1!} = 60$ verschiedene Möglichkeiten diese Zettel anzuordnen. Damit gibt es auch 60 Möglichkeiten die Zettel an die Geschenke $g_1, \ldots, g_6$ zu kleben. Wenn dann alle die Geschenke mit ihrem Namen darauf bekommen, sehen wir, dass es 60 Möglichkeiten gibt die 6 Geschenke auf die geforderte Art zu verteilen.

(c) Sei ein rechteckiges Straßennetz gegeben mit n Querstraßen und k Längsstraßen (in Abb. 2.1 ist so ein Straßennetz mit $n = 5$ und $k = 6$ abgebildet). Wie viele Möglichkeiten haben wir, um von links unten nach rechts oben zu laufen, wenn wir keine Umwege gehen?
    Dass wir keine Umwege gehen, bedeutet, dass wir an jeder Kreuzung entweder nach oben oder nach rechts laufen. Jeder solcher Weg besteht aus $n - 1$ Teilstrecken nach oben (O) und $k - 1$ Teilstrecken nach rechts (R). Es gibt also genau so viele

Abb. 2.1 Ein Straßennetz mit fünf Querstraßen und sechs Längsstraßen. Ein Beispiel für einen Weg ohne Umweg ist blau eingezeichnet

Wege (ohne Umwege) von links unten nach rechts oben, wie wir Anordnungen von
$\underbrace{R, \dots, R}_{(k-1)\text{-mal}}, \underbrace{O, \dots, O}_{(n-1)\text{-mal}}$ haben. Somit gibt es genau $\frac{(n+k-2)!}{(n-1)! \cdot (k-1)!}$ solcher Wege.

Zusammenfassung

- Sind n verschiedene Objekte gegeben, so gibt es genau $n! = n \cdot (n-1) \cdot (n-2) \cdot \dots \cdot 1$
  verschiedene Möglichkeiten, für diese Elemente eine „Reihenfolge" festzulegen. So
  eine Reihenfolge wird *Permutation* der Elemente genannt.

- Das ist im Wesentlichen das Gleiche wie zu sagen, dass es genau $n!$ bijektive Abbildungen zwischen zwei n-elementigen Mengen gibt.

- Für die ersten k Einträge einer solchen Permutation gibt es $\frac{n!}{(n-k)!} = n \cdot (n-1) \cdot \dots \cdot$
  $(n-k+1)$ verschiedene Möglichkeiten.

- Können manche der n Objekte nicht unterschieden werden, erhalten wir natürlich
  weniger Möglichkeiten eine „Reihenfolge" festzulegen. Zum Beispiel gibt es genau
  $\frac{8!}{3! \cdot 4! \cdot 1!} = 280$ verschiedene Möglichkeiten die Elemente AAABBBBC in eine Reihe
  zu schreiben.

2.2   Der Binomialkoeffizient

Bei k-Permutationen aus dem letzten Abschnitt war es wichtig, auf die Reihenfolge der
Elemente zu achten. Diese Beachtung der Reihenfolge wollen wir in diesem Abschnitt
fallenlassen.

Definition 2.18   Seien $n, k \in \mathbb{N}_0$ mit $k \leq n$. Sei weiter M eine Menge mit $|M| = n$. Dann
ist der *Binomialkoeffizient* $\binom{n}{k}$ die Anzahl von k-elementigen Teilmengen von M.

Diese Definition ist natürlich unabhängig von der Wahl der Menge M, da die Anzahl von
Teilmengen nur von der Anzahl der Elemente einer Menge abhängt. Für $\binom{n}{k}$ sagen wir auch
n über k.

Bemerkung 2.19   Wir wollen eine Formel für $\binom{n}{k}$ herleiten. Wie wir gerade festgestellt
haben, genügt es, die Menge $\{1, \dots, n\}$ zu betrachten. Wir geben zwei verschiedene Her-
leitungen einer Formel an.

(a)   Wie kann man die k-elementigen Teilmengen von $\{1, \dots, n\}$ konstruieren? Wir gehen
      die Elemente einfach der Reihe nach durch und sagen zu jedem Element „Ja", falls
      es in unserer Teilmenge sein soll, und „Nein", falls es nicht in unserer Teilmenge
      sein soll. Dann liefert jede Anordnung der Elemente „Ja" und „Nein", in der „Ja" k-
      mal und „Nein" $(n-k)$-mal vorkommt, eine k-elementige Teilmenge von $\{1, \dots, n\}$.

Offensichtlich erhalten wir damit alle k-elementigen Teilmengen, und zwei verschiedene Anordnungen liefern auch verschiedene Teilmengen. Damit ist $\binom{n}{k}$ gleich der Anzahl von Anordnungen von k-mal „Ja" und $(n-k)$-mal „Nein". Nach Theorem 2.15 gilt somit $\binom{n}{k} = \frac{n!}{k! \cdot (n-k)!}$.

(b) Wir haben einen Hörsaal mit n Plätzen und wollen darin k Studierende unterbringen. Wie viele verschiedene Sitzordnungen gibt es dafür? Wir berechnen die Anzahl auf zwei verschiedene Arten. Als Erstes können wir uns k Plätze aus dem Hörsaal auswählen. Das ist nichts anderes, als eine k-elementige Teilmenge der Menge aller n Plätze zu wählen. Dafür haben wir nach der Definition des Binomialkoeffizienten genau $\binom{n}{k}$ Möglichkeiten. Nach dieser Auswahl wählen wir eine Sitzordnung der k Studierenden auf die k gewählten Plätze. Dafür haben wir $k!$ Möglichkeiten. Mit Theorem 1.47 erhalten wir genau $\binom{n}{k} \cdot k!$ Sitzordnungen. Andererseits können wir die Anzahl der Sitzordnungen auch direkt konstruieren. Die erste Person, die in den Raum kommt, wählt einen Sitzplatz aus und setzt sich darauf. Dafür gibt es n Möglichkeiten. Die zweite Person hat noch $n-1$ Möglichkeiten einen Platz zu besetzen. So geht es immer weiter, bis die letzte der k Personen immer noch $n-(k-1)$ Möglichkeiten hat, einen Platz zu wählen. Wieder mit Theorem 1.47 erhalten wir, dass die Anzahl von Sitzordnungen gleich $n \cdot (n-1) \cdot \ldots \cdot (n-(k-1)) = \frac{n!}{(n-k)!}$ ist.

Da beide Argumente für die Anzahl der Sitzordnungen korrekt sind, erhalten wir die Gleichung $\binom{n}{k} \cdot k! = \frac{n!}{(n-k)!}$ und somit $\binom{n}{k} = \frac{n!}{k! \cdot (n-k)!}$.

Diese wichtige Aussage halten wir nochmal im folgenden Theorem fest.

Theorem 2.20 *Für* $n, k \in \mathbb{N}_0$ *mit* $k \leq n$ *gilt* $\binom{n}{k} = \frac{n!}{k! \cdot (n-k)!}$.

Beweis Falls $n = 0$ ist, müssen wir nur den Binomialkoeffizienten $\binom{0}{0}$ berechnen. Das ist genau die Anzahl von Teilmengen von $\emptyset$, also $1 = \frac{0!}{0! \cdot 0!}$, da die leere Menge die einzige Teilmenge der leeren Menge ist.

Für $n \geq 1$ sind die Argumente aus Bemerkung 2.19 absolut vollwertig. Wir können den Beweis aber natürlich auch etwas formaler mit mathematischen Symbolen führen, wenn das jemandem lieber ist. Sei dazu $M = \{m_1, \ldots, m_n\}$ eine Menge mit $|M| = n$. Für eine Teilmenge $N \subseteq M$ definieren wir die Abbildung

$$f_N : M \longrightarrow \{0, 1\} \quad ; \quad m \mapsto \begin{cases} 1 & \text{falls } m \in N, \\ 0 & \text{falls } m \notin N. \end{cases}$$

Für jede Teilmenge N mit $|N| = k$ ist $(f_N(m_1), \ldots, f_N(m_n))$ eine Anordnung der Elemente $\underbrace{1, \ldots, 1}_{k\text{-mal}}, \underbrace{0, \ldots, 0}_{(n-k)\text{-mal}}$. Wir haben also eine Abbildung

$$g : \{N \subseteq M \,||N| = k\} \longrightarrow \{\text{Anordnungen von } \underbrace{1, \ldots, 1}_{k\text{-mal}}, \underbrace{0, \ldots, 0}_{(n-k)\text{-mal}}\} \;\;;$$

$$N \mapsto (f_N(m_1), \ldots, f_N(m_n))$$

Wir zeigen nun, dass diese Abbildung bijektiv ist. Sie ist surjektiv, da für jede Anordnung $(a_1, \ldots, a_n)$ der Elemente $1, \ldots, 1, 0, \ldots 0$ die Teilmenge $N = \{m_i | a_i = 1\}$ durch g auf $(a_1, \ldots, a_n)$ abgebildet wird.

Für die Injektivität nehmen wir zwei k-elementige Teilmengen N und N' von M mit $N \neq N'$. Dann gibt es ein m_i mit $m_i \in N$ und $m_i \notin N'$. Damit hat $g(N)$ im i-ten Eintrag eine 1 stehen und $g(N')$ hat im i-ten Eintrag eine 0 stehen. Damit ist $g(N) \neq g(N')$ und g ist auch injektiv. Folglich ist

$$\binom{n}{k} = |\{N \subseteq M \,||N| = k\}| = |\{\text{Anordnungen von } \underbrace{1, \ldots, 1}_{k\text{-mal}}, \underbrace{0, \ldots, 0}_{(n-k)\text{-mal}}\}|$$

$$= \frac{n!}{k! \cdot (n-k)!}.$$

Das war zu zeigen. $\square$

Beispiel 2.21 Begrüßen sich n Personen untereinander per Handschlag, so braucht es genauso viele Handschläge wie es 2-elementige Teilmengen der Menge aller n Personen gibt. Wir haben also erneut herausgefunden, dass man genau $\binom{n}{2} = \frac{n \cdot (n-1)}{2}$ Handschläge braucht.

Lemma 2.22 *Es ist stets $\binom{n}{k} = \binom{n}{n-k}$ und es gilt $\binom{n}{n} = \binom{n}{0} = 1$.*

Beweis Die Aussage ist offensichtlich nach dem obigen Theorem. $\square$

Korollar 2.23 *Der Binomialkoeffizient $\binom{n}{k}$ ist gleich der Anzahl von Möglichkeiten, aus einer n-elementigen Menge genau k verschiedene Elemente auszuwählen.*

Beweis Dies folgt bereits unmittelbar aus der Definition von $\binom{n}{k}$, da jede Auswahl eine Teilmenge bildet und umgekehrt (in 2.19 haben wir dies bereits ausgenutzt). $\square$

Beispiel 2.24 Es folgt die nächste *Wie-viele...* Frage: Wie viele Möglichkeiten gibt es aus einem Kartenspiel mit je 13 Werten (2, 3, 4, 5, 6, 7, 8, 9, 10, Bube, Dame, König, Ass) von vier Farben ($\clubsuit$, $\spadesuit$, $\heartsuit$, $\diamondsuit$) genau fünf Karten auszuwählen?

Hier ist die Reihenfolge der gewählten Karten egal. Das bedeutet gerade, dass wir eine 5-elementige Teilmenge der Menge aller $13 \cdot 4 = 52$ Spielkarten wählen. Hierfür haben wir $\binom{52}{5} = \frac{52!}{5! \cdot 47!} = 2.598.960$ Möglichkeiten.

Wie viele Möglichkeiten gibt es nun mit fünf Karten ein *Full House* (drei Karten gleichen Wertes und nochmal zwei Karten gleichen Wertes) zu ziehen?

Nach Theorem 1.47 ist dies gleich der Multiplikation der Anzahl von Möglichkeiten drei Karten gleichen Wertes aus den 52 Karten auszuwählen mit der Anzahl von Möglichkeiten aus den verbliebenen 49 Karten zwei gleichen Wertes auszuwählen.

Für einen festen Wert gibt es genau $\binom{4}{3}$ Möglichkeiten drei Karten diesen Wertes zu ziehen. Summieren wir dies über alle 13 Werte auf, erhalten wir, dass es genau $13 \cdot \binom{4}{3}$ Möglichkeiten gibt, aus dem Kartenspiel drei gleiche Werte auszuwählen. Da jeder Wert im Kartenspiel nur viermal vorkommt, muss der Wert der verbleibenden zwei Karten verschieden sein zum Wert der drei bereits ausgewählten Karten. Damit ergeben sich für jede Kollektion von drei Karten gleichen Wertes noch genau $12 \cdot \binom{4}{2}$ Möglichkeiten aus den verbliebenen Karten zwei gleichen Wertes zu wählen. Damit ergeben sich insgesamt $13 \cdot \binom{4}{3} \cdot 12 \cdot \binom{4}{2} = 3.744$ Möglichkeiten, ein Full House zu wählen.

Proposition 2.25 *Seien n, k natürliche Zahlen mit $k < n$. Dann gilt $\binom{n}{k} = \binom{n-1}{k-1} + \binom{n-1}{k}$.*

Beweis Wir benutzen Theorem 2.20. Damit ist

$$\binom{n-1}{k-1} + \binom{n-1}{k} = \frac{(n-1)!}{(k-1)! \cdot (n-k)!} + \frac{(n-1)!}{k! \cdot (n-k-1)!}.$$

Erweitern wir den linken Bruch mit k und den rechten mit $n-k$, so ist dies gleich

$$\frac{k \cdot (n-1)!}{k! \cdot (n-k)!} + \frac{(n-k) \cdot (n-1)!}{k! \cdot (n-k)!} = \frac{(k + (n-k)) \cdot (n-1)!}{k! \cdot (n-k)!}.$$

Dies wiederum ist dasselbe wie $\binom{n}{k}$, was wir zeigen wollten. $\square$

Wir kommen nun zu der Aussage, die namensgebend für den Binomialkoeffizienten ist. Wir kennen (hoffentlich) alle die binomische Formel $(x+y)^2 = x^2 + 2 \cdot x \cdot y + y^2$. Auch die Gleichung $(x+y)^3 = x^3 + 3 \cdot x^2 \cdot y + 3 \cdot x \cdot y^2 + y^3$ kennen Sie wahrscheinlich schon. Diese Gleichungen wollen wir für beliebige Exponenten $n \in \mathbb{N}$ erweitern. Dazu benutzen wir eine winzige Portion der Theorie von Polynomen.

Proposition 2.26 *Seien x und y zwei Variablen. Dann gilt für jedes $n \in \mathbb{N}$*

$$(x+y)^n = \sum_{i=0}^{n} \binom{n}{i} x^{n-i} \cdot y^i = \binom{n}{0} \cdot x^n \cdot y^0 + \binom{n}{1} x^{n-1} \cdot y + \binom{n}{2} x^{n-2} \cdot y^2 + \ldots + \binom{n}{n} x^0 \cdot y^n.$$

Das zweite Gleichheitszeichen ist natürlich nur eine Ausformulierung der Summe und natürlich gilt $x^0 = y^0 = 1$.

Beweis Wir geben zunächst eine anschauliche Interpretation des Beweises. Beim Ausmultiplizieren von $(x + y)^n$ erhalten wir als Summanden genau die Elemente aus

$$\bigcup_{i \in \{0,\dots,n\}} \{\text{Anordnungen von } i\text{-mal } y \text{ und } (n - i)\text{-mal } x\}.$$

Da wir jeden Summanden, in dem i-mal das y vorkommt, zu $x^{n-i} \cdot y^i$ zusammenfassen können, kommt der Summand $x^{n-i} \cdot y^i$ in $(x + y)^n$ genau

$$|\{\text{Anordnungen von } i\text{-mal } y \text{ und } (n - i)\text{-mal } x\}| \overset{2.15}{=} \frac{n!}{i! \cdot (n - i)!} \overset{2.20}{=} \binom{n}{i}$$

mal vor. Das beweist die Proposition.

Jetzt geben wir noch einen formalen Beweis, bei dem wir einen wichtigen Trick zum Rechnen mit Summen kennenlernen. Dieser Beweis ist (wie zu erwarten war) ein Induktionsbeweis über n. Seien dazu x und y zwei Variablen.

Induktionsanfang: Für $n = 1$ ist $(x + y)^1 = x + y = \binom{1}{0}x^1 \cdot y^0 + \binom{1}{1}x^0 \cdot y^1$.

Induktionsvoraussetzung: Für beliebiges, aber festes $n \in \mathbb{N}$ gelte $(x + y)^n = \sum_{i=0}^{n} \binom{n}{i} x^{n-i} \cdot y^i$.

Induktionsschritt: Sei also n wie in der Induktionsvoraussetzung. Wir beweisen die Aussage nun für $n + 1$.

$$(x + y)^{n+1} = (x + y) \cdot (x + y)^n = x \cdot (x + y)^n + y \cdot (x + y)^n$$

$$\overset{\text{IV}}{=} x \cdot \sum_{i=0}^{n} \binom{n}{i} x^{n-i} \cdot y^i + y \cdot \sum_{i=0}^{n} \binom{n}{i} x^{n-i} \cdot y^i$$

$$= \sum_{i=0}^{n} \binom{n}{i} x^{n-i+1} \cdot y^i + \sum_{i=0}^{n} \binom{n}{i} x^{n-i} \cdot y^{i+1}. \tag{2.2}$$

In der letzten Zeile haben wir nur das Distributivgesetz ausgenutzt. Nun berechnen wir in der ersten Summe den ersten Summanden und in der zweiten Summe den letzten Summanden separat. Dann ist mit (2.2)

$$(x + y)^{n+1} = x^{n+1} + \sum_{i=1}^{n} \binom{n}{i} x^{n-i+1} \cdot y^i + \sum_{i=0}^{n-1} \binom{n}{i} x^{n-i} \cdot y^{i+1} + y^{n+1}. \tag{2.3}$$

Beide Summen haben genau n Summanden. Wir möchten diese beiden Summen gerne zusammenfassen. Dafür verschieben wir den Index der zweiten Summe um eine Position. Das bedeutet, dass wir folgende Gleichung benutzen:

$$\sum_{i=0}^{n-1} \binom{n}{i} x^{n-i} \cdot y^{i+1} = \binom{n}{0} x^n \cdot y^1 + \binom{n}{1} x^{n-1} \cdot y^2 + \dots + \binom{n}{n-1} x^1 \cdot y^n = \sum_{i=1}^{n} \binom{n}{i-1} x^{n-i+1} \cdot y^i.$$

Setzen wir dies in (2.3) ein, erhalten wir endlich

$$(x + y)^{n+1} = x^{n+1} + \sum_{i=1}^{n} \binom{n}{i} x^{n-i+1} \cdot y^i + \sum_{i=1}^{n} \binom{n}{i-1} x^{n-i+1} \cdot y^i + y^{n+1}$$

$$= x^{n+1} + \sum_{i=1}^{n} \left(\binom{n}{i} + \binom{n}{i-1} \right) x^{n-i} \cdot y^i + y^{n+1}$$

$$\overset{2.25}{=} \binom{n+1}{n+1} x^{n+1} \cdot y^0 + \sum_{i=1}^{n} \binom{n+1}{i} x^{n-i} \cdot y^i + \binom{n+1}{0} x^0 \cdot y^{n+1}$$

$$= \sum_{i=0}^{n+1} \binom{n+1}{i} x^{n-i} \cdot y^i.$$

Das war zu zeigen. □

Korollar 2.27 *Für jede natürliche Zahl n gilt*

(a) $\sum_{i=0}^{n} \binom{n}{i} = 2^n$ *und*
(b) $\sum_{i=0}^{n} (-1)^i \binom{n}{i} = 0$ *und*
(c) $\sum_{i=0}^{n} \binom{n}{i}^2 = \binom{2 \cdot n}{n}$.

Beweis Die Beweise für (a) und (b) sind sehr einfach. Für (a) setzen wir lediglich $x = y = 1$ und für (b) setzen wir $x = -1$ und $y = 1$ in Proposition 2.26 ein.

Wir beweisen nun Teil (c) mit einem nützlichen Trick. Wir sehen sofort, dass die Gleichung $(x + 1)^n \cdot (x + 1)^n = (x + 1)^{2 \cdot n}$ gilt. Hierbei ist x wieder als Variable zu betrachten. Mit Proposition 2.26 erhalten wir die Gleichung

$$\left(\sum_{i=0}^{n} \binom{n}{i} x^i \right) \cdot \left(\sum_{j=0}^{n} \binom{n}{j} x^j \right) = \sum_{k=0}^{2 \cdot n} \binom{2 \cdot n}{k} x^k. \tag{2.4}$$

Wir berechnen nun auf der linken Seite der Gleichung den Koeffizienten von x^n. Dieser ist gegeben durch

$$\binom{n}{0} \cdot \binom{n}{n} + \binom{n}{1} \cdot \binom{n}{n-1} + \ldots + \binom{n}{n} \cdot \binom{n}{0} = \sum_{i=0}^{n} \binom{n}{i} \cdot \binom{n}{n-i} \overset{2.22}{=} \sum_{i=0}^{n} \binom{n}{i}^2.$$

Dieser Koeffizient muss nun aber gleich dem Koeffizienten von x^n auf der rechten Seite von (2.4) sein, also gleich $\binom{2 \cdot n}{n}$. Das war zu zeigen.

Diese Formel lässt sich auch mit der Definition von $\binom{n}{k}$ herleiten. Es gibt genau $\binom{n}{i} \cdot \binom{n}{n-i}$ Teilmengen von $\{1, \ldots, 2 \cdot n\}$ mit genau i Elementen in $\{1, \ldots, n\}$. Summieren wir diese Produkte über alle $i \in \{0, \ldots, n\}$ auf, so erhalten wir genau die Anzahl aller n-elementigen Teilmengen von $\{1, \ldots, 2 \cdot n\}$.

Bemerkung 2.28 Teil (a) von Korollar 2.27 liefert die bekannte Aussage, dass die Potenzmenge $\mathcal{P}(M)$ einer endlichen Menge M genau $2^{|M|}$ Elemente besitzt. Denn die Potenzmenge ist die Menge aller Teilmengen von M. Damit ist die Kardinalität von $\mathcal{P}(M)$ gegeben durch die Summe aller Binomialkoeffizienten $\binom{|M|}{i}$ mit $i \in \{0, \ldots, |M|\}$.

Konstruktion 2.29 Wir schreiben nun die Koeffizienten der Gleichungen $(x + 1)^n$ für die ersten $n \in \mathbb{N}$ auf:

$$n = 0 \qquad\qquad \binom{0}{0}$$

$$n = 1 \qquad\qquad \binom{1}{0} \quad \binom{1}{1}$$

$$n = 2 \qquad\qquad \binom{2}{0} \quad \binom{2}{1} \quad \binom{2}{2}$$

$$n = 3 \qquad\qquad \binom{3}{0} \quad \binom{3}{1} \quad \binom{3}{2} \quad \binom{3}{3}$$

$$n = 4 \qquad \binom{4}{0} \quad \binom{4}{1} \quad \binom{4}{2} \quad \binom{4}{3} \quad \binom{4}{4}$$

Das („unendliche") Dreieck, das wir auf diese Weise gewinnen, wenn n über alle natürlichen Zahlen läuft, wird auch *Pascal'sches Dreieck* genannt. Die ersten fünf Zeilen dieses Dreiecks, in denen die Binomialkoeffizienten ausgerechnet wurden, sieht man in Abb. 2.2.

Abb. 2.2 Die ersten fünf Zeilen des Pascal'schen Dreiecks

$$n = 0 \qquad\qquad\qquad 1$$

$$n = 1 \qquad\qquad\quad 1 \quad\quad 1$$

$$n = 2 \qquad\qquad 1 \quad\quad 2 \quad\quad 1$$

$$n = 3 \qquad\quad 1 \quad\quad 3 \quad\quad 3 \quad\quad 1$$

$$n = 4 \qquad 1 \quad\quad 4 \quad\quad 6 \quad\quad 4 \quad\quad 1$$

Wir sehen sofort, dass die Zeilen horizontal symmetrisch sind (d. h., es ist egal, ob wir sie von rechts nach links oder von links nach rechts lesen) und dass der erste und letzte Eintrag immer eine 1 ist. Dies ist den Gleichungen $\binom{n}{k} = \binom{n}{n-k}$ und $\binom{n}{n} = 1$ aus Lemma 2.22 geschuldet.

Weiter sehen wir, dass jeder Eintrag, der keine Randposition hat (also der ungleich 1 ist), die Summe der beiden Werte ist, die über ihm stehen. Dass dies tatsächlich gilt haben wir bereits in Proposition 2.25 bewiesen.

Biografische Anmerkung: Das Pascal'sche Dreieck ist nach dem Französischen Gelehrten *Blaise Pascal* (1623–1662) benannt. Pascal arbeitete hauptsächlich in den Bereichen Mathematik, Physik und Philosophie. Im Studium der Gewinnchancen bei Glücksspielen entwickelte er die Wahrscheinlichkeitsrechnung. Diese Theorie wandte der sehr gläubige Christ an, um zu „beweisen", dass es sich stets mehr lohnt an Gott zu glauben als dies nicht zu tun. Er erfand außerdem eine der ersten mechanischen Rechenmaschinen.

Damit lässt sich ganz einfach aus der n-ten Zeile des Pascal'schen Dreiecks die $(n + 1)$-te Zeile konstruieren. Die sechste Zeile im Pascal'schen Dreieck ($n = 5$) ist z. B.:

$$1 \quad 1 + 4 = 5 \quad 4 + 6 = 10 \quad 6 + 4 = 10 \quad 4 + 1 = 5 \quad 1.$$

Insbesondere können wir auf diese Art alle Binomialkoeffizienten berechnen.

Am Ende dieses Abschnittes befassen wir uns noch kurz mit Lösungen von linearen Gleichungen in den natürlichen Zahlen.

Proposition 2.30 *Seien n, k natürliche Zahlen mit $k \leq n$. Die Gleichung $x_1 + \ldots + x_k = n$ besitzt genau $\binom{n-1}{k-1}$ Lösungen in den natürlichen Zahlen.*

Beweis Wir müssen also Tupel $(x_1, \ldots, x_k) \in \prod_{i=1}^{k} \mathbb{N}$ konstruieren, sodass die Summe aller Einträge gleich n ist. Wir schreiben zunächst

$$\underbrace{1 + 1 + \ldots + 1}_{n\text{-mal}} = n. \tag{2.5}$$

Nun müssen wir diese Summe mit $n - 1$ Additionen *aufteilen* und die ersten 1en zu x_1 zusammenfassen, die darauffolgenden zu x_2 und so weiter. Die Anzahl der gesuchten Lösungen ist also gleich der Anzahl der Möglichkeiten, die Summe (2.5) aus $n - 1$ Additionen in k Teile aufzuteilen. Dies ist gleichbedeutend dazu, $k - 1$ der $n - 1$ Summenzeichen auszuwählen, an denen wir anfangen zum nächsten x_i aufzusummieren. Dazu haben wir nach Korollar 2.23 genau $\binom{n-1}{k-1}$ Möglichkeiten. $\qquad \square$

Korollar 2.31 *Seien n, k natürliche Zahlen. Die Gleichung $x_1 + \ldots + x_k = n$ besitzt genau $\binom{n+k-1}{n}$ Lösungen in $\mathbb{N}_0$.*

Beweis Wir haben eine Bijektion

$$\{(x_1, \ldots, x_k) \in \mathbb{N}_0^k \mid \sum_{i=1}^{k} x_i = n\} \longrightarrow \{(y_1, \ldots, y_k) \in \mathbb{N}^k \mid \sum_{i=1}^{k} y_i = n + k\}$$

$$(x_1, \ldots, x_k) \mapsto (x_1 + 1, \ldots, x_k + 1).$$

Damit ist die Anzahl aller Lösungen gegeben durch die Anzahl von Lösungen der Gleichung $y_1 + \ldots + y_k = n + k$ in $\mathbb{N}$, was nach Proposition 2.30 gleich $\binom{n+k-1}{k-1} \overset{2.22}{=} \binom{n+k-1}{n}$ ist. $\quad\square$

Korollar 2.32 *Der Binomialkoeffizient $\binom{k+n-1}{k}$ ist gleich der Anzahl von Möglichkeiten, aus einer n-elementigen Menge k Elemente auszuwählen, wobei mehrfache Auswahlen erlaubt sind.*

Beweis Sei $M = \{m_1, \ldots, m_n\}$. Haben wir k Elemente aus M ausgewählt, und gibt $x_i \in \mathbb{N}_0$ an, wie oft m_i ausgewählt wurde, so ist $x_1 + \ldots + x_n = k$. Ist andererseits $y_1 + \ldots + y_n = k$ mit $y_i \in \mathbb{N}_0$, so erhalten wir eine Auswahl von k Elementen aus M, indem wir m_i genau y_i-mal wählen. Die gesuchte Anzahl an Wahlmöglichkeiten ist also gleich der Anzahl von Lösungen von $x_1 + \ldots + x_n = k$ in $\mathbb{N}_0$. Also nach Korollar 2.31 gleich $\binom{k+n-1}{k}$. $\quad\square$

Bevor wir ein Beispiel zu diesem Korollar betrachten, fassen wir die bisherigen Aussagen über die Anzahl von Wahlmöglichkeiten zusammen. Das klassische Anschauungsbild ist eine Box mit n unterscheidbaren Kugeln darin. Wir ziehen nun k dieser Kugeln heraus, wobei wir die folgenden Möglichkeiten haben: Die gezogene Kugel bleibt außerhalb der Box (kann also nicht wiederholt gezogen werden), oder die gezogene Kugel kommt zurück in die Box und kann *wiederholt* gezogen werden. Weiter kann uns entweder die *Reihenfolge* der gezogenen Kugeln interessieren oder aber nicht.

Theorem 2.33 *Sei M eine Menge mit n Elementen. Wir wählen k Elemente aus M aus, dann gibt es dafür*

(a) *$\binom{n}{k}$ Möglichkeiten, wenn Wiederholung verboten ist und wir die Reihenfolge nicht beachten.*

(b) *$\binom{n+k-1}{k}$ Möglichkeiten, wenn Wiederholung erlaubt ist und wir die Reihenfolge nicht beachten.*

(c) $\frac{n!}{(n-k)!}$ *Möglichkeiten, wenn Wiederholung verboten ist und wir die Reihenfolge beachten.*

(d) n^k *Möglichkeiten, wenn Wiederholung erlaubt ist und wir die Reihenfolge beachten.*

Beweis Die Aussagen (a), (b), (c) wurden in 2.23, 2.32, 2.6 gezeigt. Aussage (d) folgt, da wir bei jeder der k Wahlen genau n Möglichkeiten haben. □

Beispiel 2.34 Wir würfeln gleichzeitig mit fünf identischen Würfeln. Wie viele verschiedene Ergebnisse kann es geben?

Jeder Würfel zeigt eine Augenzahl zwischen 1 und 6 an. Die verschiedenen Ergebnisse entsprechen genau den Möglichkeiten fünf Augenzahlen aus $\{1, \ldots, 6\}$ auszuwählen, wobei mehrfach Auswahlen natürlich erlaubt sind. Nach Korollar 2.32 gibt es folglich genau $\binom{6+5-1}{5} = \binom{10}{5} = 252$ unterschiedliche Ergebnisse.

Wie viele unterschiedliche Ergebnisse gibt es, in denen mindestens zwei Würfel eine ⊡ anzeigen?

Da wir den Wert von zwei Würfeln schon bestimmt haben (beide zeigen eine ⊡), müssen wir nur noch den Wert der anderen drei Würfel bestimmen. Dazu stehen wieder genau die Elemente aus $\{1, \ldots, 6\}$ zur Verfügung. Wieder mit Korollar 2.32 erhalten wir, dass es genau $\binom{6+3-1}{3} = 56$ solcher Ergebnisse geben kann.

Wie viele Möglichkeiten bleiben, wenn *genau* zwei Würfel eine ⊡ anzeigen?

Wieder müssen wir den Wert von drei Würfeln bestimmen. Da diese nicht mehr die ⊡ anzeigen dürfen, bleiben nur noch die Elemente aus $\{1, \ldots, 5\}$ als mögliche Augenzahlen. Damit gibt es genau $\binom{5+3-1}{3} = 35$ Ergebnisse, bei denen genau zwei Würfel eine ⊡ anzeigen.

Zusammenfassung

- Der Binomialkoeffizient $\binom{n}{k}$ (gesprochen „n über k") ist gegeben durch die Anzahl aller Teilmengen von $\{1, \ldots, n\}$, die aus genau k Elementen bestehen.
- Für $n \geq k$ ist $\binom{n}{k} = \frac{n!}{k! \cdot (n-k)!}$.
- Es gilt $\binom{n}{n} = \binom{n}{0} = 1$ und $\binom{n}{k} = \binom{n-1}{k-1} + \binom{n-1}{k}$.
- Die binomische Formel liefert $(x+1)^2 = x^2 + 2 \cdot x + 1$. Mit den Binomialkoeffizienten verallgemeinert sich das zu

$$(x+1)^n = \sum_{i=0}^{n} \binom{n}{i} x^i = \binom{n}{0} + \binom{n}{1} x + \binom{n}{2} x^2 + \ldots + \binom{n}{n} x^n.$$

- Wählen wir k Elemente aus einer Menge mit n Elementen aus, so gilt für die Anzahl von Möglichkeiten dafür

	Mit Wiederholung	Ohne Wiederholung
Mit Beachtung der Reihenfolge	n^k	$\frac{n!}{(n-k)!}$
Ohne Beachtung der Reihenfolge	$\binom{n+k-1}{k}$	$\binom{n}{k}$

2.3   Inklusion-Exklusion

In diesem Abschnitt behandeln wir ein letztes Abzählprinzip. Dies wird uns endlich ermöglichen zu bestimmen, wie viele verschiedene Uni-Mail-Passwörter es tatsächlich gibt.

Wir haben im letzten Abschnitt die Anzahl von Möglichkeiten berechnet unter gewissen Randbedingungen k Elemente aus n *verschiedenen* Elementen auszuwählen. Das Bild dazu war eine Box in der n Kugeln liegen, die alle unterschiedlich aussehen (z. B. Lottokugeln), von denen wir genau k Kugeln ziehen. Was passiert nun, wenn wir einige der Kugeln in der Box nicht mehr unterscheiden können? Dann gibt es leider keine so griffigen Formeln wie in Theorem 2.33 mehr.

Beispiel 2.35 Seien in einer Box 50 gelbe, 30 schwarze und 10 weiße Kugeln. Wie viele Möglichkeiten gibt es, 35 Kugeln aus dieser Box zu ziehen? Wir gehen hier und im Folgenden davon aus, dass wir zwei Kugeln gleicher Farbe nicht voneinander unterscheiden können.

Seien $g, s, w \in \mathbb{N}_0$ die Anzahl von gezogenen gelben, schwarzen und weißen Kugeln. Dann muss gelten $g + s + w = 35$. D. h., die Anzahl von Möglichkeiten 35 Kugeln aus der Box zu ziehen ist gleich der Kardinalität der Menge

$$M = \{(g, s, w) \in \mathbb{N}_0^3 \,|\, g + s + w = 35 \text{ und } g \leq 50, s \leq 30, w \leq 10\}.$$

Die Aussage, dass $g \leq 50$ sein muss, ist natürlich keine Einschränkung. Damit ist M gleich

$$\{(g, s, w) \in \mathbb{N}_0^3 \,|\, g + s + w = 35\} \backslash (\{(g, s, w) \in \mathbb{N}_0^3 \,|\, g + s + w = 35 \text{ und } s \geq 31\}$$
$$\cup \{(g, s, w) \in \mathbb{N}_0^3 \,|\, g + s + w = 35 \text{ und } w \geq 11\}).$$

Da $31 + 11 > 35$, sind die beiden Mengen der rechten Seite disjunkt. Weiter ist

$$|\{(g, s, w) \in \mathbb{N}_0^3 \,|\, g + s + w = 35 \text{ und } s \geq 31\}|$$
$$= |\{(g, s', w) \in \mathbb{N}_0^3 \,|\, g + (s' + 31) + w = 35\}|, \quad (2.6)$$

da die Abbildung $(g, s, w) \mapsto (g, s - 31, w)$ zwischen den beiden Mengen offensichtlich bijektiv ist. Genauso gilt auch

$$|\{(g, s, w) \in \mathbb{N}_0^3 \,|\, g + s + w = 35 \text{ und } w \geq 11\}|$$
$$= |\{(g, s, w') \in \mathbb{N}_0^3 \,|\, g + s + (w' + 11) = 35\}|. \quad (2.7)$$

Es folgt somit

$$
\begin{aligned}
|M| &= |\{(g, s, w) \in \mathbb{N}_0^3 | g + s + w = 35\}| \\
&\quad - (|\{(g, s, w) \in \mathbb{N}_0^3 | g + s + w = 35 \text{ und } s \geq 31\}| \\
&\quad + |\{(g, s, w) \in \mathbb{N}_0^3 | g + s + w = 35 \text{ und } w \geq 11\}|) \\
&\overset{2.31,(2.6),(2.7)}{=} \binom{35 + 3 - 1}{35} - \left(\binom{4 + 3 - 1}{4} + \binom{24 + 3 - 1}{24} \right) = 326.
\end{aligned}
$$

Wir wollen nun wissen, wie viele Möglichkeiten es gibt, aus der Box 45 Kugeln zu ziehen. Das sieht zunächst nach exakt der gleichen Frage aus und tatsächlich gilt nach wie vor, dass die Antwort gegeben ist durch die Kardinalität der Menge

$$
\{(g, s, w) \in \mathbb{N}_0^3 | g + s + w = 45\} \backslash (\{(g, s, w) \in \mathbb{N}_0^3 | g + s + w = 45 \text{ und } s \geq 31\}
$$
$$
\cup \{(g, s, w) \in \mathbb{N}_0^3 | g + s + w = 45 \text{ und } w \geq 11\}).
$$

Allerdings sind die Mengen auf der rechten Seite nun nicht mehr disjunkt, da es Lösungen von $g + w + s = 45$ gibt mit $w \geq 31$ und $s \geq 11$. Wenn wir nun wieder

$$
\binom{45 + 3 - 1}{45} - \left(\binom{14 + 3 - 1}{14} + \binom{34 + 3 - 1}{34} \right)
$$

berechnen, haben wir die Kardinalität des Schnittes von $\{(g, s, w) \in \mathbb{N}_0^3 | g + s + w = 45 \text{ und } s \geq 31\}$ und $\{(g, s, w) \in \mathbb{N}_0^3 | g + s + w = 45 \text{ und } w \geq 11\}$ doppelt abgezogen. Diese müssen wir nun wieder hinzuaddieren. Der Schnitt der Mengen besteht genau aus den Lösungen von $g + s + w = 45$ mit $s \geq 31$ und $w \geq 11$. Wir sehen wieder ein, dass es davon genauso viele gibt wie Lösungen in $\mathbb{N}_0$ von $g + (s' + 31) + (w' + 11) = 45$. Insgesamt erhalten wir also, dass die gesuchte Zahl gleich

$$
\binom{45 + 3 - 1}{45} - \left(\binom{14 + 3 - 1}{14} + \binom{34 + 3 - 1}{34} \right) + \binom{3 + 3 - 1}{3} = 341
$$

ist.

In diesem Beispiel haben wir die gesuchte Anzahl erhalten, indem wir zunächst Elemente abgezogen (Exklusion) und danach die zuviel abgezogenen Elemente wieder hinzugefügt (Inklusion) haben. Dieses Prinzip können wir nun allgemein beweisen.

Notation 2.36 Sei I eine endliche Menge, und sei für jedes $i \in I$ eine komplexe Zahl a_i gegeben. Dann bezeichnen wir mit $\sum_{i \in I} a_i$ die Summe aller Elemente a_i mit $i \in I$. Dies ist sinnvoll definiert, da die Addition kommutativ ist. Die Reihenfolge in der wir die Elemente aufsummieren spielt also keine Rolle.

Theorem 2.37 (Inklusions-Exklusions-Prinzip) *Sei M eine Menge und seien $N_1, \ldots, N_k$ Teilmengen von M. Sei weiter $\mathcal{P}(\{1, \ldots, k\})$ die Potenzmenge von $\{1, \ldots, k\}$. Dann ist*

$$\left| \bigcup_{i=1}^{k} N_i \right| = \sum_{I \in \mathcal{P}(\{1,\ldots,k\}) \setminus \{\emptyset\}} (-1)^{|I|+1} \cdot \left| \bigcap_{i \in I} N_i \right|. \tag{2.8}$$

Bemerkung 2.38 Diese Summenschreibweise bedarf möglicherweise einer weiteren Beschreibung. Hier wird über alle Teilmengen der Menge $\{1, \ldots, k\}$ summiert. D.h., für jede solche Teilmenge $I = \{i_1, \ldots, i_l\}$, mit paarweise verschiedenen Elementen $i_j \in \{1, \ldots, k\}$, berechnen wir

$$(-1)^{|I|+1} \cdot \left| \bigcap_{i \in I} N_i \right| = (-1)^{l+1} \cdot |N_{i_1} \cap N_{i_2} \cap \ldots \cap N_{i_l}|.$$

Diese Zahlen summieren wir dann alle auf.

Für $k = 2$ erhalten wir die bereits bekannte Formel $|N_1 \cup N_2| = |N_1| + |N_2| - |N_1 \cap N_2|$.

Beweis (von Theorem 2.37) Wir beweisen das Theorem per Induktion über k.

Induktionsanfang: $\boxed{k = 1}$ Für $k = 1$ steht auf beiden Seiten von (2.8) der Wert $|N_1|$.

Induktionsvoraussetzung: Für beliebiges, aber fest gewähltes $k \in \mathbb{N}$ und beliebige Teilmengen $N_1, \ldots, N_k$ von M gelte die Formel (2.8).

Induktionsschritt: $\boxed{k \to k+1}$ Wir wissen nach Korollar 1.46 bereits, dass die Aussage für $k = 2$ gilt. Damit ist nun

$$
\begin{aligned}
|N_1 \cup \ldots \cup N_{k+1}| &= |(N_1 \cup \ldots \cup N_k) \cup N_{k+1}| \\
&= |N_1 \cup \ldots \cup N_k| + |N_{k+1}| - |(N_1 \cup \ldots \cup N_k) \cap N_{k+1}| \\
&= |N_1 \cup \ldots \cup N_k| + |N_{k+1}| - |(N_1 \cap N_{k+1}) \cup \ldots \cup (N_k \cap N_{k+1})|.
\end{aligned}
$$

In dieser Formel tauchen zwei Vereinigungen von k Teilmengen von M auf. Auf diese Vereinigungen wenden wir unsere Induktionsvoraussetzung an und erhalten $|N_1 \cup \ldots \cup N_{k+1}|$

$$
= \sum_{I \in \mathcal{P}(\{1,\ldots,k\}) \setminus \{\emptyset\}} (-1)^{|I|+1} \cdot \left| \bigcap_{i \in I} N_i \right| + |N_{k+1}|
$$

$$
- \underbrace{\sum_{I \in \mathcal{P}(\{1,\ldots,k\}) \setminus \{\emptyset\}} (-1)^{|I|+1} \cdot \left| \bigcap_{i \in I} (N_i \cap N_{k+1}) \right|}_{= + \sum_{I \in \mathcal{P}(\{1,\ldots,k\}) \setminus \{\emptyset\}} (-1)^{|I|+2} \cdot |(\bigcap_{i \in I} N_i) \cap N_{k+1}|}
$$

$$
= \sum_{\substack{I \in \mathcal{P}(\{1,\ldots,k+1\}) \setminus \{\emptyset\} \\ \text{mit } k+1 \notin I}} (-1)^{|I|+1} \cdot \left| \bigcap_{i \in I} N_i \right| + \underbrace{\sum_{I \in \mathcal{P}(\{1,\ldots,k\})} (-1)^{|I \cup \{k+1\}|+1} \cdot \left| \bigcap_{i \in I \cup \{k+1\}} N_i \right|}_{= \sum_{\substack{I \in \mathcal{P}(\{1,\ldots,k+1\}) \setminus \{\emptyset\} \\ \text{mit } k+1 \in I}} (-1)^{|I|+1} \cdot |\bigcap_{i \in I} N_i|}.
$$

Da jede nicht leere Teilmenge von $\{1, \ldots, k+1\}$ das Element $k+1$ entweder enthält oder nicht enthält, ist dieser Ausdruck gleich

$$\sum_{I \in \mathcal{P}(\{1,\ldots,k+1\})\setminus\{\emptyset\}} (-1)^{|I|+1} \cdot |\bigcap_{i \in I} N_i|.$$

Das mussten wir zeigen. □

Beispiel 2.39 Nun können wir endlich berechnen, wie viele zulässige Passwörter es für eine Uni-Mail-Adresse gibt. Wir berechnen wieder den Fall eines Passwortes mit 9 Zeichen. Wir haben schon gesehen, dass wir 85 Symbole zur Verfügung haben, nämlich die Elemente der Mengen

Kleinbuchstaben $KB = \{a, b, \ldots, z\}$,

Großbuchstaben $GB = \{A, B, \ldots, Z\}$,

Ziffern $Zi = \{0, 1, \ldots, 9\}$ und

Sonderzeichen $SZ = \{(,), [,], \{, \}, ?, !, \$, \%, \&, =, *, +, \sim, , , ., ; , :, <, >, -, \_\}$.

Weiter wissen wir, dass jedes mögliche Passwort aus 9 Zeichen als ein Element in

$$\prod_{i=1}^{9}(KB \cup GB \cup Zi \cup SZ) = (KB \cup GB \cup Zi \cup SZ)^9$$

aufgefasst werden kann, und dass diese Menge genau 85^9 Elemente hat. Nicht jedes dieser Elemente ist aber auch als Passwort zulässig. Denn:

Ein Passwort muss Symbole aus mindestens drei

der Mengen KB, GB, Zi und SZ enthalten.

Die Menge aller *nicht* zulässigen Passwörter aus 9 Zeichen besteht also genau aus den Passwörtern, die nur aus Symbolen aus maximal zwei verschiedenen Symbolklassen gebildet werden. Damit müssen wir also zunächst die Vereinigung der folgenden Mengen bestimmen:

$$M_{KG} = (KB \cup GB)^9$$
$$= \{\text{Passwörter, die aus Symbolen aus } KB \cup GB \text{ gebildet werden}\},$$
$$M_{KZ} = (KB \cup Zi)^9$$
$$= \{\text{Passwörter, die aus Symbolen aus } KB \cup Zi \text{ gebildet werden}\},$$
$$M_{KS} = (KB \cup SZ)^9$$
$$= \{\text{Passwörter, die aus Symbolen aus } KB \cup SZ \text{ gebildet werden}\},$$
$$M_{GZ} = (GB \cup Zi)^9$$
$$= \{\text{Passwörter, die aus Symbolen aus } GB \cup Zi \text{ gebildet werden}\},$$

$$M_{GS} = (GB \cup SZ)^9$$
$$= \{\text{Passwörter, die aus Symbolen aus } GB \cup SZ \text{ gebildet werden}\},$$
$$M_{ZS} = (Zi \cup SZ)^9$$
$$= \{\text{Passwörter, die aus Symbolen aus } Zi \cup SZ \text{ gebildet werden}\}.$$

Wie man die Kardinalität dieser Mengen bestimmt, haben wir schon im ersten Kapitel gesehen. Es ist $|M_{KG}| = |KB \cup GB|^9 = 52^9$. Genauso berechnet man auch die Kardinalitäten der anderen Mengen.

Der Schnitt von zwei dieser Mengen ist entweder leer oder besteht aus Passwörtern, die nur aus einer Symbolklasse gebildet werden. Dies können wir natürlich leicht an den Indizes der Mengen ablesen. Es gilt

$$M_{KG} \cap M_{KZ} = M_{KG} \cap M_{KS} = M_{KZ} \cap M_{KS} = KB^9$$
$$= \{\text{Passwörter, die aus Symbolen aus } KB \text{ gebildet werden}\},$$

$$M_{KG} \cap M_{GZ} = M_{KG} \cap M_{GS} = M_{GZ} \cap M_{GS} = GB^9$$
$$= \{\text{Passwörter, die aus Symbolen aus } GB \text{ gebildet werden}\},$$

$$M_{KZ} \cap M_{GZ} = M_{KZ} \cap M_{ZS} = M_{GZ} \cap M_{ZS} = Zi^9$$
$$= \{\text{Passwörter, die aus Symbolen aus } Zi \text{ gebildet werden}\},$$

$$M_{KS} \cap M_{GS} = M_{KS} \cap M_{ZS} = M_{GS} \cap M_{ZS} = SZ^9$$
$$= \{\text{Passwörter, die aus Symbolen aus } SZ \text{ gebildet werden}\}.$$

Gleiches gilt für den Schnitt von drei dieser Mengen. Da jede Symbolklasse nur in drei verschiedenen dieser Mengen auftaucht, ist der Schnitt von vier dieser Mengen immer leer. Mit Theorem 2.37 erhalten wir nun

$$|\{\text{Passwörter die aus Symbolen aus zwei Mengen gebildet werden}\}|$$
$$= |M_{KG} \cup M_{KZ} \cup M_{KS} \cup M_{GZ} \cup M_{GS} \cup M_{ZS}|$$
$$= |M_{KG}| + |M_{KZ}| + |M_{KS}| + |M_{GZ}| + |M_{GS}| + |M_{ZS}|$$
$$\quad - |M_{KG} \cap M_{KZ}| - |M_{KG} \cap M_{KS}| - |M_{KZ} \cap M_{KS}| - |M_{KG} \cap M_{GZ}|$$
$$\quad - |M_{KG} \cap M_{GS}| - |M_{GZ} \cap M_{GS}| - |M_{KZ} \cap M_{GZ}| - |M_{KZ} \cap M_{ZS}|$$
$$\quad - |M_{GZ} \cap M_{ZS}| - |M_{KS} \cap M_{GS}| - |M_{KS} \cap M_{ZS}| - |M_{GS} \cap M_{ZS}|$$
$$\quad + |M_{KG} \cap M_{KZ} \cap M_{KS}| + |M_{KG} \cap M_{GZ} \cap M_{GS}|$$
$$\quad + |M_{KZ} \cap M_{GZ} \cap M_{ZS}| + |M_{KS} \cap M_{GS} \cap M_{ZS}|$$
$$= |M_{KG}| + |M_{KZ}| + |M_{KS}| + |M_{GZ}| + |M_{GS}| + |M_{ZS}| - 3 \cdot |KB^9|$$
$$\quad - 3 \cdot |GB^9| - 3 \cdot |Zi^9| - 3 \cdot |SZ^9| + |KB^9| + |GB^9| + |Zi|^9 + |SZ|^9$$
$$= 52^9 + 36^9 + 49^9 + 36^9 + 49^9 + 33^9 - 3 \cdot 26^9 - 3 \cdot 26^9 - 3 \cdot 10^9 - 3 \cdot 23^9$$
$$\quad + 26^9 + 26^9 + 10^9 + 23^9 = 6.260.942.157.156.565.$$

Wir wissen nun also, wie viele Elemente aus $\prod_{i=1}^{9}\{KB \cup GB \cup Zi \cup SZ\}$ nur Einträge aus maximal zwei verschiedenen Symbolklassen haben. Für die Uni-Mail-Adresse sind genau die übrigen Elemente als Passwort zulässig. Es gibt also genau

$$85^9 - 6.260.942.157.156.565 = 225.356.004.126.046.560 (\sim 225 \text{ Billiarden})$$

mögliche Uni-Mail-Passwörter, die aus genau 9 Zeichen bestehen.

Zusammenfassung

- Die einfachste Inklusions-Exklusions-Formel ist $|M \cup N| = |M| + |N| - |M \cap N|$.
- Um die Kardinalität der Vereinigung von mehr als zwei Mengen zu berechnen, kann diese Formel per Induktion verallgemeinert werden. Für drei Mengen gilt dann

$$|M \cup N \cup K| = |M| + |N| + |K| - |M \cap N| - |M \cap K| - |N \cap K| + |M \cap N \cap K|.$$

- Berechnen wir die Kardinalität von der Vereinigung von n Mengen, so summieren wir erst die Kardinalitäten aller dieser Mengen auf, ziehen dann die Kardinalitäten der Schnitte von allen Paaren dieser Mengen ab, addieren dann die Kardinalitäten der Schnitte von je drei der Mengen wieder dazu, ziehen die Kardinalitäten der Schnitte von je vier dieser Mengen wieder ab, addieren ...
- Dieses Inklusions-Exklusions-Verfahren wird benötigt, wenn wir mit nicht unterscheidbaren Objekten arbeiten.

2.4   Diskrete Wahrscheinlichkeitsrechnung

Wahrscheinlichkeitsrechnung ist sehr eng verknüpft mit den Abzählproblemen aus den vorherigen Abschnitten. Intuitiv können wir bereits jetzt mit Wahrscheinlichkeiten arbeiten: Wir haben in Beispiel 2.24 gesehen, dass es $\binom{52}{5} = 2.598.960$ Möglichkeiten gibt, 5 Karten aus einem Kartenspiel mit 52 Karten zu ziehen, und von diesen Möglichkeiten sind $13 \cdot \binom{4}{3} \cdot 12 \cdot \binom{4}{2} = 3744$ ein Full House. Wir können damit sagen, dass die Wahrscheinlichkeit, mit 5 Karten ein Full House zu ziehen, $\frac{3744}{2.598.960} = 0,00144\ldots$ ist. Das bedeutet, dass in 3744 von 2.598.960 Fällen das gewünschte Ereignis (Full House) eintritt. Dies wollen wir in diesem Abschnitt formalisieren.

Definition 2.40 Ein (endlicher) *Wahrscheinlichkeitsraum* (Ω, p) ist eine (endliche) Menge Ω zusammen mit einer Abbildung $p : \Omega \longrightarrow [0, 1]$ mit $\sum_{\omega \in \Omega} p(\omega) = 1$. Die Abbildung p heißt *Verteilung*, eine beliebige Teilmenge $A \subseteq \Omega$ heißt *Ereignis* und $p[A] = \sum_{\omega \in A} p(\omega)$ heißt *Wahrscheinlichkeit von A*.

Wir werden in diesem Abschnitt ausschließlich endliche Wahrscheinlichkeitsräume betrachten.

Beispiel 2.41 Eines der einfachsten und anschaulichsten Beispiele ist der Wurf eines Würfels. Die möglichen Ergebnisse fassen wir in unserem Ω zusammen. Es ist also $\Omega = \{1, \ldots, 6\}$ die Menge aller möglichen Ausgänge eines Würfelwurfes. Wir gehen davon aus, dass der Würfel fair ist; also, dass jede Seite des Würfels die Bewegung des Würfels im gleichen Maße beeinflusst. Da alle Seiten des Würfels gleichberechtigt sind, muss $p(1) = p(2) = \ldots = p(6) = \frac{1}{6}$ gelten. Wir sprechen von einer *Gleichverteilung*.

Ist $A = \{2, 4, 6\}$, so ist $p[A] = \frac{3}{6} = \frac{1}{2}$ die Wahrscheinlichkeit, dass bei einem Wurf das Ereignis A eintritt, also dass eine gerade Augenzahl gewürfelt wird.

Bemerkung 2.42 Die Wahrscheinlichkeit besagt intuitiv, dass bei einer sehr großen Anzahl von Wiederholungen eines Experimentes bei etwa $p[A]$ aller Ausgänge A eintritt.

Lemma 2.43 *Sei* (Ω, p) *ein Wahrscheinlichkeitsraum, und seien* $A, B \subseteq \Omega$ *zwei Ereignisse. Dann gilt*

(a) $A \subseteq B \implies p[A] \leq p[B]$,
(b) $p[\Omega \setminus A] = 1 - p[A]$,
(c) $p[A \cup B] = p[A] + p[B] - p[A \cap B]$,
(d) Ist p *die Gleichverteilung auf* Ω*, so gilt* $p[A] = \frac{|A|}{|\Omega|}$.

Beweis Das folgt aus der Definition und kann gerne als Übung gezeigt werden. Der Wert $p[A \cup B]$ ist gleich der Wahrscheinlichkeit dafür, dass A oder B eintritt, der Wert $p[A \cap B]$ ist die Wahrscheinlichkeit dafür, dass A und B eintreten.   □

Beispiel 2.44 Wir haben nicht immer eine Gleichverteilung gegeben. Nehmen wir zum Beispiel einen Würfelbecher mit zwei identischen Würfeln darin. Die möglichen Ausgänge entsprechen genau der Auswahl von zwei Elementen aus $\{1, \ldots, 6\}$ mit Wiederholung ohne Beachtung der Reihenfolge. Damit gibt es genau $\binom{6+2-1}{2} = 21$ mögliche Ausgänge. Diese fassen wir wieder in einer Menge Ω zusammen.

Die einzelnen Ausgänge sind aber nicht alle gleich wahrscheinlich! Wir nennen die beiden Würfel W_1 und W_2. Für einen Pasch (z. B.: ⚀⚀) müssen W_1 und W_2 dieselbe Augenzahl anzeigen. Es gibt also nur eine Möglichkeit einen fest gewählten Pasch zu würfeln. Für die Ausgänge in denen beide Würfel einen unterschiedlichen Wert zeigen, gibt es je zwei Möglichkeiten. (Für ⚀⚁ kann entweder W_1 eine ⚀ anzeigen und W_2 eine ⚁ oder andersherum). Demnach ist die Wahrscheinlichkeit einen fest gewählten Pasch zu würfeln, halb so groß wie die Wahrscheinlichkeit ein fest gewähltes anderes Ergebnis zu würfeln. Damit haben wir auf Ω die Verteilung $p : \Omega \to [0, 1]$ mit

$$p(\omega) = \begin{cases} \frac{1}{36} & \text{falls } \omega \text{ ein Pasch ist,} \\ \frac{1}{18} & \text{sonst.} \end{cases}$$

Betrachten wir mehrere Experimente oder Spiele, die sich gegenseitig nicht beeinflussen, hintereinander, so ist es oft hilfreich, diese zu einem einzigen Wahrscheinlichkeitsraum zusammenzufassen. Dies wollen wir im Folgenden tun.

Definition 2.45 Sei wieder (Ω, p) ein Wahrscheinlichkeitsraum. Zwei Ereignisse $A, B \subseteq \Omega$ heißen *unabhängig* genau dann, wenn $p[A \cap B] = p[A] \cdot p[B]$ gilt.

Beispiel 2.46 Wir betrachten das Würfeln mit einem (fairen) sechsseitigen Würfel. Dann ist der Wahrscheinlichkeitsraum (Ω, p) gegeben durch $\Omega = \{1, \ldots, 6\}$ mit der Gleichverteilung p. Es ist also $p(i) = \frac{1}{6}$ für alle $i \in \Omega$. Wir betrachten die Ereignisse $A = \{2, 4, 6\}$, $B = \{1, 2, 3\}$ und $C = \{1, 2, 3, 4\}$. Es ist also A das Ereignis, dass eine gerade Augenzahl gewürfelt wird, B das Ereignis, dass eine Augenzahl kleiner gleich 3 gewürfelt wird, und C das Ereignis, dass eine Augenzahl kleiner gleich 4 gewürfelt wird.

Die Ereignisse A und C sind unabhängig, denn es ist

$$p[A] = \frac{|A|}{|\Omega|} = \frac{1}{2}, \ p[C] = \frac{2}{3} \text{ und } p[A \cap C] = p(2) + p(4) = \frac{1}{3} = p[A] \cdot p[B].$$

Dies deckt sich mit unserer Anschauung: Es ist ganz egal ob wir wissen, ob C eintritt oder nicht eintritt. In beiden Fällen gibt es genauso viele gerade wie ungerade Augenzahlen. Die Wahrscheinlichkeit eine gerade Zahl zu würfeln, ist also immer gleich $\frac{1}{2}$, *unabhängig* davon, ob wir wissen ob C eintritt oder nicht eintritt.

Andererseits sind die Ereignisse A und B abhängig (also nicht unabhängig), denn

$$p[A] = \frac{1}{2} = p[B] \text{ und } p[A \cap B] = p(2) = \frac{1}{6} \neq p[A] \cdot p[B].$$

Auch dies ist anschaulich klar, denn das Wissen darüber ob B eintritt oder nicht eintritt, entscheidet darüber wie groß die Wahrscheinlichkeit dafür ist, eine gerade Augenzahl zu würfeln: Falls wir wissen, dass B eintritt, ist die Wahrscheinlichkeit dafür, eine gerade Zahl zu würfeln, gleich $\frac{1}{3}$. Wenn wir hingegen wissen, dass B nicht eintritt, ist die Wahrscheinlichkeit dafür, eine gerade Zahl zu würfeln, gleich $\frac{2}{3}$. Damit beeinflusst das Wissen über das eine Ereignis, die Wahrscheinlichkeit für das andere Ereignis. Damit müssen die beiden Ereignisse *abhängig* voneinander sein.

Satz 2.47 *Seien* (Ω_1, p_1) *und* (Ω_2, p_2) *zwei Wahrscheinlichkeitsräume. Die Abbildung*

$$p : \Omega_1 \times \Omega_2 \longrightarrow [0, 1] \quad ; \quad (\omega_1, \omega_2) \mapsto p_1(\omega_1) \cdot p_2(\omega_2) \tag{2.9}$$

ist eine Verteilung auf $\Omega_1 \times \Omega_2$. *Weiter ist* p *eindeutig durch die folgenden Eigenschaften charakterisiert:*

(i) Für alle $A_1 \subseteq \Omega_1$ *und* $A_2 \subseteq \Omega_2$ *sind die Ereignisse* $A_1 \times \Omega_2$ *und* $\Omega_1 \times A_2$ *unabhängig.*
(ii) Für alle $A_1 \subseteq \Omega_1$ *und* $A_2 \subseteq \Omega_2$ *gilt* $p[A_1 \times \Omega_2] = p_1[A_1]$ *und* $p[\Omega_1 \times A_2] = p_2[A_2]$.

Beweis Es sind zwei Dinge zu zeigen:

(1) Erfüllt eine Abbildung $p' : \Omega_1 \times \Omega_2 \to [0, 1]$ die Eigenschaften (i) und (ii), so ist p' gegeben durch (2.9).
(2) Die Abbildung (2.9) ist eine Verteilung auf $\Omega_1 \times \Omega_2$, die (i) und (ii) erfüllt.

Zu (1): Sei $(\omega_1, \omega_2) \in \Omega_1 \times \Omega_2$ beliebig, und erfülle p' die Eigenschaften (i) und (ii). Es ist (ω_1, ω_2) das einzige Element in $(\{\omega_1\} \times \Omega_2) \cap (\Omega_1 \times \{\omega_2\})$. Damit folgt

$$p'((\omega_1, \omega_2)) \overset{(i)}{=} p'[\{\omega_1\} \times \Omega_2] \cdot p'[\Omega_1 \times \{\omega_2\}] \overset{(ii)}{=} p_1(\omega_1) \cdot p_2(\omega_2)$$

Also ist p' tatsächlich die Abbildung aus (2.9).

Zu (2): Sei nun p die Abbildung aus (2.9) und seien $A_1 \subseteq \Omega_1$ und $A_2 \subseteq \Omega_2$ beliebig. Dann gilt

$$p[A_1 \times A_2] = \sum_{(\omega,\omega')\in A_1 \times A_2} p((\omega, \omega')) \overset{(2.9)}{=} \sum_{\omega \in A_1} \left(\sum_{\omega' \in A_2} p_1(\omega) \cdot p_2(\omega') \right)$$

$$\overset{\text{Distr.}}{=} \sum_{\omega \in A_1} \left(p_1(\omega) \cdot \sum_{\omega' \in A_2} p_2(\omega') \right)$$

$$\overset{\text{Distr.}}{=} \left(\sum_{\omega \in A_1} p_1(\omega) \right) \cdot \left(\sum_{\omega' \in A_2} p_2(\omega') \right)$$

$$= p_1[A_1] \cdot p_2[A_2].$$

Daraus folgt $p[\Omega_1 \times A_2] = \underbrace{p_1[\Omega_1]}_{=1} \cdot p_2[A_2]$ und $p[A_1 \times \Omega_2] = p_1[A_1] \cdot \underbrace{p_2[\Omega_2]}_{=1}$
(also Eigenschaft (ii)). Weiter ist $p[\Omega_1 \times \Omega_2] = 1 \cdot 1 = 1$ und somit ist p tatsächlich eine Verteilung.

Da $A_1 \times A_2 = (A_1 \times \Omega_2) \cap (\Omega_1 \times A_2)$ ist, folgt daraus auch sofort, dass p Eigenschaft (i) erfüllt. □

Definition/Satz 2.48 *Seien* $(\Omega_1, p_1), \ldots, (\Omega_k, p_k)$ *endliche Wahrscheinlichkeitsräume. Dann ist die Abbildung*

$$p : \Omega_1 \times \ldots \times \Omega_k \longrightarrow [0, 1] \quad ; \quad (\omega_1, \ldots, \omega_k) \mapsto p_1(\omega_1) \cdot \ldots \cdot p_k(\omega_k)$$

eine Verteilung auf $\Omega_1 \times \ldots \times \Omega_k$. *Der Wahrscheinlichkeitsraum* $(\prod_{i=1}^{k} \Omega_i, p)$ *heißt Produktraum von* $(\Omega_1, p_1), \ldots, (\Omega_k, p_k)$.

Beweis Der Beweis ist eine einfache Induktion über k und kann gerne als Übung geführt werden. □

Korollar 2.49 *Sind* $(\Omega_1, p_1), \ldots, (\Omega_k, p_k)$ *Wahrscheinlichkeitsräume, sodass jedes* p_i *die Gleichverteilung auf* Ω_i *ist. Dann ist die Verteilung auf dem Produktraum* $\prod_{i=1}^{k} \Omega_i$ *ebenfalls die Gleichverteilung.*

Beweis Es ist $|\prod_{i=1}^{k} \Omega_i| = \prod_{i=1}^{k} |\Omega_i|$. Für $(\omega_1, \ldots, \omega_k) \in \prod_{i=1}^{k} \Omega_i$ beliebig gilt nun

$$p((\omega_1, \ldots, \omega_k)) = p_1(\omega_1) \cdot \ldots \cdot p_k(\omega_k) = \frac{1}{|\Omega_1|} \cdot \ldots \cdot \frac{1}{|\Omega_k|} = \frac{1}{|\prod_{i=1}^{k} \Omega_i|}.$$

Das war zu zeigen. □

Beispiel 2.50 Wie viele Personen müssen wir zufällig auswählen, damit mit einer Wahrscheinlichkeit von mehr als $\frac{1}{2}$ mindestens zwei dieser Personen am gleichen Tag Geburtstag haben?

Wir behaupten, dass dafür 23 Personen genügen. Dazu betrachten wir das folgende Modell: Sei Ω die Menge aller 365 Tage im Jahr (wir vernachlässigen Schaltjahre, was kaum Auswirkungen auf das Ergebnis hat). Die Wahrscheinlichkeit, dass eine zufällig gewählte Person an Tag $i \in \Omega$ Geburtstag hat, sei $p(i) = \frac{1}{365}$[1].

Da der Geburtstag einer Person unabhängig vom Geburtstag einer zufälligen anderen Person ist, arbeiten wir im Produktraum Ω^{23}. Mit Korollar 2.49 ist die Verteilung p auf diesem Produktraum die Gleichverteilung.

Wir berechnen nun $p[A]$, wobei A das Ereignis ist, dass alle 23 gewählten Personen an unterschiedlichen Tagen Geburtstag haben. Es ist also

$$A = \{(a_1, \ldots, a_{23}) \in \Omega^{23} | a_i \neq a_j \text{ für alle } i \neq j \text{ mit } i, j \in \{1, \ldots, 23\}\}$$
$$= \text{Per}_{23}(\Omega)$$

---

[1] Auch das ist nur eine Annahme, die nicht ganz die Realität widerspiegelt.

Mit Proposition 2.6 erhalten wir $|A| = \frac{365!}{(365-23)!}$ und somit $p[A] = \frac{|A|}{|\Omega^{23}|} = \frac{|A|}{365^{23}} =$ $0{,}4927\ldots$ Das Ereignis *mindestens zwei der 23 Personen haben am gleichen Tag Geburtstag* ist gegeben durch $\Omega^{23} \setminus A$ und hat somit die Wahrscheinlichkeit $p[\Omega^{23} \setminus A] = 1 - p[A] =$ $0{,}5072\ldots$

Oft sind bei den Ausgängen von Zufallsexperimenten nicht die tatsächlichen Ereignisse interessant, sondern ihnen zugeordnete Werte. Bei Glücksspielen ist z. B. der Gewinn deutlich interessanter als das tatsächliche Ereignis. Dies wird wie folgt mathematisch beschrieben.

Definition 2.51 Sei (Ω, p) ein Wahrscheinlichkeitsraum. Eine *Zufallsvariable* ist eine Abbildung $X : \Omega \longrightarrow \mathbb{R}$. Der *Erwartungswert* einer Zufallsvariablen ist definiert als $E[X] = \sum_{\omega \in \Omega} X(\omega) \cdot p(\omega)$.

Bemerkung 2.52 Der Erwartungswert ist genau als der Wert definiert, den die Zufallsvariable durchschnittlich annimmt. Ist etwa p die Gleichverteilung, so ist $E[X] = \frac{1}{|\Omega|} \cdot \sum_{\omega \in \Omega} X(\omega)$ das arithmetische Mittel der Werte $X(\omega)$, $\omega \in \Omega$.

Beispiel 2.53 Jemand bietet folgendes Spiel an: Für 4,50 € Einsatz darf mit zwei Würfeln im Würfelbecher gewürfelt werden. Die grösste der beiden Augenzahlen wird in Euro wieder ausgezahlt. Welchen Gewinn kann der Anbieter erwarten?

Sei also (Ω, p) der Wahrscheinlichkeitsraum aus Beispiel 2.44. Die Zufallsvariable X ist gegeben durch $X(\underset{\{i,j\}}{\omega}) = \max\{i, j\}$.

Es werden i Euro ausgezahlt, genau dann, wenn wir einen Pasch mit der Augenzahl i haben, oder wenn einer der Würfel eine i anzeigt und der andere eine Augenzahl echt kleiner als i (wofür es genau $i - 1$ Möglichkeiten gibt). Damit folgt

$$E[X] = 1 \cdot \frac{1}{36} + 2 \cdot \left(\frac{1}{36} + 1 \cdot \frac{1}{18}\right) + 3 \cdot \left(\frac{1}{36} + 2 \cdot \frac{1}{18}\right) + \ldots + 6 \cdot \left(\frac{1}{36} + 5 \cdot \frac{1}{18}\right) = \frac{161}{36} \approx 4{,}47$$

Damit kann der Anbieter durchschnittlich mit einem Gewinn von etwa 4,50 € – 4,47 € = 0,03 € rechnen.

Lemma 2.54 *Sei (Ω, p) ein Wahrscheinlichkeitsraum, und seien $X, X_1, X_2, \ldots, X_k$ Zufallsvariablen auf Ω. Falls $X(\omega) = \sum_{i=1}^{k} X_i(\omega)$ für alle $\omega \in \Omega$ gilt, so gilt für die Erwartungswerte*

$$E[X] = E[X_1] + \ldots + E[X_k].$$

Beweis Es geht im Beweis nur darum, die auftretende Summe richtig umzusortieren, nämlich

$$E[X] = \sum_{\omega \in \Omega} X(\omega) \cdot p(\omega) = \sum_{\omega \in \Omega} (X_1(\omega) + \ldots + X_k(\omega)) \cdot p(\omega)$$

$$= \sum_{\omega \in \Omega} (X_1(\omega) \cdot p(\omega) + \ldots + X_k(\omega) \cdot p(\omega))$$

$$= \left(\sum_{\omega \in \Omega} X_1(\omega) \cdot p(\omega) \right) + \ldots + \left(\sum_{\omega \in \Omega} X_k(\omega) \cdot p(\omega) \right)$$

$$= E[X_1] + \ldots + E[X_k].$$

Das war zu beweisen.   □

Beispiel 2.55 Wir betrachten Abbildungen aus Bij(k); also bijektive Abbildungen π : $\{1, \ldots, k\} \longrightarrow \{1, \ldots, k\}$. Wir sagen, dass $i \in \{1, \ldots, k\}$ ein *Fixpunkt* von π ist, wenn $\pi(i) = i$ gilt. Wenn wir nun ein $\pi \in$ Bij(k) zufällig auswählen, wie viele Fixpunkte hat π dann wahrscheinlich? Anders formuliert: Wie viele Fixpunkte können wir für π erwarten?

Wir starten mit einer kleinen Beobachtung. Für $i \in \{1, \ldots, k\}$ liefert jedes $\pi \in$ Bij(k), mit $\pi(i) = i$, eine Abbildung aus Bij($\{1, \ldots, k\} \setminus \{i\}$). Umgekehrt lässt sich sicher jedes $\pi' \in$ Bij($\{1, \ldots, k\} \setminus \{i\}$) zu einem Element aus Bij(k) fortsetzen. Damit gilt:

$$|\{\pi \in \mathrm{Bij}(k) | \pi(i) = i\}| = |\,\mathrm{Bij}(\{1, \ldots, k\} \setminus \{i\})| \overset{2.7}{=} (k - 1)! \qquad (2.10)$$

Wir nehmen nun (Ω, p) mit $\Omega =$ Bij(k) und der Gleichverteilung p. Die Zufallsvariable, die uns interessiert, ist

$$X : \mathrm{Bij}(k) \longrightarrow \mathbb{R} \quad ; \quad \pi \mapsto \text{ Anzahl Fixpunkte von } \pi.$$

Diese wollen wir als Summe von leicht verständlichen Zufallsvariablen schreiben. Dazu definieren wir für jedes $i \in \{1, \ldots, k\}$:

$$X_i(\pi) = \begin{cases} 1 & \text{falls } \pi(i) = i, \\ 0 & \text{sonst.} \end{cases}$$

Damit erhalten wir in der Summe $X_1(\pi) + \ldots + X_k(\pi)$ für jeden Fixpunkt einen Summanden 1 und für alle anderen Punkte einen Summanden 0. Insbesondere gilt

$$X(\pi) = X_1(\pi) + \ldots + X_k(\pi) \quad \text{für alle } \pi \in \mathrm{Bij}(k). \qquad (2.11)$$

Weiter ist $E[X_i] = \frac{1}{|\,\mathrm{Bij}(k)|} \cdot \sum_{\pi \in \mathrm{Bij}(k)} X_i(\pi) \overset{2.7}{=} \frac{|\{\pi \in \mathrm{Bij}(k) | \pi(i) = i\}|}{k!} \overset{(2.10)}{=} \frac{1}{k}$. Daraus folgern wir

$$E[X] = E[X_1] + \ldots + E[X_k] = k \cdot \frac{1}{k} = 1.$$

Der Erwartungswert für die Anzahl von Fixpunkten eines $\pi \in$ Bij(k) ist also stets gleich 1 und somit unabhängig von k.

Zusammenfassung

- Die mathematische Beschreibung von Wahrscheinlichkeiten soll unsere intuitive Vorstellung von Wahrscheinlichkeiten widerspiegeln. Man kann sich also oft, aber nicht immer, auf die eigene Intuition verlassen.
- Wir brauchen stets ein Modell, das wir auf Wahrscheinlichkeiten untersuchen möchten. Dieses Modell liefert uns eine Menge Ω von Ereignissen, denen wir Wahrscheinlichkeiten zuordnen wollen. Weiter brauchen wir eine Abbildung p, die jedem Ereignis aus Ω eine Wahrscheinlichkeit zuordnet. Diese Wahrscheinlichkeit ist ein Wert zwischen null und eins. Sind zwei Ereignisse gegeben, dann soll die Wahrscheinlichkeit dafür, dass eines der beiden eintritt, gleich der Summe der einzelnen Wahrscheinlichkeiten sein. Damit ist die Wahrscheinlichkeit für eine Teilmenge $A \subseteq \Omega$ – also die Wahrscheinlichkeit dafür, dass irgendein Ereignis aus A eintritt – gleich $p[A] = \sum_{\omega \in A} p(\omega)$. Die Menge Ω zusammen mit der Abbildung p heißt Wahrscheinlichkeitsraum.
- Ist alles aus Ω gleich wahrscheinlich, dann ist $p[A] = \frac{|A|}{|\Omega|}$.
- Zwei Wahrscheinlichkeitsräume (Ω_1, p_1) und (Ω_2, p_2) können in einem neuen Wahrscheinlichkeitsraum $(\Omega_1 \times \Omega_2, p)$ zusammengefasst werden. In diesem Produktraum ist die Abbildung p gegeben durch $p((\omega_1, \omega_2)) = p_1(\omega_1) \cdot p_2(\omega_2)$.
- Der Erwartungswert einer Abbildung $X : \Omega \longrightarrow \mathbb{R}$ berechnet sich durch $E[X] = \sum_{\omega \in \Omega} p(\omega) \cdot X(\omega)$. Dieser Wert gibt an, welchen Wert $X(\omega)$ durchschnittlich annimmt.
- Der Erwartungswert für die Anzahl von Fixpunkten einer Permutation aus $\text{Bij}(k)$ ist immer gleich 1.

Aufgaben

Aufgabe • 13 Sie möchten aus Ihrem Urlaub je eine Postkarte an 12 Freunde verschicken. Von Ihrem Urlaubsort gibt es nur drei verschiedene Sorten von Postkarten, von diesen sind aber beliebig viele verfügbar.

(a) Wie viele Möglichkeiten gibt es, die Postkarten an Ihre Freunde zu verschicken?
(b) Wie viele Möglichkeiten gibt es noch, wenn Sie jede Sorte von Postkarte mindestens einmal verschicken möchten?

Aufgabe 14 In der Fussball-Bundesliga spielen 18 Mannschaften.

(a) Wie viele mögliche Tabellenkonstellationen gibt es? (Uns interessiert nur die Platzierung der Teams).

(b) Wie viele verschiedene Besetzungen der Plätze 1 bis 6 sind möglich?

(c) Wählen Sie drei beliebige Mannschaften *A*, *B* und *C* aus. Wie viele verschiedene Tabellenkonstellationen gibt es, in denen Mannschaft *A* einen der letzten drei Plätze belegt und Mannschaft *B* in der Tabelle vor Mannschaft *C* steht?

(d) Geben Sie Bedingungen an die Platzierungen einzelner Teams an, sodass es genau $6! \cdot 12!$ Tabellenkonstellationen gibt, die diese Bedingungen erfüllen.

Aufgabe • 15 Wie viele Anagramme haben die folgenden Wörter:

$$Ohio, \ Kansas, \ Mississippi?$$

Aufgabe 16 Seien $m, n, k \in \mathbb{N}_0$ mit $k \leq m \leq n$. Beweisen Sie die Formel

$$\binom{n}{m} \cdot \binom{m}{k} = \binom{n}{k} \cdot \binom{n-k}{m-k}.$$

Geben Sie auch einen Beweis, der nur die Definition des Binomialkoeffizienten benutzt.

Aufgabe 17 Sie sind in Manhattan und wollen von der Carnegie Hall (Punkt A) zu Ihrem Hotel (Punkt C).

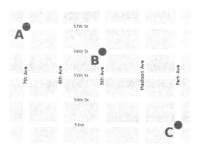

(a) Wie viele Wege können Sie gehen, wenn Sie keine Umwege machen?

(b) Wie viele Wege aus Teil **(a)** bleiben übrig, wenn Sie den Trump Tower (Punkt B) meiden?

Drücken Sie Ihre Ergebnisse auch mithilfe geeigneter Binomialkoeffizienten aus.

Aufgabe 18 Ein Schachbrett besteht aus 64 quadratisch angeordneten Feldern. Von den weißen und den schwarzen Figuren gibt es jeweils acht Bauern, zwei Türme, zwei Läufer, zwei Springer, eine Dame und einen König. Diese Figuren sollen so verteilt werden, dass alle Figuren auf unterschiedlichen Feldern stehen.

(a) Wie viele verschiedene Möglichkeiten gibt es, die Figuren einer Farbe eines Schachspiels auf die ersten zwei Reihen eines Schachbrettes zu verteilen?
(b) Wie viele Möglichkeiten gibt es, die Figuren einer Farbe eines Schachspiels auf dem ganzen Schachbrett zu verteilen?

Aufgabe • 19 Bestimmen Sie die Anzahl von Poker-Händen (Zusammenstellung von genau fünf Spielkarten), bei denen alle fünf Karten die gleiche Farbe haben.

Aufgabe • 20 Eine Klausur wird von 250 Studierenden geschrieben. Wie viele mögliche Verteilungen der Noten an die Studierenden gibt es, wenn

- die Noten 1,0 und 4,0 je 10-mal vergeben werden,
- die Noten 1,3 und 3,7 je 15-mal vergeben werden,
- die Noten 1,7 und 3,3 je 25-mal vergeben werden,
- die Noten 2,0 und 3,0 je 35-mal vergeben werden und
- die Noten 2,3 und 2,7 je 40-mal vergeben werden?

Aufgabe 21 Wie viele Möglichkeiten gibt es, zehn gleiche Bonbons an Pia, Mia und Lea zu verteilen? Wie viele Möglichkeiten gibt es, wenn jedes der drei Kinder mindestens ein Bonbon erhalten soll?

Lea hat Geburtstag und soll mindestens 4 Bonbons erhalten. Wie viele mögliche Verteilungen der Bonbons gibt es unter dieser Bedingung?

Aufgabe 22 Beweisen Sie, dass eine endliche Menge $\neq \emptyset$ genauso viele Teilmengen mit einer geraden Anzahl von Elementen hat, wie Teilmengen mit einer ungeraden Anzahl an Elementen.

Hinweis: Die Zahl 0 ist eine gerade Zahl.

Aufgabe 23 Beweisen Sie, dass für beliebiges $n \in \mathbb{N}$ das Element

$$(1 + \sqrt{3})^n + (1 - \sqrt{3})^n$$

eine natürliche Zahl ist.

Aufgabe 24 Sie würfeln mit fünf identischen fairen sechsseitigen Würfeln. Uns interessieren nur die verschiedenen Ergebnisse. Bestimmen Sie, wie viele verschiedene Ergebnisse es mit den folgenden Bedingungen gibt.

(a) Genau einer der Würfel zeigt eine ⊡.

(b) Kein Würfel zeigt eine ⊡.

(c) Alle Augenzahlen 1 bis 6 werden angezeigt.

(d) Die angezeigten Augenzahlen sind paarweise verschieden.

(e) Die Würfel ergeben ein Full-House (d. h., es werden genau zwei verschiedene Augenzahlen angezeigt, wobei die eine dreimal und die andere zweimal gezeigt wird; z. B.: ⊡⊡⊡⊞⊞).

Aufgabe 25 Sei ein Schachbrett mit 64 Feldern gegeben. Weiter haben wir fünf gleich geformte Spielsteine. Diese Spielsteine haben entweder

(i) alle dieselbe Farbe (sind also nicht unterscheidbar) oder

(ii) alle eine andere Farbe (sind also unterscheidbar).

Lösen Sie in beiden Fällen:

(a) Wie viele Möglichkeiten gibt, es die fünf Steine auf die 64 Felder zu verteilen, wenn auf jedes Feld maximal ein Stein gelegt werden darf?

(b) Wie viele Möglichkeiten gibt es, die fünf Steine auf die 64 Felder zu verteilen, wenn auch mehrere Steine auf ein Feld gestapelt werden dürfen?

Aufgabe 26 In einer Eisdiele gibt es 10 verschiedene Sorten. Wie viele Möglichkeiten gibt es, sich einen Eisbecher mit genau 4 (nicht notwendigerweise unterschiedlichen) Sorten zusammenzustellen?

Aufgabe 27 Geben Sie bijektive Abbildungen $g : N \longrightarrow M, h : N \longrightarrow L$ und $f : M \longrightarrow L$ an, wobei

$N = \{(x, y, z) \in \mathbb{N}_0^3 \mid x + y + z = 4\}$,

$M = \{(x', y', z') \in \mathbb{N}_0^3 \mid x' + y' + z' = 20 \text{ und } x' \geq 10, \ y' \geq 2, \ z' \geq 4\}$,

$L = \{(\tilde{x}, \tilde{y}, \tilde{z}) \in \mathbb{N}_0^3 \mid \tilde{x} + \tilde{y} + \tilde{z} = 8 \text{ und } \tilde{x} \geq 1, \ \tilde{y} \geq 3\}$.

Zeigen Sie, dass Ihre Abbildungen g, h, f tatsächlich bijektiv sind.

Aufgabe • 28 Bei einem Treffen in der Mensa haben 21 Studierende Käsespätzle, 16 Studierende einen Beilagensalat und 8 Studierende Vanillepudding auf ihr Tablett gestellt. Davon haben genau 12 Studierende Käsespätzle und einen Beilagensalat, genau 5 Studierende Käsespätzle und Vanillepudding und genau 3 Studierende einen Beilagensalat und Vanillepudding auf ihrem Tablett. Genau 2 der Studierenden haben sich für alle drei dieser Gerichte entschieden.

Wie viele der Studierenden haben mindestens eine der Komponenten Käsespätzle, Beilagensalat oder Vanillepudding auf ihrem Tablett?

Aufgabe 29 In der Weihnachtszeit ist Wichteln sehr beliebt. Dabei bekommt und vergibt jede Person genau ein Geschenk. Es wird ausgelost, wer wem ein Geschenk überreicht. (Wichteln zum Beispiel Pia, Mia und Lea, so könnte ausgelost werden, dass Pia ein Geschenk an Mia gibt, Mia ein Geschenk an Lea und Lea ein Geschenk an Pia. Es könnte aber auch gelost werden, dass Pia ein Geschenk an Lea gibt, Lea ein Geschenk an Pia und Mia beschenkt sich selbst, was recht langweilig ist.)

(a) Wenn fünf Leute zusammen wichteln, wie viele mögliche Auslosungen gibt es, bei denen niemand sich selbst beschenkt?

Hinweis: Schreiben Sie die Menge aller Auslosungen bei denen mindestens eine Person sich selbst beschenkt als Vereinigung gewisser Mengen. Permutationen spielen eine wichtige Rolle!

(b) Nun wichteln n Leute. Was ist der Erwartungswert für die Anzahl von Leuten, die sich selbst beschenken müssen?

Aufgabe • 30 Sei (Ω, p) ein endlicher Wahrscheinlichkeitsraum, und seien $A, B \subseteq \Omega$ Ereignisse. Beweisen Sie:

(a) $p[\Omega \setminus A] = 1 - p[A]$,

(b) $p[A \cup B] = p[A] + p[B] - p[A \cap B]$,

(c) Sei $|\Omega|$ eine Primzahl und p die Gleichverteilung auf Ω. Falls $\emptyset \neq A \neq \Omega \neq B \neq \emptyset$ ist, so sind A und B nicht unabhängig.

Aufgabe • 31 Seien $(\Omega_1, p_1), \ldots, (\Omega_k, p_k)$ endliche Wahrscheinlichkeitsräume. Zeigen Sie, dass die Abbildung

$$p : \Omega_1 \times \ldots \times \Omega_k \longrightarrow [0, 1] \quad ; \quad (\omega_1, \ldots, \omega_k) \mapsto p_1(\omega_1) \cdot \ldots \cdot p_k(\omega_k)$$

eine Verteilung auf $\Omega_1 \times \ldots \times \Omega_k$ ist.

Aufgabe 32 Bei der Lottoziehung gibt es zwei Lostrommeln. In der einen befinden sich 49 nummerierte Kugeln $\{1, \ldots, 49\}$, in der anderen befinden sich zehn nummerierte Kugeln $\{0, 1, \ldots, 9\}$. Nun werden aus der ersten Trommel genau sechs Kugeln gezogen (die sogenannten Lottozahlen) und aus der zweiten genau eine (die sogenannte Superzahl).

(a) Geben Sie einen geeigneten Wahrscheinlichkeitsraum (Ω, p) für das Lottospiel an.

(b) Sie geben einen Tipp ab (bestehend aus sechs Zahlen aus $\{1, \ldots, 49\}$ und einer weiteren aus $\{0, 1, \ldots, 9\}$). Was ist die Wahrscheinlichkeit dafür, dass Sie genau zwei der Lottozahlen und die Superzahl richtig getippt haben?

Hinweis: Wenn genau k Zahlen aus den sechs von Ihnen getippten Zahlen gezogen werden, dann werden genau $6 - k$ Zahlen aus den 43 Zahlen gezogen, die Sie nicht getippt haben.

Aufgabe 33 Gegeben sei ein Kartenspiel mit 52 Karten. Dieses Kartenspiel wird gründlich gemischt. Berechnen Sie die Wahrscheinlichkeiten für die folgenden Ereignisse:

(a) Die erste und die letzte Karte im gemischten Stapel zeigen ein Ass.
(b) Die vier Könige liegen im gemischten Stapel direkt aufeinander.

Sind diese beiden Ereignisse unabhängig?

Aufgabe 34 In einer Kiste sind genau 20 blaue, 30 rote und 40 gelbe Bausteine, die alle die gleiche Größe haben. Sie ziehen einen Stein heraus. Wie groß ist die Wahrscheinlichkeit dafür, dass der Stein rot ist?

Nun ziehen Sie drei Steine gleichzeitig. Wie groß ist die Wahrscheinlichkeit dafür, dass alle Steine eine andere Farbe haben?

Rekursionen

3

Um Rekursion zu verstehen, muss man zunächst Rekursion verstehen.

unbekannt

Als Rekursion wird jeder Prozess beschrieben, in dem eine Folge von Zahlen $a_1, a_2, \ldots$ so erzeugt wird, dass a_n aus den Elementen $a_1, \ldots, a_{n-1}$ konstruiert wird. Damit dieser Prozess eindeutig ist, müssen gewisse Anfangswerte bereits gegeben sein. Solche Rekursionen sind uns schon begegnet. So beschreibt die Rekursion

$$a_0 = 1 \text{ und } a_n = n \cdot a_{n-1} \text{ für alle } n \in \mathbb{N}$$

genau die Folge von Fakultäten $a_n = n!$. Rekursionen tauchen überall in der Mathematik (und Informatik) auf. Wir wollen in diesem Kapitel eine erste Klasse von Rekursionen studieren. Etwas allgemeiner greifen wir das Thema am Ende des Buches in Abschnitt 8.2 wieder auf.

3.1 Lineare homogene Rekursionen

Ist eine Rekursion gegeben und möchten wir a_n bestimmen, so ist es oft sehr mühsam alle $n - 1$ Folgenglieder vorher auszurechnen. Es ist daher wünschenswert, eine *geschlossene Formel* für alle a_n zu haben, also eine Abbildung f mit $f(n) = a_n$, die nur von n abhängt. Wir werden eine solche Formel für eine Klasse von Rekursionen herleiten. Zur Herleitung einer solchen Formel benötigen wir die komplexen Zahlen $\mathbb{C}$, die wir als bekannt voraussetzen.

Wir starten mit einem kleinen Lemma.

© Springer-Verlag GmbH Deutschland, ein Teil von Springer Nature 2019
L. Pottmeyer, *Diskrete Mathematik*,
https://doi.org/10.1007/978-3-662-59663-0_3

Lemma 3.1 *Sei $c \in \mathbb{C} \setminus \{1\}$ und $n \in \mathbb{N}$ beliebig. Dann ist*

$$\sum_{i=0}^{n-1} c^i = \frac{1-c^n}{1-c}.$$

Beweis Dies beweisen wir natürlich per Induktion über n. Im Induktionsanfang $n = 1$ erhalten wir die Gleichung $1 = 1$. Für den Induktionsschritt nehmen wir nun an, dass die Gleichung für beliebiges, aber festes n gilt. Wir wollen die Behauptung damit für $n + 1$ beweisen:

$$\sum_{i=0}^{n+1-1} c^i = \left(\sum_{i=0}^{n-1} c^i\right) + c^n \stackrel{\text{IV}}{=} \frac{1-c^n}{1-c} + c^n = \frac{1-c^n+c^n\cdot(1-c)}{1-c} = \frac{1-c^{n+1}}{1-c}.$$

Damit ist das Lemma bewiesen.   □

Beispiel 3.2 Seien a, c, d komplexe Zahlen. Wir betrachten die Rekursion gegeben durch die Vorschrift $a_0 = a$ und $a_n = c \cdot a_{n-1} + d$ für alle $n \in \mathbb{N}$. Das heißt, wir haben

$$a_1 = c \cdot a + d$$
$$a_2 = c \cdot (c \cdot a + d) + d = c^2 \cdot a + (c+1) \cdot d$$
$$a_3 = c \cdot (c^2 \cdot a + (c+1) \cdot d) + d = c^3 \cdot a + (c^2 + c + 1) \cdot d$$
$$\vdots$$

Mit Induktion sieht man ganz leicht, dass allgemein die Formel $a_n = c^n \cdot a + \left(\sum_{i=0}^{n-1} c^i\right) \cdot d$ gilt.

Damit ergeben sich zwei Fälle. Wenn $c = 1$ ist, erhalten wir $a_n = a + n \cdot d$. Für $c \neq 1$ liefert Lemma 3.1 die Formel $a_n = c^n \cdot a + \frac{1-c^n}{1-c} \cdot d$.

Eine Rekursion der obigen Form nennt man lineare Rekursion der Ordnung 1. Homogen wird diese Rekursion genannt, wenn $d = 0$ ist.

Definition 3.3 Seien $a_0, \ldots, a_{k-1}$ komplexe Zahlen. Eine *lineare homogene Rekursion der Ordnung k* ist gegeben durch die Vorschrift

$$a_n = c_1 \cdot a_{n-1} + \ldots + c_k \cdot a_{n-k} \text{ für } n \geq k, \tag{3.1}$$

wobei $c_1, \ldots, c_k \in \mathbb{C}$ mit $c_k \neq 0$ sind. Die Elemente $a_0, \ldots, a_{k-1}$ heißen *Startwerte* der Rekursion aus (3.1).

Das *charakteristische Polynom* von (3.1) ist das Polynom

$$x^k - c_1 \cdot x^{k-1} - c_2 \cdot x^{k-2} - \ldots - c_k.$$

Es ist etwas überraschend, aber der Schlüssel zum Lösen von linearen homogenen Rekursionen ist tatsächlich das charakteristische Polynom.

Theorem 3.4 (Fundamentalsatz der Algebra) *Seien $k \geq 1$ und $f(x) = x^k + c_1 \cdot x^{k-1} + \ldots + c_k$ ein Polynom, dessen Koeffizienten $c_1, \ldots, c_k \in \mathbb{C}$ liegen. Dann gibt es $\lambda_1, \ldots, \lambda_k \in \mathbb{C}$, sodass gilt*

$$f(x) = (x - \lambda_1) \cdot \ldots \cdot (x - \lambda_k).$$

Das bedeutet, wenn wir die rechte Seite ausmultiplizieren, dann erhalten wir wieder das Polynom $f(x)$.

Beweis Es gibt viele verschiedene Beweise dieses Theorems, und Sie werden im Laufe Ihres Studiums sicher einen Beweis präsentiert bekommen. Einen Beweis der bereits jetzt zugänglich für Sie sein sollte, können Sie in [10] finden. $\square$

Bemerkung 3.5 Setzen wir eine der Zahlen λ_i aus dem obigen Fundamentalsatz in das Polynom $f(x)$ ein, so erhalten wir

$$f(\lambda_i) = (\lambda_i - \lambda_1) \cdot \ldots \cdot \underbrace{(\lambda_i - \lambda_i)}_{=0} \cdot \ldots \cdot (\lambda_i - \lambda_k) = 0.$$

Setzen wir hingegen eine komplexe Zahl λ in $f(x)$ ein, die verschieden von allen Werten $\lambda_1, \ldots, \lambda_k$ ist, so erhalten wir ein Produkt von komplexen Zahlen, die alle ungleich null sind. Damit ist dann auch $f(\lambda) \neq 0$. Damit sind die Werte $\lambda_1, \ldots, \lambda_k$ genau die *Nullstellen* von $f(x)$. Falls ein λ_i mehr als einmal in der Liste $\lambda_1, \ldots, \lambda_k$ vorkommt, so wird dieses λ_i *mehrfache Nullstelle* von $f(x)$ genannt.

Lemma 3.6 *Sei $x^k - c_1 \cdot x^{k-1} - c_2 \cdot x^{k-2} - \ldots - c_k$ das charakteristische Polynom einer linearen homogenen Rekursion der Ordnung k. Seien weiter $\lambda_1, \ldots, \lambda_k$ die Nullstellen dieses Polynoms in $\mathbb{C}$. Dann gilt für alle $i \in \{1, \ldots, k\}$*

(a) $\lambda_i \neq 0$ und
(b) $\sum_{j=1}^{k} c_j \lambda_i^{n-j} = \lambda_i^n$ für alle $n \in \mathbb{N}$ mit $n \geq k$.

Beweis Wenn wir 0 in das charakteristische Polynom einsetzen, erhalten wir $-c_k$. Nach Voraussetzung ist c_k jedoch ungleich 0. Insbesondere kann keine der Nullstellen $\lambda_1, \ldots, \lambda_k$ gleich 0 sein. Dies beweist Teil (a).

Sei nun $i \in \{1, \ldots, k\}$ beliebig. Es ist $\lambda_i^k - c_1 \cdot \lambda_i^{k-1} - c_2 \cdot \lambda_i^{k-2} - \ldots - c_k = 0$. Was gleichbedeutend ist mit

$$\lambda_i^k = c_1 \cdot \lambda_i^{k-1} + c_2 \cdot \lambda_i^{k-2} + \ldots + c_k = \sum_{j=1}^{k} c_j \cdot \lambda_i^{k-j}. \tag{3.2}$$

Damit erhalten wir durch Multiplikation mit λ_i^{n-k} für beliebiges $n \geq k$

$$\lambda_i^n = \lambda_i^{n-k} \cdot \lambda_i^k \stackrel{3.2}{=} \lambda_i^{n-k} \cdot \left(\sum_{j=1}^{k} c_j \lambda_i^{k-j} \right) = \sum_{j=1}^{k} c_j \lambda_i^{n-j}.$$

$\square$

Lemma 3.7 *Seien* $\lambda_1, \ldots, \lambda_k \in \mathbb{C} \setminus \{0\}$ *paarweise verschieden und seien* $a_0, \ldots, a_{k-1} \in \mathbb{C}$
beliebig. Dann hat das lineare Gleichungssystem

$$
\begin{array}{llll}
\lambda_1^0 \cdot x_1 & + \ldots + \lambda_k^0 \cdot x_k & = a_0 \\
\lambda_1^1 \cdot x_1 & + \ldots + \lambda_k^1 \cdot x_k & = a_1 \\
\;\;\vdots & \qquad\quad \vdots & \;\;\vdots \\
\lambda_1^{k-1} \cdot x_1 & + \ldots + \lambda_k^{k-1} \cdot x_k & = a_{k-1}
\end{array}
$$

genau eine Lösung.

Beweis. Es ist natürlich $\lambda_i^0 = 1$ für alle $i \in \{1, \ldots, k\}$. Die erste Zeile des Gleichungssystems ist also nichts anderes als $x_1 + x_2 + \ldots + x_k = a_0$.

Das Lemma ist ein klassisches Resultat, das Sie in der linearen Algebra kennenlernen werden (oder bereits kennengelernt haben). Man findet es unter dem Suchbegriff *Vandermonde-Matrix;* zum Beispiel in [3]. Wir werden in den Beispielen in diesem kurzen Kapitel nur den Fall $k = 2$ benutzen. Für diesen Fall können wir die Lösungen direkt angeben:

$$x_1 = \frac{a_1 - \lambda_2 \cdot a_0}{\lambda_1 - \lambda_2} \quad \text{und} \quad x_2 = \frac{a_1 - \lambda_1 \cdot a_0}{\lambda_2 - \lambda_1}.$$

Hierbei ist es wichtig zu beachten, dass wir nicht durch null teilen, da nach unseren Voraussetzungen $\lambda_1 \neq \lambda_2$ ist. Dass diese Zahlen tatsächlich die eindeutige Lösung des Gleichungssystems (im Fall $k = 2$) darstellen, können Sie gerne als Übung zeigen. $\square$

Kommen wir nun zum Haupttheorem dieses Kapitels.

Theorem 3.8 *Sei eine lineare homogene Rekursion der Ordnung* k *wie in* (3.1) *mit den Startwerten* $a_0, \ldots, a_{k-1}$ *gegeben. Besitzt das charakteristische Polynom dieser Rekursion* k *paarweise verschiedene Nullstellen* $\lambda_1, \ldots, \lambda_k$, *so gilt*

$$a_n = C_1 \cdot \lambda_1^n + \ldots + C_k \cdot \lambda_k^n \quad \text{für alle } n \in \mathbb{N}_0, \tag{3.3}$$

wobei $(C_1, \ldots, C_k)$ *die eindeutige Lösung des linearen Gleichungssystems*

$$
\begin{aligned}
\lambda_1^0 \cdot x_1 \quad + \ldots + \lambda_k^0 \cdot x_k \quad &= a_0 \\
\lambda_1^1 \cdot x_1 \quad + \ldots + \lambda_k^1 \cdot x_k \quad &= a_1 \\
\vdots \qquad\qquad \vdots \qquad\qquad &\ \ \vdots \\
\lambda_1^{k-1} \cdot x_1 + \ldots + \lambda_k^{k-1} \cdot x_k &= a_{k-1}
\end{aligned}
$$

ist.

Beweis Wir wissen aus Lemma 3.6, dass kein $\lambda_i = 0$ ist. Damit und der Voraussetzung, dass $\lambda_1, \ldots, \lambda_k$ paarweise verschieden sind, folgt aus Lemma 3.7, dass die komplexen Zahlen $C_1, \ldots, C_k$ auch wirklich existieren. Weiter sehen wir, dass diese Elemente genau so gewählt sind, dass Gl. (3.3) für $n \in \{0, \ldots, k-1\}$ gilt. Wir führen eine vollständige Induktion der Form 1.25. Die obige Feststellung, dass die Gleichung für $0, \ldots, k-1$ gilt, stellt dabei unseren Induktionsanfang dar.

Induktionsvoraussetzung: Für beliebiges aber festes $n \geq k-1$ sei Gl. (3.3) für alle Folgenglieder a_l, mit $l \leq n$, erfüllt.

Induktionsschritt: Wir beweisen, dass unter Annahme der Induktionsvoraussetzung, die Gl. (3.3) auch für $n+1$ gilt.

Per Definition der Rekursion (3.1) wissen wir, dass

$$
a_{n+1} = c_1 \cdot a_n + \ldots + c_k \cdot a_{n+1-k} \tag{3.4}
$$

gilt. Nun wenden wir die Induktionsvoraussetzung auf die Folgenglieder $a_n, \ldots, a_{n+1-k}$ an und setzen dies in (3.4) ein. Damit erhalten wir

$$
a_{n+1} = c_1 \cdot \underbrace{\left(C_1 \cdot \lambda_1^n + \ldots + C_k \cdot \lambda_k^n \right)}_{\overset{IV}{=} a_n} + \ldots + c_k \cdot \underbrace{\left(C_1 \cdot \lambda_1^{n+1-k} + \ldots + C_k \cdot \lambda_k^{n+1-k} \right)}_{\overset{IV}{=} a_{n+1-k}}
$$

$$
= C_1 \cdot \underbrace{\left(\sum_{i=1}^k c_i \lambda_1^{n+1-i} \right)}_{\overset{3.6}{=} \lambda_1^{n+1}} + \ldots + C_k \cdot \underbrace{\left(\sum_{i=1}^k c_i \lambda_k^{n+1-i} \right)}_{\overset{3.6}{=} \lambda_k^{n+1}} .
$$

Dies mussten wir zeigen. $\qquad\qquad\qquad\qquad\qquad\qquad\qquad\qquad\qquad\qquad\qquad\qquad$ □

Ganz ähnlich beweist man ein allgemeineres Theorem, welches auch den Fall von mehrfachen Nullstellen des charakteristischen Polynoms behandelt. Den Beweis werden wir hier allerdings nicht führen.

Theorem 3.9 *Sei eine lineare homogene Rekursion der Ordnung k wie in* (3.1) *mit den Startwerten $a_0, \ldots, a_{k-1}$ gegeben. Hat das charakteristische Polynom dieser Rekursion die Form*

$$
(x - \lambda_1)^{k_1} \cdot \ldots \cdot (x - \lambda_l)^{k_l},
$$

mit paarweise verschiedenen komplexen Zahlen $\lambda_1, \ldots, \lambda_l$, dann existieren komplexe Zahlen C_{ij}, sodass für alle $n \in \mathbb{N}$ gilt

$$a_n = \sum_{i=1}^{l} \left(\sum_{j=0}^{\min\{n,k_i-1\}} C_{ij} \binom{n}{j} \right) \cdot \lambda_i^n.$$

Beispiel 3.10 Wir betrachten die Rekursion $a_0 = 1, a_1 = 3$ und $a_n = 4 \cdot a_{n-1} - 4 \cdot a_{n-2}$ für alle $n \geq 2$. Das charakteristische Polynom dieser Rekursion ist $x^2 - 4 \cdot x + 4 = (x - 2)^2$, hat also eine mehrfache Nullstelle. Mit Theorem 3.9 existieren Konstanten C_{10} und C_{11} so, dass

$$a_n = (C_{10} + C_{11} \cdot n) \cdot 2^n$$

für alle $n \in \mathbb{N}_0$ gilt. Insbesondere gilt $1 = a_0 = (C_{10} + C_{11} \cdot 0) \cdot 2^0$ und $3 = a_1 = (C_{10} + C_{11} \cdot 1) \cdot 2^1$. Wir lösen also das lineare Gleichungssystem

$$\begin{array}{rl} C_{10} & = 1 \\ 2 \cdot C_{10} + 2 \cdot C_{11} & = 3 \end{array} \quad \Longleftrightarrow \quad \begin{array}{rl} C_{10} & = 1 \\ C_{11} & = \frac{1}{2} \end{array}$$

Damit gilt $a_n = \left(1 + \frac{1}{2} \cdot n\right) \cdot 2^n = (2 + n) \cdot 2^{n-1}$ für alle $n \in \mathbb{N}_0$.

Dass diese Formel tatsächlich stimmt, sieht man schnell per Induktion. Den Induktionsanfang ($n \leq 1$) haben wir bereits gezeigt. Sei nun die Formel korrekt für alle $n \leq k$ für beliebiges, aber festes k. Dann gilt

$$\begin{aligned} a_{k+1} = 4 \cdot a_k - 4 \cdot a_{k-1} &\overset{\text{IV}}{=} 4 \cdot (2 + k) \cdot 2^{k-1} - 4 \cdot (k + 1) \cdot 2^{k-2} \\ &= (2 \cdot (2 + k) - (k + 1)) \cdot 2^k = ((k + 1) + 2) \cdot 2^{(k+1)-1}. \end{aligned}$$

Ein Beispiel einer Rekursion, für die wir Theorem 3.8 benutzen, wird ausführlich im nächsten Abschnitt behandelt.

Zusammenfassung

- Eine lineare homogene Rekursion ist eine Folge von komplexen Zahlen $a_0, a_1, \ldots$, sodass die ersten paar Elemente der Folge vorgegeben sind (die Startwerte) und man die weiteren Folgenglieder durch eine Vorschrift der Form

$$a_n = c_1 \cdot a_{n-1} + \ldots + c_k \cdot a_{n-k},$$

berechnen kann.

- Interessiert einen nur der Wert a_{1000}, ist es sehr aufwendig, erst die 999 Folgenglieder davor zu berechnen. Daher ist es wünschenswert eine direktere (geschlossene) Formel zur Berechnung der Folgenglieder zu finden.

- Eine solche Formel findet man über die Nullstellen des charakteristischen Polynoms $x^k - c_1 \cdot x^{k-1} - \ldots - c_k$.
- Hat dieses Polynom genau k verschiedene Nullstellen $\lambda_1, \ldots, \lambda_k$, so gilt $a_n = C_1 \cdot \lambda_1^n + \ldots + C_k \cdot \lambda_k^n$, wobei die Werte $C_1, \ldots, C_k$ so gewählt werden, dass die Gleichung für die Startwerte $a_0, \ldots, a_{k-1}$ gilt.
- Hat das charakteristische Polynom weniger als k verschiedene Nullstellen, dann gilt eine ähnliche – etwas kompliziertere – Formel.

3.2 Fibonacci-Zahlen

Die wohl berühmteste und meist untersuchteste Rekursion ist gegeben durch $f_1 = 1$, $f_2 = 1$ und $f_n = f_{n-1} + f_{n-2}$ für alle $n > 2$. Diese Rekursion liefert die *Fibonacci-Zahlen*

$$1, \quad 1, \quad 2, \quad 3, \quad 5, \quad 8, \quad 13, \quad 21, \quad 34, \quad \ldots$$

Diese Zahlenfolge taucht an vielen Stellen der Mathematik und der Natur auf. Allerdings sind immer noch viele Fragen ungeklärt. Zum Beispiel ist es nicht bekannt, ob es unendlich viele Primzahlen unter den Fibonacci-Zahlen gibt. Um wie üblich auch den Wert f_0 zu haben, ohne dabei die Rekursionsvorschrift zu verändern, setzen wir $f_0 = 0$.

Beispiel 3.11 An einem defekten Kaugummi-Automaten kann man nur noch mit 1- und 2-Cent-Stücken bezahlen. Sie haben Ihren riesigen Kleingeldvorrat geplündert und wollen ein Kaugummi für einen Euro kaufen. Auf wie viele verschiedene Arten können Sie 1- oder 2-Cent-Stücke in den Automaten werfen, so dass Sie am Ende exakt einen Euro eingeworfen haben?

Sei a_n die gesuchte Anzahl für den Fall, dass ein Kaugummi n Cent kostet (a_{100} ist also genau die Antwort auf die eben gestellte Frage). Für $n = 1$ kann man nur ein 1-Cent-Stück einwerfen – also $a_1 = 1$. Für $n = 2$ haben Sie die Möglichkeit entweder ein 2-Cent-Stück einzuwerfen oder nacheinander zwei 1-Cent-Stücke – also $a_2 = 2$. Für $n = 3$ gilt $a_3 = 3$, denn es gibt die Möglichkeiten 1-Cent 1-Cent 1-Cent, 2-Cent 1-Cent und 1-Cent 2-Cent.

Allgemein überlegen wir uns Folgendes. Werfen wir als Erstes ein 1-Cent-Stück in den Automaten, haben wir noch a_{n-1} Möglichkeiten, auf genau n Cent zu kommen. Haben wir hingegen als Erstes ein 2-Cent-Stück in den Automaten geworfen, gibt es noch genau a_{n-2} Möglichkeiten, auf genau n Cent zu kommen. Damit ergibt sich für $n \geq 3$ die Vorschrift $a_n = a_{n-1} + a_{n-2}$.

Somit ist $a_n = f_{n+1}$, die $(n + 1)$-te Fibonacci-Zahl (Startwerte beachten!). Die Antwort auf unsere Ausgangsfrage ist also f_{101}. Im Folgenden berechnen wir eine Formel, wie man diesen Wert ausrechnen kann ohne zunächst $f_3, f_4, \ldots, f_{100}$ zuberechnen.

Biografische Anmerkung: Der Italiener *Leonardo da Pisa* (1170–1240) war einer der bedeutendsten Mathematiker des Mittelalters. Er ist besser bekannt unter dem Namen *Fibonacci,* der als Kurzform für figlio di Bonaccio („Sohn des Bonaccio") entstannt. In seinem größten Werk – Liber abbaci – benutzte er die heute üblichen arabischen Ziffern. Erst dadurch wurden diese in Europa bekannt.

Das charakteristische Polynom der Rekursion, die die Fibonacci-Zahlen definiert, ist $x^2 - x - 1$. Die Nullstellen dieses Polynoms finden wir mit der pq-Formel (manchmal auch Mitternachtsformel genannt), die wir alle aus der Schule kennen. Damit erhalten wir

$$x^2 - x - 1 = \left(x - \frac{1 + \sqrt{5}}{2} \right) \cdot \left(x - \frac{1 - \sqrt{5}}{2} \right).$$

Das charakteristische Polynom hat also zwei verschiedene Nullstellen, und wir können Theorem 3.8 anwenden.

Dazu müssen wir das lineare Gleichungssystem

$$1 \cdot C_1 + 1 \cdot C_2 = 0$$
$$\frac{1 + \sqrt{5}}{2} \cdot C_1 + \frac{1 - \sqrt{5}}{2} \cdot C_2 = 1$$

lösen. Ziehen wir das $\frac{1+\sqrt{5}}{2}$-Fache der ersten Zeile von der zweiten Zeile ab, wird diese zu

$$\underbrace{\left(\frac{1 - \sqrt{5}}{2} - \frac{1 + \sqrt{5}}{2} \right)}_{=-\sqrt{5}} \cdot C_2 = 1.$$

Damit erhalten wir sofort $C_2 = -\frac{1}{\sqrt{5}}$. Setzen wir nun C_2 in die erste Gleichung ein, erhalten wir $C_1 = \frac{1}{\sqrt{5}}$. Jetzt haben wir alle Komponenten zur Hand, um Theorem 3.8 anwenden zu können. Setzen wir nun die Nullstellen von $x^2 - x - 1$ und C_1 und C_2 in die Formel des Theorems ein, erhalten wir eine geschlossene Formel für die Fibonacci-Zahlen. Diese halten wir in einer Proposition fest.

Proposition 3.12 *Die n-te Fibonacci Zahl f_n ist gegeben durch*

$$f_n = \frac{1}{\sqrt{5}} \cdot \left(\left(\frac{1 + \sqrt{5}}{2} \right)^n - \left(\frac{1 - \sqrt{5}}{2} \right)^n \right).$$

Was haben Quotienten von Fibonacci-Zahlen mit dem zunächst verwirrenden Bild aus Abb. 3.1 zu tun? Diese Frage können Sie als Übungsaufgabe auffassen. Die folgende Bemerkung sollte Ihnen bei der Lösung helfen.

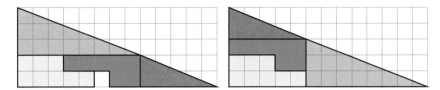

Abb. 3.1 Wo ist das verlorene Quadrat? Dieses schöne Rätsel ist das sogenannte Curry-Paradoxon, benannt nach Paul Curry. Weitere Bilder dieser Art können Sie in [8] finden

Bemerkung 3.13 Das Element $\frac{1+\sqrt{5}}{2}$ wird auch *goldener Schnitt* genannt. Da $\left|\frac{1-\sqrt{5}}{2}\right| < 1$ ist, wird $\left|\left(\frac{1-\sqrt{5}}{2}\right)^n\right|$ mit wachsendem n sehr schnell sehr klein. Damit sagt uns Proposition 3.12, dass die n-te Fibonacci-Zahl ungefähr gleich $\frac{1}{\sqrt{5}}\left(\frac{1+\sqrt{5}}{2}\right)^n$ ist.

Insbesondere ist der Quotient von zwei aufeinanderfolgenden Fibonacci-Zahlen $\frac{f_n}{f_{n-1}}$ ungefähr der goldene Schnitt. Formal korrekt können wir sagen, dass die Werte $\frac{f_n}{f_{n-1}}$ mit wachsendem n gegen den goldenen Schnitt konvergieren. Etwas allgemeiner folgt aus den gleichen Überlegungen, dass $\frac{f_n}{f_{n-k}}$ ungefähr gleich $\left(\frac{1+\sqrt{5}}{2}\right)^k$ ist.

Zusammenfassung

- Die Fibonacci-Zahlen starten mit $f_0 = 0$ und $f_1 = 1$. Ab dann ist die n-te Fibonacci-Zahl gegeben durch die Summe der beiden vorherigen Fibonacci-Zahlen. Dies wird formal durch eine lineare homogene Rekursion beschrieben.
- Das charakteristische Polynom der Fibonacci-Folge ist $x^2 - x - 1 = \left(x - \frac{1+\sqrt{5}}{2}\right) \cdot \left(x - \frac{1-\sqrt{5}}{2}\right)$.
- Mit unserem Wissen aus dem vorherigen Abschnitt folgt beinahe sofort folgende Formel für die n-te Fibonacci-Zahl:

$$f_n = \frac{1}{\sqrt{5}} \cdot \left(\left(\frac{1+\sqrt{5}}{2}\right)^n - \left(\frac{1-\sqrt{5}}{2}\right)^n\right).$$

Aufgaben

Aufgabe • 35 Geben Sie in den folgenden Fällen eine geschlossene Formel für die Rekursion an.

(a) $a_0 = 1$ und $a_n = 3 \cdot a_{n-1} + 2$ für alle $n \in \mathbb{N}$.

(b) $a_0 = -1$ und $a_n = 3 \cdot a_{n-1} + 2$ für alle $n \in \mathbb{N}$.

Aufgabe • 36 Seien λ_1 und λ_2 zwei verschiedene Elemente aus $\mathbb{C}$, und seien $a_1, a_2 \in \mathbb{C}$ beliebig. Zeigen Sie, dass $x_1 = \frac{a_1 - \lambda_2 \cdot a_0}{\lambda_1 - \lambda_2}$ und $x_2 = \frac{a_1 - \lambda_1 \cdot a_0}{\lambda_2 - \lambda_1}$ die einzige Lösung des linearen Gleichungssystems

$$\begin{array}{rcl} x_1 & +x_2 & = a_0 \\ \lambda_1 \cdot x_1 & +\lambda_2 \cdot x_2 & = a_1 \end{array}$$

ist.

Aufgabe 37 Geben Sie eine lineare homogene Rekursion $a_n = c_1 \cdot a_{n-1} + c_2 \cdot a_{n-2}$ mit geeigneten Startwerten a_0 und a_1 an, sodass für alle $n \in \mathbb{N}_0$ der Wert a_n die $(n+1)$-te ungerade Zahl ist. Formal bedeutet das, dass $a_n = 2n + 1$ für alle $n \in \mathbb{N}_0$ gelten soll.

Aufgabe 38 Sei f_n die n-te Fibonacci Zahl und sei $f_0 = 0$. Beweisen Sie, dass für alle $k, m \in \mathbb{N}$ gilt:

$$f_{k+m} = f_k \cdot f_{m-1} + f_{k+1} \cdot f_m.$$

Hinweis: vollständige Induktion über k.

Aufgabe • 39 Geben Sie eine geschlossene Formel für die n-te *Lucas-Zahl* L_n. Diese Zahlen sind definiert durch

$$L_0 = 2, \ \ L_1 = 1 \ \ \text{ und } L_n = L_{n-1} + L_{n-2} \text{ für alle } n \geq 2.$$

Aufgabe 40 Geben Sie eine lineare homogene Rekursion $a_n = c_1 \cdot a_{n-1} + \ldots + c_k \cdot a_{n-k}$ mit geeigneten Startwerten an, sodass für alle $n \in \mathbb{N}_0$ die Gleichung

$$a_n = (1 + \sqrt{3})^n + (1 - \sqrt{3})^n$$

gilt.

Aufgabe 41 Erklären Sie Abb. 3.1.

Graphentheorie

4

> *Dieses Problem, so banal es auch ist, bedarf unserer*
> *Aufmerksamkeit, da weder die Geometrie, noch die Algebra, noch*
> *die Kunst des Zählens ausreichen, um es zu lösen.*
> Leonhard Euler über das Königsberger Brückenproblem

Bisher haben wir uns nur mit der Anzahl von Elementen endlicher Mengen beschäftigt. In diesem Kapitel werden wir Beziehungen – oder Relationen – zwischen Elementen einer endlichen Menge studieren. Der Anfang der Graphentheorie liegt im sogenannten „Königsberger Brückenproblem". Dies war ein Rätsel, ob es möglich ist, in Königsberg (heute Kaliningrad) einen (Rund)weg zu laufen, der jede der sieben Brücken über den Pregel genau einmal benutzt. Eine enorm vereinfachte Karte der Königsberger Brücken ist in Abb. 4.1a dargestellt. Dieses Problem wurde von Leonhard Euler durch Einführung der Graphentheorie gelöst.[1] Dies bedeutet eigentlich nur, dass das Problem auf das absolut Wesentliche reduziert wurde. Stellen wir Landabschnitte als Punkte dar und Brücken als Linien zwischen den Punkten, so ergibt sich das Bild aus Abb. 4.1b.

Wir nehmen an, es gäbe einen Weg, der jede Brücke genau einmal benutzt. Dann muss man einen Landabschnitt, der weder Start- noch Endpunkt des Weges ist, über genauso viele Brücken erreichen wie verlassen können. Also muss ein solcher Landabschnitt mit einer geraden Anzahl von Brücken verbunden sein. Mit Abb. 4.1b sieht man sofort, dass dies für keinen Landabschnitt gilt. Damit kann es keinen solchen Weg geben – und insbesondere keinen solchen Rundweg.

---

[1] Die erste Reaktion Eulers auf dieses Problem war die Frage, warum ausgerechnet ein Mathematiker dieses banale Problem lösen sollte. Diese Frage beantwortete er kurz darauf selber, indem er eine neue mathematische Disziplin erfand, die dieses Problem beinhaltet.

© Springer-Verlag GmbH Deutschland, ein Teil von Springer Nature 2019
L. Pottmeyer, *Diskrete Mathematik*,
https://doi.org/10.1007/978-3-662-59663-0_4

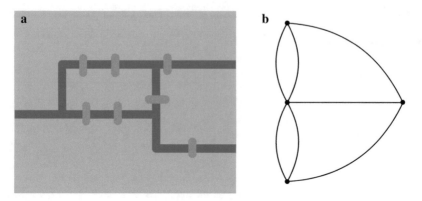

Abb. 4.1 Eine stark vereinfachte Ansicht der sieben Brücken über den Pregel zu Zeiten Eulers ist in (**a**) zu sehen. In (**b**) wurde diese Ansicht auf einen *Graphen* reduziert

Biografische Anmerkung: Der Schweizer *Leonhard Euler* (1707–1783) war einer der begabtesten und produktivsten Mathematiker aller Zeiten. Seine Werke wurden in mehr als 70 Bänden veröffentlicht und enthalten mehr als 800 Resultate. Selbst seine Erblindung 1771 (die er mit den Worten „Nun habe ich weniger Ablenkung" kommentiert haben soll) beeinträchtigte seine Produktivität nicht. Die meiste Zeit arbeitete er in St. Petersburg.

4.1   Grundbegriffe der Graphentheorie

Wir werden Objekte studieren, die nur aus Punkten und Linien zwischen diesen Punkten bestehen. Ein erstes Beispiel haben wir schon in Abb. 4.1b kennengelernt. Die mathematische Beschreibung solcher Objekte ist (möglicherweise) etwas komplizierter als man zunächst denkt. Wir werden den Formalismus aber stets auch anschaulich beschreiben.

Definition 4.1 Ein (endlicher) *Graph* $G = G(E, K, \varphi)$ ist gegeben durch eine endliche Menge $E \neq \emptyset$ von *Ecken,* einer endlichen Menge K von *Kanten* und einer Abbildung

$$\varphi : K \longrightarrow \{N \subseteq E | \, |N| \in \{1, 2\}\},$$

die jeder Kante zwei (nicht notwendigerweise verschiedene) Ecken zuordnet. Die Elemente aus $\varphi(k)$ für $k \in K$ heißen Endpunkte von k. Ist $|\varphi(k)| = 1$, so heißt k *Schleife.* Besitzt G keine Schleifen, so heißt G *schleifenfrei.* Ist G schleifenfrei, und ist φ injektiv, so heißt G *einfacher Graph.*

Eine kurze Warnung: In manchen Büchern heißt ein Graph in obigem Sinn *Multigraph*. In diesen Quellen ist ein Graph, was bei uns ein einfacher Graph ist. Weiter werden in Quellen oft die Kanten mit E bezeichnet, in Anlehnung an das englische Wort *edges*.

Bemerkung 4.2 Einen Graphen kann man stets visualisieren, indem man die Ecken E als Punkte zeichnet und zwei Punkte durch eine Kante (Linie) verbindet, genau dann, wenn diese Ecken Endpunkte der Kante sind. Hat eine Kante nur einen Endpunkt, so verbinden wir die Ecke (den Punkt) mit sich selbst. Dies erklärt den Begriff „Schleife". Wenn φ injektiv ist, bedeutet dies, dass es zwischen zwei Ecken maximal eine Kante gibt, die diese Ecken verbindet. Es gibt also in einem einfachen Graphen keine *Mehrfachkanten*.

Beispiel 4.3 Sei ein Graph $G(E, K, \varphi)$ gegeben mit $E = \{a, b, c, d, e\}$, $K = \{1, \ldots, 9\}$ und φ definiert durch
$$1 \mapsto \{a\} \quad 2 \mapsto \{a, b\} \; 3 \mapsto \{a, e\} \; 4 \mapsto \{b, c\} \; 5 \mapsto \{d, e\}$$
$$6 \mapsto \{c, d\} \; 7 \mapsto \{c, e\} \; 8 \mapsto \{b, d\} \; 9 \mapsto \{b, e\}$$
Dann können wir $G(E, K, \varphi)$ visualisieren durch

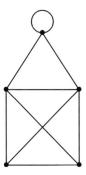

Die Kante 1 ist eine Schleife. Wir werden meistens nur mit den Visualisierungen arbeiten und diese ebenfalls Graph nennen. Wir stellen aber leicht fest, dass es viele Möglichkeiten gibt, einen Graphen zu visualisieren. In unserem Beispiel könnten wir unter anderem auch eines der folgenden Bilder erhalten:

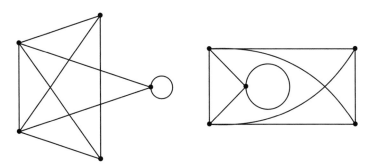

Diese Visualisierungen/Graphen wollen wir natürlich als „strukturgleich" ansehen. In der Mathematik werden Objekte, deren mathematische Struktur gleich ist, als *isomorph* bezeichnet. Wir brauchen also einen Isomorphie-Begriff für Graphen.

Definition 4.4 Seien $G = G(E, K, \varphi)$ und $G' = G'(E', K', \varphi')$ zwei Graphen. Ein *Graphen-Isomorphismus* besteht aus zwei bijektiven Abbildungen $\Psi_E : E \longrightarrow E'$ und $\Psi_K : K \longrightarrow K'$, sodass gilt

$$\varphi'(\Psi_K(k)) = \Psi_E(\varphi(k)) \quad \text{für alle } k \in K. \tag{4.1}$$

Existiert so ein Graphen-Isomorphismus, so heißen G und G' *isomorph*[2].

Bemerkung 4.5 Als Erstes stellen wir fest, dass isomorphe Graphen dieselbe Anzahl von Ecken und Kanten haben müssen (Ψ_E und Ψ_K sind bijektiv). Die Bedingung (4.1) besagt, dass eine Kante k genau dann die Endpunkte e und f hat, wenn die Kante $\Psi_K(k)$ die Endpunkte $\Psi_E(e)$ und $\Psi_E(f)$ hat. Damit sind zwei Graphen genau dann isomorph, wenn sie gleiche Visualisierungen haben. Sind zwei Graphen als Bilder gegeben, so sind diese isomorph genau dann, wenn wir die Ecken und Kanten so beschriften können, dass in beiden Bildern die Kanten gleichen Namens auch die Endpunkte gleichen Namens haben.

Da in einfachen Graphen die Kanten eindeutig durch die Endpunkte bestimmt sind, sind zwei einfache Graphen $G(E, K, \varphi)$ und $G'(E', K', \varphi')$ genau dann isomorph, wenn es eine bijektive Abbildung $\Psi_E : E \longrightarrow E'$ gibt mit der Eigenschaft:

Es gibt eine Kante zwischen $e, f \in E$

$\Longleftrightarrow$ Es gibt eine Kante zwischen $\Psi_E(e), \Psi_E(f) \in E'$.

Beispiel 4.6 Sind die folgenden Graphen isomorph?

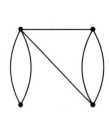 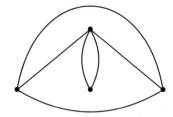

Ja! Dies sehen wir mit der folgenden Beschriftung

---

[2]Das Wort isomorph ist altgriechisch für „von gleicher Gestalt". In der Mathematik – insbesondere der Algebra – tauchen Isomorphismen sehr oft auf. Die Bedeutung ist dabei stets, dass die Objekte in allen ihren „wesentlichen" Eigenschaften übereinstimmen. Was genau als wesentlich angesehen wird, muss natürlich in jedem einzelnen Fall präzisiert werden.

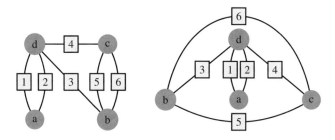

Im Allgemeinen gibt es kein schnelles[3] Verfahren, um herauszufinden ob zwei Graphen isomorph sind (genauer: es ist kein solches Verfahren bekannt). Es gibt aber gute notwendige Bedingungen.

Definition 4.7 Sei $G = G(E, K, \varphi)$ ein Graph. Zwei Ecken e und f heißen *benachbart,* genau dann, wenn es eine Kante k gibt mit $\varphi(k) = \{e, f\}$. Zwei verschiedene Kanten heißen *benachbart,* genau dann, wenn sie einen gemeinsamen Endpunkt haben. Der Grad einer Ecke e ist gegeben durch

$$d(e) = |\{k \in K \mid e \in \varphi(k)\}| + |\{k \in K \mid \varphi(k) = \{e\}\}| \in \mathbb{N}_0.$$

Bemerkung 4.8 Ist $k \in K$ eine Schleife mit Endpunkt e, so ist e zu sich selbst benachbart. Der Grad einer Ecke ist nichts anderes als die Anzahl von Kanten, die diese Ecke als Endpunkt haben, wobei Schleifen doppelt gezählt werden. In einer Visualisierung ist der Grad einer Ecke somit gegeben als Anzahl von Linien, die an die Ecke gezeichnet werden. Zum Beispiel:

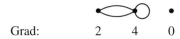

Grad: 2   4   0

Beispiel 4.9 Beim Königsberger Brückenproblem lag die einzige Schwierigkeit darin, die Aussage auf einen Graphen zu reduzieren. Danach war die Lösung fast offensichtlich. Wir geben ein weiteres solches Beispiel an. Wir behaupten, dass es in jedem sozialen Netzwerk mindestens zwei Personen gibt, die die gleiche Anzahl von Freunden haben. Dabei spielt es keine Rolle, ob in dem Netzwerk viele Personen oder wenig Personen sind. Das Wort *Netzwerk* drängt uns die Benutzung von Graphen ja schon auf. Wir betrachten also den Freundschaftsgraphen, der als Eckenmenge die Personen des Netzwerkes hat, und zwei Ecken genau dann durch eine Kante verbunden sind, wenn die entsprechenden Personen befreundet sind. Dies liefert einen einfachen Graphen. Ist n die Anzahl von Ecken, dann kann jede Ecke höchstens mit $n - 1$ anderen Ecken benachbart sein. Es ist also $d(e) \in$

---

[3]damit meinen wir: polynomiell in der Anzahl der Ecken.

$\{0, \ldots, n-1\}$ für jede Ecke e. Natürlich ist es nicht möglich, dass es eine Person ohne Freunde gibt und gleichzeitig eine Person, die mit allen anderen befreundet ist. Es ist also nicht möglich, dass wir eine Ecke e mit $d(e) = 0$ und gleichzeitig eine Ecke f mit $d(f) = n-1$ finden. Daher haben wir für den Grad einer Ecke nur $n-1$ Möglichkeiten, aber wir haben n Ecken. Damit müssen zwei Ecken den gleichen Grad besitzen (die Abbildung $e \mapsto d(e)$ kann nicht injektiv sein). Übersetzen wir dies zurück, bedeutet es, dass es zwei Personen im Netzwerk gibt, die die gleiche Anzahl von Freunden haben.

Satz 4.10 *Ist (Ψ_E, Ψ_K) ein Isomorphismus zwischen den Graphen $G = G(E, K, \varphi)$ und $G' = G'(E', K', \varphi')$, so gilt für alle $e, f \in E$:*

(a) e, f sind benachbart $\iff \Psi_E(e), \Psi_E(f)$ sind benachbart.
(b) $d(e) = d(\Psi_E(e))$.

Beweis Seien also $\Psi_E : E \longrightarrow E'$ und $\Psi_K : K \longrightarrow K'$ bijektiv mit $\varphi'(\Psi_K(k)) = \Psi_E(\varphi(k))$ für alle $k \in K$.

Zu (a):   Dies ist anschaulich ganz klar und wurde schon in Bemerkung 4.5 erwähnt. Wir werden die Aussage trotzdem nochmal formal beweisen. Es gilt:

$$e, f \text{ sind benachbart } \overset{\text{Def.}}{\iff} \exists\, k \in K \text{ mit } \varphi(k) = \{e, f\}$$
$$\iff \{\Psi_E(e), \Psi_E(f)\} = \Psi_E(\{e, f\}) = \varphi'(\Psi_K(k))$$
$$\overset{\text{Def.}}{\iff} \Psi_E(e), \Psi_E(f) \text{ sind benachbart.}$$

Damit gilt Aussage (a).

Zu (b):   Nach Definition eines Isomorphismus ist $e \in \varphi(k)$ genau dann, wenn $\Psi_E(e) \in \varphi'(\Psi_K(k))$ gilt. Insbesondere ist $\varphi(k) = \{e\}$ genau dann, wenn $\varphi'(\Psi_K(k)) = \{\Psi_E(e)\}$ ist. Damit gilt für jedes $e \in E$:

$$d(e) = |\{k \in K \,|\, e \in \varphi(k)\}| + |\{k \in K \,|\, \varphi(k) = \{e\}\}|$$
$$= |\{k \in K \,|\, \Psi_E(e) \in \varphi'(\Psi_K(k))\}| + |\{k \in K \,|\, \varphi'(\Psi_K(k)) = \{\Psi_E(e)\}\}|.$$

Da Ψ_K bijektiv ist, durchläuft $\Psi_K(k)$ alle Elemente aus K', wenn k alle Elemente aus K durchläuft. Damit folgt aus obiger Gleichung

$$d(e) = |\{k' \in K' \,|\, \Psi_E(e) \in \varphi'(k')\}| + |\{k' \in K' \,|\, \varphi'(k') = \{\Psi_E(e)\}\}|$$
$$= d(\Psi_E(e)).$$

Das war zu zeigen. $\square$

Beispiel 4.11 Das folgende Beispiel ist dem Buch [1] entnommen. Wir möchten bestimmen, ob die folgenden Graphen isomorph sind:

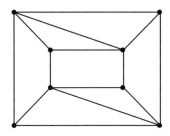
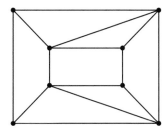

Den linken Graphen nennen wir G und den rechten G'. Wir testen zunächst zwei naive Bedingungen:

1. Haben G und G' die gleiche Anzahl von Ecken und Kanten? (Wenn nicht, sind sie nicht isomorph).
   Ja, beide Graphen haben 8 Ecken und 14 Kanten.
2. Bestehen G und G' aus Ecken gleichen Grades? (Wenn nicht, sind sie nicht isomorph).
   Ja, beide Graphen haben vier Ecken vom Grad 3 und vier Ecken vom Grad 4.

Sind sie nun isomorph? Isomorph bedeutet anschaulich, dass alle wesentlichen Eigenschaften der Graphen übereinstimmen. Dies sind alle Eigenschaften, die direkt die Ecken und Kanten eines Graphen betreffen. In unserem Beispiel sehen wir, dass G eine Ecke der Ordnung 3 besitzt, so dass alle benachbarten Ecken Grad 4 haben. In G' gibt es eine solche Ecke nicht. Damit können G und G' nicht isomorph sein. Wir führen das Argument einmal formal durch. Dazu beschriften wir die Ecken von G und G':

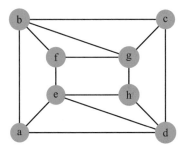
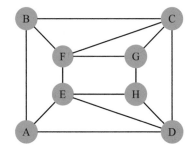

Für einen Isomorphismus zwischen G und G' müsste es nach Satz 4.10 eine bijektive Abbildung Ψ von den Ecken von G in die Ecken von G' geben, die Ecken gleichen Grades aufeinander abbildet. Es müsste also $\Psi(a) \in \{A, B, G, H\}$ sein. Jede dieser Ecken hat einen Nachbarn vom Grad 3. Allerdings sind die Nachbarn von $\Psi(a)$ nach Satz 4.10 gleich

$\Psi(b)$, $\Psi(d)$, $\Psi(e)$ und keine dieser Ecken hat Grad 3. Damit kann eine solche Abbildung nicht existieren, und G und G' sind daher nicht isomorph.

Nachdem wir nun Graphen unterscheiden können, kommen wir zu weiteren grundlegenden Sätzen und Definitionen in der Graphentheorie. Der nachfolgende Satz wird manchmal auch *1. Hauptsatz* der Graphentheorie genannt.

Satz 4.12 *Sei $G(E, K, \varphi)$ ein Graph. Dann gilt*

$$\sum_{e \in E} d(e) = 2 \cdot |K|.$$

Beweis Die Aussage ist eigentlich offensichtlich, da jede Schleife den Grad einer Ecke um 2 erhöht und jede Kante, die keine Schleife ist, den Grad von zwei Ecken um je 1 erhöht.

Einen formalen Beweis kann man mithilfe eines schönen Tricks führen. Daher werden wir diesen Beweis für schleifenfreie Graphen kurz vorstellen. Sei also $G(E, K, \varphi)$ schleifenfrei. Wir betrachten die Menge $M = \{(e, k) \in E \times K \,|\, e \in \varphi(k)\}$. Offensichtlich gilt

$$M = \bigcup_{e \in E} \{(e, k) \in \{e\} \times K \,|\, e \in \varphi(k)\},$$

und die Mengen auf der rechten Seite sind paarweise disjunkt. Mit dem Additionsprinzip 1.41 erhalten wir damit

$$|M| = \sum_{e \in E} |\{(e, k) \in \{e\} \times K \,|\, e \in \varphi(k)\}|$$

$$= \sum_{e \in E} |\{k \in K \,|\, e \in \varphi(k)\}| \overset{G \text{ s.f.}}{=} \sum_{e \in E} d(e).$$

Sortieren wir die Menge M nach den Kanten, sehen wir genauso

$$|M| = \sum_{k \in K} |\{(e, k) \in E \times \{k\} \,|\, e \in \varphi(k)\}|$$

$$= \sum_{k \in K} |\{e \in E \,|\, e \in \varphi(k)\}| \overset{G \text{ s.f.}}{=} \sum_{k \in K} 2 = 2 \cdot |K|.$$

Insgesamt erhalten wir also die gewünschte Aussage $\sum_{e \in E} d(e) = |M| = 2 \cdot |K|$. $\square$

Definition 4.13 Sei $G(E, K, \varphi)$ ein Graph. Ein *Teilgraph* von $G(E, K, \varphi)$ ist ein Graph $G'(E', K', \varphi')$, sodass $E' \subseteq E$, $K' \subseteq K$ und $\varphi'(k) = \varphi(k)$ für alle $k \in K'$ gilt. Ein solcher Teilgraph heißt *aufspannend*, wenn $E = E'$ gilt.

In der Einführung zu diesem Kapitel haben wir das Königsberger Brückenproblem vorgestellt. Um uns mathematisch damit auseinanderzusetzen, sollten wir also definieren, was genau ein Weg in einem Graphen ist.

Definition 4.14 Sei $G = G(E, K, \varphi)$ ein Graph. Ein *Weg* in G ist eine Folge

$$P : e_1, k_1, e_2, k_2, \ldots, e_n, k_n, e_{n+1}$$

von Ecken $e_1, \ldots, e_{n+1} \in E$ und Kanten $k_1, \ldots, k_n \in K$, sodass $\varphi(k_i) = \{e_i, e_{i+1}\}$ für alle $i \in \{1, \ldots, n\}$ gilt. Die Elemente e_1 und e_{n+1} heißen *Start-* bzw. *Endpunkt* von P. Gilt $e_1 = e_{n+1}$ so heißt der Weg *Kreis*. Die *Länge* von P ist gleich n (also gleich der Anzahl von Kanten im Weg).

Definition 4.15 Ein Graph $G(E, K, \varphi)$ heißt *zusammenhängend*, wenn es für alle $e, f \in E$ einen Weg gibt mit Startpunkt e und Endpunkt f. Eine *Zusammenhangskomponente* von $G(E, K, \varphi)$ ist ein maximaler zusammenhängender Teilgraph von $G(E, K, \varphi)$. Sind $e, f \in E$ in derselben Zusammenhangskomponente, so ist der *Abstand* $\ell(e, f)$ von e und f definiert als die Länge eines kürzesten Weges von e nach f.

Eine Kante $k \in K$ heißt *Brücke*, falls der Teilgraph von $G(E, K, \varphi)$, der durch Entfernen der Kante k entsteht, mehr Zusammenhangskomponenten hat als $G(E, K, \varphi)$.

Beispiel 4.16 Der folgende Graph hat drei Zusammenhangskomponenten

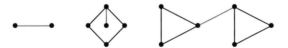

Die Brücken sind rot eingezeichnet. Der Abstand von zwei Punkten einer Zusammenhangskomponente ist stets kleiner als 4.

Zusammenfassung

- Ein Graph ist eine endliche Menge von Punkten – genannt: Ecken – die irgendwie durch Linien – genannt: Kanten – miteinander verbunden sind. Wie bei allem, wird dies formal mithilfe von Mengen und Abbildungen beschrieben.
- Zwei Ecken heißen benachbart, wenn es eine Kante gibt, die die beiden Punkte verbindet.
- Zwei Graphen sind isomorph, falls der eine aus dem anderen durch Verschiebung der Ecken und Verformungen der Kanten entsteht.
- Der Grad einer Ecke ist die Anzahl von Linien, die an der Ecke eingezeichnet sind. Es gilt, dass die Summe der Grade aller Ecken doppelt so groß ist wie die Anzahl der Kanten.

4.2   Beispiele für Graphen

Jede Relation zwischen Elementen einer Menge kann einen Graphen erzeugen. Ein (unter Mathematikern) berühmter Graph hat als Ecken alle Personen, die jemals einen (im weitesten Sinne) mathematischen Artikel veröffentlicht haben. Zwei Ecken sind nun genau dann benachbart, wenn die Personen einen Artikel gemeinsam veröffentlicht haben.

Der Abstand zwischen zwei Ecken ist meistens erstaunlich klein. Zum Beispiel ist der Abstand zwischen Albert Einstein und Natalie Portman höchstens 5. Üblicherweise interessiert nur der Abstand zu Paul Erdős. Dieser Abstand wird *Erdős-Zahl* genannt. Es gibt keinen Fields-Medaillien Gewinner, der eine Erdős-Zahl größer als 6 hat.

Wir werden ab jetzt einen Graphen nur G nennen und die Ecken- und Kantenmenge sowie die Funktion φ nicht mehr jedesmal explizit aufschreiben. Wir schreiben, wenn wir es brauchen, $E(G)$ für die Menge aller Ecken von G und entsprechend $K(G)$ für die Menge aller Kanten von G.

Beispiel 4.17 Der einfache Graph auf n Ecken, in dem alle Ecken Grad $n-1$ haben heißt *vollständiger Graph* auf n Ecken und wird mit K_n bezeichnet. Es ist $|K(K_n)| = \binom{n}{2}$, denn mit Satz 4.12 gilt

$$2 \cdot |K(K_n)| = \sum_{e \in E(G)} n - 1 = n \cdot (n-1).$$

Dass jede Ecke Grad $n-1$ besitzt, bedeutet (in einem einfachen Graphen), dass je zwei beliebige Ecken benachbart sind. Die ersten vollständigen Graphen sind also

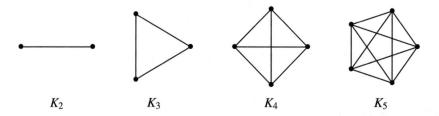

K_2 K_3 K_4 K_5

Beispiel 4.18 Sei $n \in \mathbb{N}$. Der n-te *Hyperwürfel* ist der einfache Graph H_n mit der Eckenmenge $\{0, 1\}^n = \underbrace{\{0, 1\} \times \ldots \times \{0, 1\}}_{n \text{ mal}}$, in dem zwei Ecken $(a_1, \ldots, a_n)$ und $(b_1, \ldots, b_n)$ genau dann benachbart sind, wenn sie sich in genau einem Eintrag unterscheiden.

Der Name Hyperwürfel erklärt sich durch geeignete Visualisierungen:

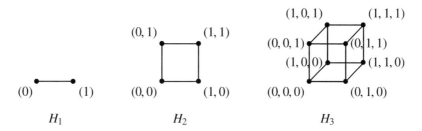

Definition 4.19 Ein Graph G heißt *bipartit*, wenn es disjunkte Mengen L, R gibt mit $E(G) = L \cup R$ so, dass keine zwei Punkte aus L und keine zwei Punkte aus R benachbart sind.

Beispiel 4.20 Sei G einfach und bipartit und seien L und R die Mengen aus obiger Definition. Ist jede Ecke aus L mit jeder Ecke aus R benachbart, so heißt G *vollständiger bipartiter Graph auf* $(|L|, |R|)$ *Ecken*. Diesen Graphen bezeichnen wir mit $K_{|L|, |R|}$.

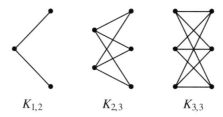

Wenn bipartite Graphen so gegeben sind, dass die Ecken aus L auf der linken Seite und die Ecken aus R auf der rechten Seite gezeichnet sind, ist es sehr einfach zu sehen, dass der Graph tatsächlich bipartit ist. Im Allgemeinen wird ein Graph aber anders visualisiert sein. Ist zum Beispiel der n-te Hyperwürfel bipartit? Der folgende Satz ist sehr hilfreich zum Beantworten dieser Frage.

Satz 4.21 *Ein Graph G ist genau dann bipartit, wenn er keine Kreise ungerader Länge enthält.*

Beweis Es genügt, den Satz für zusammenhängende Graphen zu beweisen, da die Aussage genau dann richtig ist, wenn sie für jede Zusammenhangskomponente richtig ist. Wir nehmen also an, dass G zusammenhängend ist und beweisen die beiden nötigen Implikationen.

$\Rightarrow$ Sei G bipartit mit $E(G) = L \cup R$, wobei L und R die Eigenschaften aus Definition 4.19 besitzen. Wir müssen zeigen, dass jeder Kreis gerade Länge hat. Sei also $C : e_1, k_1, \dots, e_n, k_n, e_{n+1} = e_1$ ein Kreis in G. Sei $e_1 \in L$. Den Fall $e_1 \in R$ beweist man analog. Da e_1 und e_2 benachbart sind, gilt $e_2 \in R$. Genauso gilt $e_3 \in L$ und allgemein

$$e_i \in L \iff i \text{ ist ungerade.}$$

Nun ist $e_{n+1} = e_1 \in L$ und somit ist $n + 1$ ungerade. Daraus folgt, dass die Länge n von C gerade ist. Das war zu zeigen.

$\Leftarrow$ Sei nun jeder Kreis in G von gerader Länge. Wir wollen die Mengen L, R aus Definition 4.19 konstruieren. Sei dazu $e \in E(G)$ beliebig und setze

$$f \in L \iff \ell(e, f) \text{ ist ungerade.}$$

Damit folgt auch, dass $f \in R$ ist genau dann, wenn $\ell(e, f)$ gerade ist. Angenommen zwei Ecken $g, f \in L$ oder $g, f \in R$ wären benachbart. Sei dann P_1 ein kürzester Weg von e nach f und P_2 ein kürzester Weg von g nach e. Sei weiter k eine Kante zwischen f und g (es gelte also $\varphi(k) = \{f, g\}$). Dann ist der Weg P_1, k, P_2 ein Kreis in G der Länge $\ell(e, f) + 1 + \ell(g, e)$. Da $\ell(e, f)$ und $\ell(g, e)$ entweder beide gerade oder beide ungerade sind, ist diese Länge in jedem Fall ungerade. Dies ist ein Widerspruch, da es nach Voraussetzung in G keine Kreise ungerader Länge gibt. Damit muss unsere Annahme falsch gewesen sein. Das bedeutet, dass keine zwei Elemente in L oder in R benachbart sein können. Damit ist G bipartit. $\qquad\square$

Mit diesem Satz folgt, dass tatsächlich jeder Hyperwürfel bipartit ist. Das kann gerne als Übung gezeigt werden.

Definition 4.22 Unsere Definition eines Kreises lässt auch triviale Kreise, die nur aus einer Ecke bestehen, und degenerierte Kreise der Form e, k, f, k, e zu. Wir nennen im Folgenden einen Kreis *echt*, wenn er mindestens eine Kante enthält und keine Kante doppelt benutzt.

Lemma 4.23 *Ist G ein Graph, und gilt $d(e) \geq 2$ für alle $e \in E(G)$, so gibt es einen echten Kreis in G.*

Beweis Enthält G Schleifen oder Mehrfachkanten, enthält G offensichtlich einen echten Kreis und wir sind fertig. Sei also G ein einfacher Graph und sei $e_1 \in E(G)$ beliebig. Wähle eine Kante k_1 mit Endpunkt e_1 und sei e_2 der zweite Endpunkt von k_1. Wir konstruieren einen Weg

$$e_1, k_1, e_2, k_2, \dots, e_n, k_n, e_{n+1}$$

durch folgende Vorschriften

1. $\varphi(k_i) = \{e_i, e_{i+1}\}$ für alle i,
2. $k_i \notin \{k_1, \ldots, k_{i-1}\}$ für alle $i \geq 2$.

Da G nur endlich viele Kanten besitzt, bricht dieses Verfahren irgendwann ab; sagen wir nach n Schritten. Es ist nach Voraussetzung $d(e_{n+1}) \geq 2$. Also gibt es neben k_n noch eine weitere Kante k mit Endpunkt e_{n+1}. Da wir das obige Verfahren aber nicht weiterführen können, muss $k = k_i$ für ein $i \in \{1, \ldots, n-1\}$ gelten. Damit ist auch $e_{n+1} = e_i$, und wir erhalten den echten Kreis $e_i, k_i, e_{i+1}, k_{i+1}, \ldots, k_n, \underbrace{e_{n+1}}_{=e_i}$. $\square$

Definition 4.24 Ein zusammenhängender Graph heißt *Baum,* wenn er keine echten Kreise enthält.

Bemerkung 4.25 Es ist recht leicht einzusehen, dass eine Kante genau dann eine Brücke ist, wenn sie in keinem echten Kreis vorkommt. Wenn Sie dies nicht glauben, dann können Sie es gerne als Übung zeigen. Damit ist ein zusammenhängender Graph G genau dann ein Baum, wenn jedes $k \in K(G)$ eine Brücke ist.

Beispiel 4.26 Die Strukturformel für Ethanol ist ein Baum:

$$
\begin{array}{c}
\text{H} \\
| \\
\text{H} - \text{C} - \text{H} \\
| \\
\text{H} - \text{C} - \text{H} \\
| \\
\text{O} \\
\backslash \\
\text{H}
\end{array}
$$

Lemma 4.27 *Jeder zusammenhängende Graph G besitzt einen Baum als aufspannenden Teilgraphen. Ein solcher Teilgraph wird* aufspannender Baum *genannt.*

Beweis Besitzt G nur Brücken als Kanten, sind wir fertig, da dann nach Bemerkung 4.25 G selbst ein Baum ist. Besitzt G nicht nur Brücken als Kanten, so gibt es eine Kante $k \in K(G)$, die keine Brücke ist. Entfernen wir diese Kante k, erhalten wir einen aufspannenden zusammenhängenden (da k keine Brücke ist) Teilgraphen G_1 von G. Wieder ist G_1 entweder ein Baum, und wir sind fertig, oder es existiert eine Kante, die keine Brücke in G_1 ist.

Entfernen wir nun sukzessive Kanten, die keine Brücken sind, so erhalten wir eine Folge von aufspannenden zusammenhängenden Teilgraphen $G_1, G_2, G_3, \ldots$ von G. Da G nur endlich viele Kanten besitzt, ist diese Folge endlich, und wir erhalten einen zusammenhängenden aufspannenden Teilgraphen G_r von G, der nur Brücken als Kanten besitzt – und insbesondere keine Kreise hat. Damit ist G_r ein aufspannender Baum von G. Dieses Verfahren zur Konstruktion eines aufspannenden Baumes wird in Abb. 4.2 an einem Beispiel durchgeführt.   □

Beispiel 4.28 Hier sind zwei Beispiele für aufspannende Bäume:

ist ein aufspannender Baum von K_4.

ist ein aufspannender Baum von K_5.

Zu entscheiden, ob ein gegebener Graph ein Baum ist oder nicht, ist meistens recht einfach. Der folgende Satz macht diese Entscheidung noch einfacher.

Satz 4.29 *Sei G ein zusammenhängender Graph auf n Ecken. Dann ist G genau dann ein Baum, wenn* $|K(G)| = n - 1$ *gilt.*

Beweis Wir beweisen die beiden nötigen Implikationen.

$\Rightarrow$ Sei also G ein Baum auf n Ecken. Wir beweisen die Aussage über die Anzahl von Kanten per Induktion über n.

Abb. 4.2 Der Beweis von 4.27 veranschaulicht am Beispiel des „Haus vom Nikolaus"-Graphen G. Es werden sukzessive Kanten entfernt, die keine Brücken sind. Die Brücken kennzeichnen wir rot. Nach vier Schritten ist ein Graph entstanden, der nur aus Brücken besteht. Dieser ist ein aufspannender Baum von G

Induktionsanfang: Für $n = 1$ gibt es nur einen Baum mit einer Ecke (nämlich •). Dieser hat $0 = 1 - 1$ Kanten. Damit ist der Induktionsanfang gezeigt.

Induktionsvoraussetzung: Für beliebiges, aber festes $n \in \mathbb{N}$ gelte, dass jeder Baum auf n Ecken genau $n - 1$ Kanten besitzt.

Induktionsschritt: Wir wollen die Aussage nun für Bäume mit $n + 1$ Ecken beweisen, wobei wir die Induktionsvoraussetzung benutzen dürfen. Sei also G ein Baum auf $n + 1$ Ecken. Dann gibt es ein $e \in E(G)$ mit $d(e) = 1$, denn sonst gäbe es nach Lemma 4.23 einen echten Kreis in G. Sei $k \in K(G)$ die eindeutige Kante mit Endpunkt e, und sei $G \setminus \{k\}$ der Graph, der aus G durch Entfernen von k entsteht. Da G zusammenhängend ist, besitzt $G \setminus \{k\}$ genau zwei Zusammenhangskomponenten. Eine ist gegeben durch die isolierte Ecke e und die andere nennen wir G'. Nun ist G' zusammenhängend, besitzt keine echten Kreise (sonst gäbe es auch in G echte Kreise) und besitzt genau n Ecken. Damit ist G' ein Baum auf n Ecken und nach Induktionsvoraussetzung gilt $|K(G')| = n - 1$.

Nach Konstruktion besitzt G' aber genau eine Kante weniger als G. Damit ist $|K(G)| = n - 1 + 1 = (n + 1) - 1$. Das war zu zeigen.

$\Leftarrow$ Sei nun G ein zusammenhängender Graph auf n Ecken mit $|K(G)| = n - 1$. Nach Lemma 4.27 gibt es einen aufspannenden Baum T von G. Aus der gerade bewiesenen Implikation, folgt für diesen Baum $|K(T)| = n - 1 = |K(G)|$. Aber es gilt auch $K(T) \subseteq K(G)$. Damit muss gelten $K(T) = K(G)$. Da T ein aufspannender Baum von G ist, gilt damit $G = T$ ist ein Baum. $\square$

Zusammenfassung

- Der Graph mit n Ecken, in dem es (genau) eine Kante zwischen allen Punkten gibt, wird mit K_n bezeichnet.
- Ein Graph heißt bipartit, wenn Sie ihn so zeichnen können, dass manche Ecken links stehen, die anderen Ecken rechts stehen und jede Kante eine Ecke links mit einer Ecke rechts verbindet.
- Das ist äquivalent zur Aussage, dass jeder Rundweg durch den Graphen eine gerade Anzahl von Kanten durchläuft.
- Ein Baum ist ein kleinster zusammenhängender Graph. Wenn Sie also irgendeine Kante aus einem Graphen ausradieren, ist der Graph nicht mehr zusammenhängend. Das ist genau dann der Fall, wenn der Graph n Ecken und $n - 1$ Kanten besitzt (und natürlich zusammenhängend ist).

4.3   Eulersche und hamiltonsche Graphen

Wir kommen nun zu unserem Ausgangsbeispiel, dem Königsberger Brückenproblem, zurück. Wir werden für jede mögliche Anordnung von Brücken ein einfaches Kriterium herleiten, das uns ermöglicht zu entscheiden, ob es einen Rundweg gibt, der jede Brücke genau einmal benutzt, oder nicht.

Definition 4.30 Ein Weg in einem Graphen G heißt *eulersch,* wenn er jede Kante von G genau einmal benutzt. Ein Graph G heißt *eulersch,* wenn es einen eulerschen Kreis in G gibt.

Bemerkung 4.31 Dass es in einem Graphen einen eulerschen Weg gibt, heißt, dass wir den Graphen zeichnen können, ohne den Stift abzusetzen und ohne eine Kante doppelt zu zeichnen. Wir wissen also schon seit dem Kindergarten, dass es in dem folgenden Graphen einen eulerschen Weg gibt:

Aber ist der Graph eulersch? Das nächste Theorem zeigt, dass der Graph nicht eulersch ist.

Theorem 4.32 *Ein zusammenhängender Graph G ist genau dann eulersch, wenn jede Ecke von G geraden Grad besitzt.*

Beweis Wie immer bei „genau dann wenn"-Aussagen müssen wir zwei Richtungen beweisen.

$\Rightarrow$ Sei also G eulersch. Wir wollen zeigen, dass $d(e)$ für alle $e \in E(G)$ eine gerade Zahl ist. Nach Voraussetzung existiert ein eulerscher Kreis

$$e_1, k_1, e_2, \ldots, k_n, \underbrace{e_{n+1}}_{=e_1} .$$

Da jede Kante von G in diesem Kreis vorkommt und G zusammenhängend ist, kommt auch jede Ecke von G in diesem Kreis vor. Wir schreiben den Kreis etwas unorthodox als

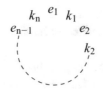

Für jedes e_i mit $i \in \{1, \ldots, n\}$ trägt jede Kante links und rechts von e_i genau 1 zum Grad von e_i bei. Damit gilt für jedes $e \in E(G)$

$$d(e) = 2 \cdot |\{i \in \{1, \ldots, n\} | e_i = e\}|.$$

Insbesondere ist somit $d(e)$ eine gerade Zahl.

$\Leftarrow$ Wir müssen zeigen, dass jeder zusammenhängende Graph, in dem alle Ecken geraden Grad haben, eulersch ist. Wir argumentieren mit einem Widerspruchsbeweis und nehmen an, die Aussage wäre falsch. Dann gibt es Graphen, in denen jede Ecke geraden Grad hat, die aber nicht eulersch sind. Sei G ein Graph unter allen diesen Graphen mit einer minimalen Anzahl von Kanten. Da der zusammenhängende Graph ohne Kanten ($\bullet$) sicher eulersch ist, gilt $|K(G)| \geq 1$.

Da G zusammenhängend ist, hat jede Ecke mindestens Grad eins. Nach Voraussetzung ist aber jeder Grad eine gerade Zahl, und somit folgt $d(e) \geq 2$ für alle $e \in E(G)$. Mit Lemma 4.23 wissen wir, dass es einen echten Kreis in G gibt. Sei C ein längster echter Kreis in G. Das bedeutet, dass es keinen echten Kreis in G gibt, der mehr Kanten benutzt als C.

Wir behaupten, dass C ein eulerscher Kreis ist und beweisen dies schon wieder per Widerspruchsbeweis. Angenommen C wäre nicht eulersch. Sei G' der Teilgraph von G, der durch Entfernen aller Kanten aus C entsteht. Dann gibt es eine Zusammenhangskomponente G'' von G', die mindestens eine Kante enthält. Da G zusammenhängend ist, muss es eine Ecke e in G'' geben, die auch in C vorkommt. In der ersten Implikation haben wir bewiesen, dass jede Ecke aus einem Kreis einen geraden Grad hat. Da wir die Kanten eines Kreises aus G entfernt haben, haben immer noch alle Ecken in G' und somit in G'' einen geraden Grad. Weiter besitzt G'' weniger Kanten als G und ist damit nach Voraussetzung eulersch. Es gibt also einen eulerschen Kreis C' in G''. Laufen wir nun von e aus erst den Kreis C' und dann den Kreis C, so erhalten wir einen echten Kreis in G, der länger ist als C. Aber C ist ein längster Kreis in G! Dies ist ein Widerspruch. Also muss unsere Annahme falsch gewesen sein, und C ist tatsächlich ein eulerscher Kreis.

Kommen wir nun zurück zum eigentlichen Beweis. Wir haben gezeigt, dass es in G einen eulerschen Kreis gibt. Unsere Annahme war aber, dass G nicht eulersch ist. Dies ist ein Widerspruch, und wir haben gezeigt, dass jeder zusammenhängende Graph, in dem alle Ecken geraden Grad haben, eulersch ist. $\qquad\square$

Bemerkung 4.33 Der gerade geführte Beweis ist etwas verschachtelt, benutzt aber eine oft sehr hilfreiche Beweisstrategie. Die Hauptidee ist, dass wenn es ein Gegenbeispiel zu einer Aussage gibt, dann gibt es auch ein kleinstes Gegenbeispiel. Im Prinzip ist der Beweis nichts anderes als eine vollständige Induktion über die Anzahl von Kanten.

Korollar 4.34 *Ein zusammenhängender Graph G besitzt genau dann einen eulerschen Weg,
wenn es maximal zwei Ecken in G gibt, die ungeraden Grad haben.*

Beweis Es ist nicht möglich, dass genau eine Ecke in G ungeraden Grad besitzt (siehe
Satz 4.12). Damit ist nach Theorem 4.32 noch zu zeigen:

$$G \text{ ist nicht eulersch, aber besitzt einen eulerschen Weg.} \tag{4.2}$$

$$\Longleftrightarrow \text{ Es gibt genau zwei Ecken in } G \text{ mit ungeradem Grad.} \tag{4.3}$$

Nun sind aber die Graphen aus (4.2) genau diejenigen, die aus einem eulerschen Graphen
durch Entfernen einer Kante (die keine Schleife ist) entstehen. Die Graphen aus (4.3) sind
genau diejenigen, die aus einem Graphen, in dem jede Ecke geraden Grad besitzt, durch
Entfernen einer Kante (die keine Schleife ist) entstehen. Mit Theorem 4.32 sind damit tatsächlich beide Aussagen äquivalent. $\square$

Kommen wir nun zu etwas scheinbar ganz Ähnlichem.

Definition 4.35 Ein Weg in einem Graphen G heißt *hamiltonsch,* wenn er jede Ecke
von G genau einmal benutzt. Ein Graph G heißt *hamiltonsch,* wenn es einen hamiltonschen Kreis in G gibt. Anders formuliert ist ein Graph hamiltonsch, wenn es einen Kreis
$e_1, k_1, e_2, \ldots, e_n, k_n, e_1$ gibt mit $e_i \neq e_j$ für alle $i \neq j \in \{1, \ldots, n\}$ und $\{e_1, \ldots, e_n\} =
E(G)$.

Beispiel 4.36 Jeder vollständige Graph K_n ist hamiltonsch. Der vollständige bipartite Graph
$K_{n,k}$ ist genau dann hamiltonsch, wenn $n = k$ ist.

Bemerkung 4.37 Es ist ganz einfach zu entscheiden, ob ein Graph eulersch ist oder nicht.
Wir müssen lediglich die Grade aller Ecken bestimmen und überprüfen, ob diese alle gerade
sind. Da sich die Definitionen von hamiltonsch und eulersch nur in der Vertauschung der
Wörter *Ecken* und *Kanten* unterscheiden, könnte man meinen, dass es ähnlich einfach ist
zu bestimmen, ob ein Graph hamiltonsch ist. Dies ist leider nicht der Fall. Tatsächlich ist
die Frage, ob es ein Verfahren gibt, welches „schnell" entscheiden kann, ob ein gegebener
Graph hamiltonsch ist oder nicht, eines der schwierigsten Probleme der Mathematik! Ob
es so ein Verfahren gibt oder nicht, ist eines der Milleniumsprobleme der Mathematik[4]. Sie
können also mit einer Lösung 10^7 US\$ Preisgeld gewinnen.

---

[4]Die beschriebene Frage ist äquivalent zum Problem ob $P = NP$ gilt. Dies ließe sich verrückterweise
auch zeigen, indem man einem PC beibringt, optimal das Spiel *Candy Crush* zu spielen. Ein schöner
Artikel über die Möglichkeit mit Candy Crush eines der wichtigsten mathematischen Probleme zu
lösen ist [15].

Biografische Anmerkung: Der irische Mathematiker, Astronom und Physiker *William Rowan Hamilton* (1804–1865) war ein echtes Wunderkind. Mit 13 Jahren beherrschte er bereits zwölf Sprachen. An seiner Universität, dem Trinity College in Dublin, war er mit so großem Abstand der beste Student, dass er bereits vor seinem Studienabschluss zum Professor ernannt wurde.

Zusammenfassung

- Ein zusammenhängender Graph kann genau dann in einem Zuge gezeichnet werden, ohne eine Kante mehrfach zu zeichnen, wenn maximal zwei Ecken des Graphen einen ungeraden Grad haben (wie beim „Haus vom Nikolaus").
- Falls alle Ecken geraden Grad besitzten, dann kann der Graph so gezeichnet werden wie eben, mit der zusätzlichen Eigenschaft, dass man beim Zeichnen da aufhört, wo man auch angefangen hat. In diesem Fall heißt der Graph eulersch.

4.4 Färbungen und planare Graphen

Wir werden hier unter anderem Folgendes zeigen: Wenn sich sechs Personen treffen, so gibt es unter diesen stets drei Personen, die sich alle untereinander kennen oder drei Personen, die sich alle gegenseitig nicht kennen. Dabei betrachten wir den vollständigen Graphen K_6, der als Ecken genau die sechs Personen besitzt. Ob sich zwei Personen kennen oder nicht, können wir in diesem Graphen durch eine *Färbung* der Kanten kennzeichnen. Zum Beispiel, indem eine blaue Kante zwischen zwei Ecken angibt, dass sich die entsprechenden Personen kennen, und eine rote Kante angibt, dass sich die entsprechenden Personen nicht kennen.

Definition 4.38 Sei G ein Graph. Eine n-Kantenfärbung von G ist eine Abbildung $\Psi : K(G) \longrightarrow T$, wobei T eine n-elementige Menge ist. Die Elemente aus T heißen *Farben*. Eine Kante $k \in K(G)$ hat Farbe c genau dann, wenn $\Psi(k) = c$ gilt. Ein Teilgraph G' von G heißt *einfarbig,* wenn für alle $k, k' \in K(G')$ gilt $\Psi(k) = \Psi(k')$.

Satz 4.39 *Sei* $\Psi : K(K_6) \longrightarrow \{rot, blau\}$ *eine beliebige 2-Färbung. Dann besitzt K_6 einen einfarbigen Teilgraphen, der isomorph zu K_3 ist.*

Beweis Sei $e \in E(K_6)$ beliebig. Da $d(e) = 5$ ist, gibt es drei Kanten k_1, k_2, k_3 mit Endpunkt e, die alle dieselbe Farbe haben. Sagen wir $\Psi(k_1) = \Psi(k_2) = \Psi(k_3) = $ rot. Seien e_1, e_2, e_3 die anderen Endpunkte von k_1, k_2, k_3. Weiter sei k_{12} die Kante zwischen e_1 und e_2 und entsprechend seien auch die Kanten k_{13}, k_{23} definiert.

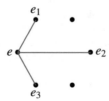

1. *Fall:* Es ist $\Psi(k_{ij}) = $ rot für ein $(i, j) \in \{(1, 2), (1, 3), (2, 3)\}$. Dann bilden die Ecken e, e_i, e_j mit den Kanten k_i, k_j, k_{ij} einen einfarbigen (roten) K_3.

2. *Fall:* Es ist keine der Kanten k_{ij} rot. Dann ist $\Psi(k_{ij}) = $ blau für alle Elemente $(i, j) \in \{(1, 2), (1, 3), (2, 3)\}$. Somit bilden die Ecken e_1, e_2, e_3 zusammen mit den Kanten k_{12}, k_{13}, k_{23} einen einfarbigen (blauen) K_3.

Es tritt sicher einer der beiden Fälle ein. Damit sind wir fertig.   □

Bemerkung 4.40 Der Satz ist falsch, wenn wir K_6 durch K_5 ersetzen, wie die folgende 2-Färbung zeigt:

Theorem 4.41 (Ramsey) *Sei $(r, b) \in \mathbb{N} \times \mathbb{N}$. Es gibt eine kleinste natürliche Zahl $R(r, b)$ mit folgender Eigenschaft:*

Bei jeder 2-Kantenfärbung $\Psi : K(K_{R(r,b)}) \longrightarrow \{blau, rot\}$ von $K_{R(r,b)}$ gibt es ein blaues K_b oder ein rotes K_r als Teilgraph von $K_{R(r,b)}$.

Beweis Das Theorem lässt sich per Induktion über $n = r + b$ beweisen. Zunächst eine Vorbemerkung: Da bei jeder Kantenfärbung eines Graphens ohne Kanten alle Kanten sowohl blau als auch rot sind (die leere Aussage ist immer wahr!), ist K_1 stets sowohl rot als auch blau. Es folgt: $R(r, 1) = R(1, b) = 1$ für alle natürlichen Zahlen r, b.

Induktionsanfang: Sei $n = r + b = 2$ (der Fall $n = 1$ ist nicht möglich). Dann ist $r = 1 = b$, und nach unserer Vorbemerkung ist $R(1, 1) = 1$.

Induktionsschritt: Sei also $r + b = n + 1$ und die Aussage bewiesen für alle Paare (r, b) mit $r + b = n$. Ist eine der Zahlen r, b gleich 1, sind wir wieder fertig. Für $r, b \geq 2$ zeigen wir gleich, dass die natürliche Zahl $R(r - 1, b) + R(r, b - 1)$ die geforderte Eigenschaft des Theorems erfüllt. Damit gibt es eine natürliche Zahl, die diese Eigenschaft besitzt und insbesondere gibt es eine kleinste solche Zahl.

Wir wollen also zeigen, dass jede 2-Kantenfärbung auf dem vollständigen Graphen auf $R(r-1, b) + R(r, b-1)$ Ecken stets einen roten Teilgraphen K_r oder einen blauen Teilgraphen K_b enthält. Sei also irgendeine 2-Kantenfärbung auf $K_{R(r-1,b)+R(r,b-1)}$ gegeben. Für den Beweis wählen wir eine beliebige Ecke $e \in E(K_{R(r-1,b)+R(r,b-1)})$. Sei nun R_e die Menge aller Ecken aus $K_{R(r-1,b)+R(r,b-1)}$, die mit e durch eine rote Kante verbunden sind. Genauso sei B_e die Menge aller Ecken aus $K_{R(r-1,b)+R(r,b-1)}$, die mit e durch eine blaue Kante verbunden sind. Da die Vereinigung von R_e, B_e und $\{e\}$ die Menge aller Ecken von $K_{R(r-1,b)+R(r,b-1)}$ ist (und die Mengen offensichtlich disjunkt sind), ist insbesondere $|R_e| + |B_e| = R(r-1, b) + R(r, b-1) - 1$. Damit ist sicher $|R_e| \geq R(r-1, b)$ oder $|B_e| \geq R(r, b-1)$. Im Folgenden nehmen wir $|B_e| \geq R(r, b-1)$ an; im anderen Fall wird der Beweis ganz genauso zu Ende geführt. Nach der Induktionsvoraussetzung gibt es auf dem vollständigen Graphen mit den Ecken B_e einen blauen Teilgraphen K_{b-1} oder einen roten Teilgraphen K_r. Im zweiten Fall haben wir einen roten Teilgraphen K_r von $K_{R(r-1,b)+R(r,b-1)}$ gefunden, und wir sind fertig. Im ersten Fall gibt es einen blauen Teilgraphen K_{b-1}, sodass alle Ecken von diesem K_{b-1} durch eine blaue Kante mit e verbunden sind. Damit ist der vollständige Graph mit den Ecken $B_e \cup \{e\}$ ein blauer Teilgraph K_b. Damit ist die Behauptung bewiesen. $\square$

Bemerkung 4.42 In Satz 4.39 und Bemerkung 4.40 haben wir gezeigt, dass $R(3, 3) = 6$ gilt. Es lässt sich auch $R(4, 4) = 18$ zeigen. Für alle größeren k ist $R(k, k)$ unbekannt! Man kann allerdings zeigen, dass $43 \leq R(5, 5) \leq 49$ gilt. Dank kombinatorischer Explosion gibt es so viele 2-Kantenfärbungen des K_{43}, dass es bis heute nicht möglich ist, alle diese Färbungen auf die Existenz eines einfarbigen K_5 zu testen. Aus dem Beweis von Theorem 4.41 folgert man recht leicht $R(k, k) \leq \binom{2k-2}{k-1}$. Im folgenden Satz berechnen wir auch eine untere Schranke für den Wert $R(k, k)$.

Satz 4.43 *Für alle $k \geq 2$ gilt $R(k, k) > 2^{k/2}$.*

Beweis Die Aussage ist trivial für $k = 2$ und für $R(3, 3) = 6$ haben wir sie auch schon gezeigt. Wir können also ohne weiteres $k \geq 4$ annehmen.

Wir wählen zwei Farben und einen vollständigen Graphen K_n. Wir wollen zeigen, dass es für $n \leq 2^{k/2}$ eine 2-Kantenfärbung auf K_n gibt, die keinen einfarbigen Untergraphen K_k besitzt. Dies ist natürlich der Fall, wenn $n < k$ ist, da es in diesem Fall überhaupt keinen K_k als Untergraphen gibt. Damit soll $k \leq n \leq 2^{k/2}$ gelten. Da wir $k \geq 4$ annehmen, existiert so ein n auch tatsächlich.

Sei nun Ω die Menge aller 2-Kantenfärbungen auf K_n. Dann ist $|\Omega| = 2^{\binom{n}{2}}$, was Sie sich gerne als Übung überlegen können. Uns interessiert die folgende Menge

$$A = \{\Psi \in \Omega | \exists \text{ ein Teilgraph } K_k \subseteq K_n, \text{ sodass } \Psi \text{ konstant ist auf } K(K_k)\}.$$

Diese Menge wollen wir etwas umformulieren. Für jede Teilmenge $S \subseteq E(K_n)$ mit $|S| = k$ sei $K_k(S)$ der vollständige Graph auf den Ecken S. Dies ist natürlich ein Teilgraph der isomorph zu K_k ist. Damit können wir A umschreiben als

$$A = \{\Psi \in \Omega | \exists S \subseteq E(K_n), \ |S| = k, \ \Psi \text{ ist konstant auf } K(K_k(S))\}$$

$$= \bigcup_{\{S \subseteq E(K_n)| \ |S|=k\}} \{\Psi \in \Omega | \Psi \text{ ist konstant auf } K_k(S)\}.$$

Wir berechnen die Kardinalitäten der Mengen in der Vereinigung. Sei dazu S wie eben. Der Graph $K_k(S)$ hat genau $\binom{k}{2}$ Kanten. Diese können wir auf zwei Arten einfarbig färben (wir haben ja nur zwei Farben zur Verfügung). Die restlichen $\binom{n}{2} - \binom{k}{2}$ Kanten von K_n können wir dann beliebig färben, ohne die Färbung von $K_k(S)$ zu verändern. Da wir zwei Farben zur Verfügung haben, gibt es für jede dieser Kanten zwei Möglichkeiten – also insgesamt $2 \cdot 2^{\binom{n}{2} - \binom{k}{2}}$ Möglichkeiten den K_n mit zwei Farben zu färben, sodass $K_k(S)$ einfarbig ist. Es ist also

$$|\{\Psi \in \Omega | \Psi \text{ ist konstant auf } K_k(S)\}| = 2 \cdot 2^{\binom{n}{2} - \binom{k}{2}}. \tag{4.4}$$

Zusammengenommen erhalten wir

$$|A| = \left| \bigcup_{\{S \subseteq E(K_n)| \ |S|=k\}} \{\Psi \in \Omega | \Psi \text{ ist konstant auf } K_k(S)\} \right|$$

$$\leq \sum_{\{S \subseteq E(K_n)| \ |S|=k\}} |\{\Psi \in \Omega | \Psi \text{ ist konstant auf } K_k(S)\}|$$

$$\overset{(4.4)}{=} \binom{n}{k} \cdot 2 \cdot 2^{\binom{n}{2} - \binom{k}{2}} = \binom{n}{k} \cdot 2^{1 - \binom{k}{2}} \cdot \underbrace{2^{\binom{n}{2}}}_{=|\Omega|}. \tag{4.5}$$

In der letzten Zeile haben wir die Definition des Binomialkoeffizienten benutzt, da es genau $\binom{n}{k}$ verschiedene k-elementige Teilmengen S von $E(K_n)$ gibt. Es ist

$$\binom{n}{k} = \frac{n!}{k! \cdot (n-k)!} = \frac{n \cdot (n-1) \cdot \ldots (n-k+1)}{2 \cdot 3 \cdot \ldots k} < \frac{n^k}{2^{k-1}},$$

was eine extrem grobe Abschätzung darstellt. Setzen wir dies in (4.5) ein, erhalten wir

$$|A| < \frac{n^k \cdot 2}{2^{k-1} \cdot 2^{\frac{k \cdot (k-1)}{2}}} \cdot |\Omega|.$$

Mit $n \leq 2^{k/2}$ und $k \geq 4$ folgt daraus $|A| < |\Omega|$. Insbesondere gibt es also ein Element $\Psi \in \Omega \setminus A$. Das heißt nichts anderes, als dass es eine 2-Kantenfärbung von K_n gibt, sodass es keine einfarbigen Teilgraphen isomorph zu K_k gibt. Das war zu zeigen. $\square$

Die Wahl unserer Bezeichnungen deutet darauf hin, dass wir hier eigentlich Wahrscheinlichkeiten berechnet haben. Betrachten wir den Wahrscheinlichkeitsraum Ω aus dem gerade
geführten Beweis zusammen mit der Gleichverteilung p, dann haben wir gesehen, dass
$p[A] < 1$ ist. Die Wahrscheinlichkeit dafür, dass eine zufällig gewählte 2-Kantenfärbung
einen einfarbigen Teilgraphen K_k liefert, ist also echt kleiner als 1. Damit muss es eine
2-Kantenfärbung geben, die die Bedingung nicht erfüllt. Wenn Wahrscheinlichkeitstheorie
benutzt wird, um zu zeigen, dass etwas existieren muss, nennt man das auch einen *probabi-
listischen Beweis*.

Definition 4.44 Sei G ein Graph. Eine *n-Eckenfärbung* von G ist eine Abbildung Ψ :
$E(G) \longrightarrow T$ mit $|T| = n$. Eine solche Färbung heißt *zulässig,* wenn für benachbarte
$e, f \in E(G)$ stets $\Psi(e) \neq \Psi(f)$ gilt. Das bedeutet nichts anderes, als dass zwei benachbarte
Ecken stets unterschiedliche Farben haben.

Bemerkung 4.45 Ein Graph G besitzt nur dann keine zulässige Eckenfärbung, wenn er eine
Schleife besitzt. Denn besitzt er eine Schleife, so ist ein $e \in E(G)$ mit sich selbst benachbart,
aber es gilt natürlich $\Psi(e) = \Psi(e)$. Ist andererseits G schleifenfrei, so können wir jede Ecke
mit einer anderen Farbe einfärben und erhalten sicher eine zulässige $|E(G)|$-Eckenfärbung
von G.

Definition 4.46 Für einen schleifenfreien Graphen G ist die *Farbzahl* $\chi(G)$ die kleinste
natürliche Zahl für die G eine zulässige $\chi(G)$-Eckenfärbung besitzt.

Bemerkung 4.47 Wie in der letzten Bemerkung festgestellt ist $\chi(G) \leq |E(G)|$ für jeden
schleifenfreien Graphen G.

Beispiel 4.48 Zwei einfache Beispiele:

* Es ist $\chi(K_n) = n$ für alle $n \in \mathbb{N}$. Denn in K_n ist jede Ecke mit jeder anderen benachbart.
  Damit muss in einer zulässigen Eckenfärbung jede Ecke eine andere Farbe erhalten.
* Ist G bipartit mit Eckenmenge $E(G) = L \cup R$, so ist $\chi(G) = 2$. Zur Erinnerung: L und
  R sind disjunkt und keine zwei Ecken aus L beziehungsweise aus R sind benachbart.
  Betrachten wir nun die 2-Eckenfärbung

$$\Psi : E(G) \longrightarrow \{l, r\} \quad ; \quad e \mapsto \begin{cases} l \text{ falls } e \in L, \\ r \text{ falls } e \in R, \end{cases}$$

so ist diese offensichtlich zulässig.

Definition 4.49 Ein Graph heißt *planar,* wenn er eine Visualisierung besitzt, in der sich
keine zwei Kanten schneiden.

Bemerkung 4.50 Wenn Sie sich die obige Definition eines planaren Graphens merken, ist das vollkommen ausreichend. Natürlich kann man die Definition aber auch streng formal angeben. Dann ist ein Graph planar, wenn er isomorph ist zu einem Graphen $G(E, K, \varphi)$ mit den folgenden Eigenschaften:

- $E \subseteq \mathbb{R}^2$,
- $K \subseteq \{f : [0, 1] \longrightarrow \mathbb{R}^2 \mid f$ ist stetig und injektiv auf $(0, 1)\}$,
- $\varphi(f) = \{f(0), f(1)\}$,
- $f(\delta) = g(\varepsilon)$ für $f \neq g \in K$ impliziert $\delta, \varepsilon \in \{0, 1\}$.

Beispiel 4.51 Das „Haus vom Nikolaus" ist planar, da es isomorph ist zu dem Graphen

Definition 4.52 Sei G planar, dann unterteilen die Kanten von G die Ebene in Gebiete, die wir Flächen von G nennen. Die Anzahl der Flächen von G bezeichnen wir konsequenterweise mit $|F(G)|$.

Der Graph aus Beispiel 4.51 hat fünf Flächen. Beachten Sie, dass es immer eine „äußere" Fläche gibt.

Es ist nicht ohne Weiteres klar, dass die Anzahl von Flächen unabhängig ist von der Visualisierung des Graphen. Der folgende Satz sagt uns aber, dass dies tatsächlich der Fall ist.

Eulersche Formel 4.53 *Sei G ein zusammenhängender planarer Graph. Dann gilt*

$$|K(G)| + 2 = |F(G)| + |E(G)|. \tag{4.6}$$

Beweis Wir stellen zunächst fest, dass jeder Baum planar ist. Da ein Baum G keine echten Kreise enthält, gibt es nur die äußere Fläche. Also gilt $|F(G)| = 1$. Weiter ist mit Satz 4.29 $|K(G)| = |E(G)| - 1$. Damit sehen wir, dass (4.6) für Bäume erfüllt ist.

Den Rest beweisen wir per Induktion über $n = |E(G)| + |K(G)|$.

Induktionsanfang: Ist $n = 1$, so ist G der Graph, der nur eine Ecke und keine Kante besitzt. Dieser ist ein Baum, und der Induktionsanfang ist erledigt.

Induktionsvoraussetzung: Für beliebiges, aber festes $n \in \mathbb{N}$ gelte (4.6) für jeden planaren zusammenhängenden Graphen G mit $|E(G)| + |K(G)| = n$.

Induktionsschritt: Sei nun G ein zusammenhängender planarer Graph, und es sei $|E(G)| + |K(G)| = n + 1$. Ist G ein Baum, so sind wir fertig. Ist G kein Baum, so gibt es einen echten Kreis in G. Sei k eine beliebige Kante in so einem Kreis und sei G' der Graph, der entsteht, wenn wir die Kante k aus G entfernen. Die Kante k ist keine Brücke, somit ist G' immer noch zusammenhängend und planar. Da k in einem Kreis vorkommt, trennt k zwei Flächen von G. Damit werden durch Entfernung von k genau zwei Flächen zu einer zusammengefügt. Es ist also $|F(G')| = |F(G)| - 1$. Natürlich gilt auch $|E(G')| = |E(G)|$ und $|K(G')| = |K(G)| - 1$. Auf G' dürfen wir also die Induktionsvoraussetzung anwenden und erhalten

$$\underbrace{|K(G')|}_{=|K(G)|-1} + 2 = \underbrace{|F(G')|}_{=|F(G)|-1} + \underbrace{|E(G')|}_{=|E(G)|}.$$

Damit gilt (4.6) auch für G. Das war zu zeigen. $\qquad\square$

Korollar 4.54 *Die Graphen K_5 und $K_{3,3}$ sind nicht planar.*

Beweis Wir zeigen die Aussage nur für K_5. Es ist $|E(K_5)| = 5$ und $|K(K_5)| = \binom{5}{2} = 10$. Wäre K_5 planar, so wäre mit der eulerschen Formel (4.6)

$$|F(K_5)| = 10 + 2 - 5 = 7. \qquad (4.7)$$

Wir wissen aber, dass K_5 einfach ist. Damit ist jede Fläche durch mindestens 3 Kanten begrenzt. Weiter kann eine Kante maximal 2 verschiedene Flächen begrenzen. Damit erhalten wir

$$|F(K_5)| \le 2 \cdot \frac{|K(K_5)|}{3} = \frac{20}{3} < 7.$$

Dies ist ein Widerspruch zu (4.7) und somit zur Annahme, dass K_5 planar ist. Es folgt, dass K_5 nicht planar ist. $\qquad\square$

Theorem 4.55 (Vierfarbensatz) *Für jeden schleifenfreien planaren Graphen G gilt die Ungleichung $\chi(G) \le 4$.*

Beweis Der Beweis dieses Satzes ist sehr aufwendig und beinhaltet einen starken Einsatz von Computern, um gewisse (viele) Fälle von planaren Graphen zu testen. Er wird also hier nicht geführt.

Es ist allerdings gut möglich den *Sechsfarbensatz* zu beweisen, also dass unter den genannten Voraussetzungen $\chi(G) \le 6$ gilt. Dazu überlegt man sich zunächst, dass Mehrfachkanten keinen Einfluss auf die Zulässigkeit einer Eckenfärbung haben, da sie die Nachbarschaftsrelation nicht verändern. Wir dürfen also ohne Einschränkung annehmen, dass G einfach ist. Weiter folgt genau wie in Korollar 4.54, dass es mindestens eine Ecke $e \in E(G)$ gibt mit $d(e) \le 5$ (andernfalls wäre $|K(G)| \overset{4.12}{\ge} 3 \cdot |E(G)|$, und wir erhalten einen Widerspruch zur eulerschen Formel). Nun führt man einen Induktionsbeweis über die Anzahl von

Ecken. Falls $|E(G)| \leq 6$ ist, ist die Aussage trivialerweise erfüllt, was unseren Induktionsanfang darstellt. Sei nun G ein einfacher planarer Graph, sodass jeder einfache planare Graph auf $|E(G)| - 1$ Ecken eine zulässige 6-Eckenfärbung besitzt. Wir entfernen nun eine Ecke e, mit $d(e) \leq 5$, aus G, und weiter entfernen wir alle Kanten, die e als Endpunkt haben. Nach Induktionsvoraussetzung besitzt der resultierende Graph eine zulässige 6-Eckenfärbung. Da G aber nur eine Ecke mehr besitzt, und diese Ecke maximal 5 Nachbarn hat, können wir dieser Ecke eine freie Farbe zuordnen und erhalten, dass auch G eine zulässige 6-Eckenfärbung besitzt. $\qquad\qquad\qquad\qquad\qquad\qquad\qquad\qquad\qquad\qquad\qquad\qquad\qquad\qquad$ $\square$

Dieser Satz hat eine interessante Deutung. In jedem Malbuch kann jede Seite vollständig mit vier Farben ausgemalt werden, sodass keine zwei angrenzenden Flächen dieselbe Farbe haben. Dazu fassen wir die Flächen im Malbuch als Ecken eines Graphen auf, sodass zwei Ecken genau dann benachbart sind, wenn die zugehörigen Flächen aneinandergrenzen. Da sich Grenzen im Malbuch nicht überschneiden können, ist dieser Graph planar. Der Vierfarbensatz liefert nun die gewünschte Aussage.

Zusammenfassung

- Eine n-Kantenfärbung ist genau das, was man sich vorstellt: Die Kanten eines Graphen werden mit n Farben angemalt.
- Sei g irgendeine natürliche Zahl. Dann gibt es eine Zahl R_g, sodass es unter R_g zufällig ausgewählten Personen g Personen gibt, die sich alle untereinander kennen oder g Personen gibt die sich alle untereinander nicht kennen.
- Kann man einen Graphen G so auf ein Blatt zeichnen, dass sich keine zwei Kanten überschneiden (dann heißt G planar), dann unterteilt G das Blatt in unterschiedliche Flächen. Es gilt dann

$$|\{\text{Kanten}\}| + 2 = |\{\text{Flächen}\}| + |\{\text{Ecken}\}|.$$

- Der Graph K_5 ist nicht planar.
- Malt man in einem Graphen alle Ecken bunt an, und zwar so, dass benachbarte Ecken unterschiedlich gefärbt sind, dann heißt die kleinste Anzahl von benötigten Farben die Farbzahl des Graphen.
- Für einen zusammenhängenden, planaren Graphen ist die Farbzahl höchstens gleich vier.

Aufgaben

Aufgabe • 42 Zeichnen (visualisieren) Sie den Graphen $G(E, K, \varphi)$ mit: $E = \{a, b, c, d, e, f, g, h, i\}$, $K = \{1, \dots, 12\}$ und φ gegeben durch

$1 \mapsto \{a\}$; $2 \mapsto \{a, c\}$; $3 \mapsto \{a, d\}$; $4 \mapsto \{d, e\}$; $5 \mapsto \{d, e\}$; $6 \mapsto \{d, f\}$;
$7 \mapsto \{c, h\}$; $8 \mapsto \{f, g\}$; $9 \mapsto \{f, h\}$; $10 \mapsto \{f, g\}$; $11 \mapsto \{h, i\}$; $12 \mapsto \{i\}$;

Aufgabe 43 Zeigen Sie, dass die Rückrichtung von Satz 4.10 nicht gilt. Das heißt, zeigen Sie dass es Graphen $G = G(E, K, \varphi)$ und $G' = G'(E', K', \varphi')$ gibt, mit einer bijektiven Abbildung $\Psi : E \longrightarrow E'$ für die gilt:

 (i) $e, f \in E$ sind benachbart $\Longleftrightarrow \Psi(e), \Psi(f) \in E'$ sind benachbart,
 (ii) $d(e) = d(\Psi(e))$ für alle $e \in E$ und
(iii) G und G' sind nicht isomorph.

Aufgabe 44 Bestimmen Sie, ob die folgenden beiden Graphen G und G' isomorph sind. Geben Sie gegebenenfalls eine geeignete Beschriftung der Ecken an, oder begründen Sie, warum die Graphen nicht isomorph sind.

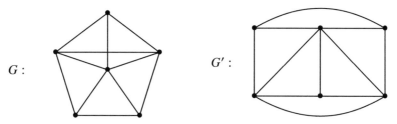

Aufgabe • 45 Sei G ein Graph. Für jedes $k \in K(G)$ bezeichnen wir mit $G \setminus \{k\}$ den Teilgraphen von G, der durch Entfernen der Kante k entsteht.

(a) Beweisen Sie, dass $k \in K(G)$ genau dann eine Brücke ist, wenn es keinen echten Kreis in G gibt, der k benutzt.
(b) Überlegen Sie sich, dass für jedes $k \in K(G)$ der Graph $G \setminus \{k\}$ maximal eine Zusammenhangskomponente mehr besitzt als G.

Aufgabe 46 Für jedes $n \in \mathbb{N}$ sei H_n der n-te Hyperwürfel.

(a) Wie viele Kanten hat H_5?
(b) Beweisen Sie, dass H_n für jedes n bipartit ist.

Aufgabe • 47 Zeigen Sie, dass $K_{3,3}$ isomorph ist zu

Aufgabe • 48 Sei G ein zusammenhängender Graph auf $n \in \mathbb{N}$ Ecken, der genau $n - 1$ Kanten besitzt. Zeigen Sie, dass G bipartit ist.

Aufgabe 49 Sei G ein zusammenhängender Graph. Zeigen Sie, dass es einen Kreis in G gibt, der jede Kante genau zweimal benutzt
    Hinweis: Können Sie G zu einem eulerschen Graphen erweitern?

Aufgabe 50 Es treffen sich $n \geq 3$ Personen. Diese wollen sich der Reihe nach alle per Handschlag begrüßen. Dabei soll eine Person immer exakt zweimal hintereinander eine Hand schütteln. Sind die Personen $S_1, \ldots, S_n$, so soll zum Beispiel gelten S_1 gibt S_2 die Hand, S_2 gibt S_3 die Hand (nun war S_2 zweimal hintereinander dran und es muss mit S_3 weitergehen), S_3 gibt S_1 die Hand, S_1 gibt . . .
    Zeigen Sie, dass sich auf so eine Art und Weise nur dann alle genau einmal per Handschlag begrüßen können, wenn n ungerade ist.

Aufgabe • 51 Lässt sich das folgende Bild zeichnen, ohne eine Linie doppelt zu zeichnen und ohne den Stift abzusetzen?

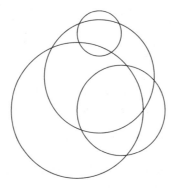

Aufgabe • 52 Geben Sie je einen zusammenhängenden Graphen G an, sodass

- G ist eulersch aber nicht hamiltonsch.
- G ist eulersch und hamiltonsch.
- G ist nicht eulersch aber hamiltonsch.
- G ist weder eulersch noch hamiltonsch.

Aufgabe 53 Hier können Sie unter Anleitung einen komplexen Beweis selber führen. Ziel ist der folgende Satz:
    Satz Ein zusammenhängender einfacher Graph H auf $n \geq 3$ Ecken, sodass $d(e) \geq \frac{n}{2}$ für alle $e \in E(H)$ gilt, ist hamiltonsch.

(a) Sei H wie im Satz. Zeigen Sie, dass zwei Ecken e und f, die nicht benachbart sind, einen gemeinsamen Nachbarn haben.

(b) Angenommen, es gäbe einfache zusammenhängende Graphen auf $n \geq 3$ Ecken mit $d(e) \geq \frac{n}{2}$ für alle Ecken, die nicht hamiltonsch sind. Dann sei G einer dieser Graphen, der eine maximale Anzahl von Kanten besitzt. Zeigen Sie, dass es einen hamiltonschen Weg

$$e_1 k_1 e_2 \ldots k_n e_n \qquad (4.8)$$

in G gibt.

(c) Sei G der Graph aus Teil (b) mit dem angegebenen hamiltonschen Weg (4.8). Beweisen Sie wie in Teil (a), dass es mindestens ein e_i in diesem Weg gibt, sodass e_1 und e_i benachbart sind und e_{i-1} und e_n benachbart sind.

(d) Benutzen Sie Teil (c), um einen hamiltonschen Kreis in G zu konstruieren.

(e) Beweisen Sie nun den Satz per Widerspruchsbeweis.

Aufgabe • 54 Sei T eine zweielementige Menge. Wie viele verschiedene 2-Kantenfärbungen mit den Farben aus T besitzt K_n?

Aufgabe 55 Sei $R(r, b)$ die Zahl aus Theorem 4.41. Zeigen Sie, dass $R(r, b) \leq \binom{r+b-2}{r-1}$ ist.

Hinweis: Folgen Sie dem Beweis des Theorems.

Aufgabe 56 Beweisen Sie, dass $K_{3,3}$ nicht planar ist.

Elementare und modulare Arithmetik

5

Wenn Zahlen nichts Schönes sind, dann weiß ich nicht, was schön sein soll.

Paul Erdős

In der elementaren Arithmetik behandeln wir ein paar Schönheiten, die wahrscheinlich den meisten bereits ansatzweise bekannt sind, wie die eindeutige Primfaktorzerlegung und den euklidischen Algorithmus. In der modularen Arithmetik benutzen wir Teilbarkeitsregeln, um aus den ganzen Zahlen $\mathbb{Z}$ endliche Mengen zu basteln, auf denen wir immer noch sinnvoll addieren und multiplizieren können.

Bevor wir mit der Zahlentheorie anfangen, werden wir ganz kurz die grundlegenden Strukturen der Algebra definieren und die ganzen Zahlen (mithilfe der Peano-Axiome) konstruieren.

5.1 Ein bisschen Algebra

Wir definieren in diesem Abschnitt die wichtigsten Strukturen der Algebra, die wir im Folgenden frei benutzen wollen. Da Sie alle diese Begriffe wahrscheinlich bereits in einer Linearen-Algebra-Vorlesung gelernt haben, handeln wir die Definitionen schnell ab.

Definition 5.1 Sei M eine Menge. Eine *Relation* auf M ist eine Teilmenge $R \subseteq M \times M$. Wir schreiben meistens

$$a \sim_R b \iff (a, b) \in R.$$

© Springer-Verlag GmbH Deutschland, ein Teil von Springer Nature 2019
L. Pottmeyer, *Diskrete Mathematik*,
https://doi.org/10.1007/978-3-662-59663-0_5

Eine Relation R heißt

- *reflexiv*, falls $a \sim_R a$ für alle $a \in M$,
- *symmetrisch*, falls $a \sim_R b \Leftrightarrow b \sim_R a$ für alle $a, b \in M$,
- *transitiv*, falls aus $a \sim_R b$ und $b \sim_R c$ stets $a \sim_R c$ folgt mit $a, b, c \in R$.

Eine Relation R heißt *Äquivalenzrelation*, wenn R alle drei obigen Bedingungen erfüllt. Ist R eine Äquivalenzrelation, so nennen wir für $a \in M$ die Menge

$$[a]_R = \{b \in M \,|\, a \sim_R b\}$$

die *Äquivalenzklasse von a bezüglich R*. Die Menge aller Äquivalenzklassen bezüglich R bezeichnen wir mit $M/\!\sim_R$.

Bemerkung 5.2 Ist die Relation R aus dem Zusammenhang klar (was meistens der Fall ist), so schreiben wir kurz $\sim$ anstatt $\sim_R$ und $[a]$ anstatt $[a]_R$.

Beispiel 5.3 Es folgen einige Beispiele für (Äquivalenz-)Relationen.

(a) Auf jeder Menge M ist die Gleichheit eine Äquivalenzrelation. Diese wird durch $R = \{(a, a) \,|\, a \in M\} \subseteq M \times M$ beschrieben. Die Äquivalenzklassen bestehen dann nur aus einem Element, nämlich $[a] = \{a\}$ für alle $a \in M$.
(b) Sei M die Menge aller Studierenden an Ihrer Universität. Für $a, b \in M$ sei $a \sim b$ genau dann, wenn a und b im gleichen Semester sind. Dann ist $\sim$ eine Äquivalenzrelation und $[a]$ besteht aus allen Personen aus M, die im gleichen Semester sind wie a. Wir stellen sofort fest, dass genau dann $[a] = [b]$ gilt, wenn a und b im selben Semester sind.
(c) Sei G ein Graph mit Eckenmenge E. Wir setzen auf E die Relation

$$e \sim f \quad \Longleftrightarrow \quad e \text{ und } f \text{ sind benachbart.}$$

Dann ist R stets symmetrisch, aber nicht notwendigerweise transitiv oder reflexiv.

Die Relation ist auf G nicht reflexiv und auf G' nicht transitiv.

Lemma 5.4 *Seien M eine Menge und R eine Äquivalenzrelation auf M. Seien weiter $a, b \in M$. Dann gilt:*

(a) *Es ist genau dann $[a]_R = [b]_R$, wenn $a \sim_R b$ ist.*
(b) *Zwei Restklassen $[a]_R$ und $[b]_R$ sind entweder gleich oder disjunkt.*

Beweis Die erste Aussage haben wir anschaulich schon im Beispiel gerade gesehn. Wir beweisen trotzdem noch die nötigen Implikationen.

$\Rightarrow$ Sei also $[a] = [b]$ für gewisse $a, b \in M$. Da R reflexiv ist, gilt $a \in [a] = [b]$. Das bedeutet gerade $b \sim a$. Aus der Symmetrie von R folgt somit $a \sim b$.
$\Leftarrow$ Sei nun $a \sim b$ (und somit auch $b \sim a$). Wir wählen ein beliebiges Element $c \in [a]$. Dieses Element erfüllt per Definition der Äquivalenzklasse $a \sim c$. Die Transitivität von R liefert $b \sim c$ und somit $c \in [b]$. Es folgt, dass $[a] \subseteq [b]$ gilt. Genauso zeigt man auch $[b] \subseteq [a]$. Damit folgt die Aussage aus (a).

Wir beweisen nun (b). Falls $[a]$ und $[b]$ disjunkt sind, ist nichts zu zeigen. Es bleibt also zu zeigen, dass zwei nicht disjunkte Restklassen bereits gleich sind. Seien also $a, b \in M$ so, dass $[a]$ und $[b]$ nicht disjunkt sind. Dann existiert ein $c \in M$ mit $a \sim c$ und $b \sim c$. Da R symmetrisch und transitiv ist, folgt $a \sim b$ und nach Teil (a) gilt $[a] = [b]$. Das war zu zeigen. $\square$

Kommen wir nun wie versprochen zu den Grundstrukturen der Algebra.

Definition 5.5 Sei $G \neq \emptyset$ eine Menge mit einer Verknüpfung $\cdot : G \times G \longrightarrow G$. Wir definieren die folgenden Eigenschaften.

(G1) $(a \cdot b) \cdot c = a \cdot (b \cdot c)$ für alle $a, b, c \in G$.
(G2) Es existiert ein $e \in G$, sodass $a \cdot e = e \cdot a = a$ für alle $a \in G$ gilt.
(G3) Für alle $a \in G$ existiert ein $a^{-1} \in G$ mit $a \cdot a^{-1} = a^{-1} \cdot a = e$.

Sind (G1) und (G2) erfüllt, so nennen wir $(G, \cdot)$ ein *Monoid*. Ein Monoid, das (G3) erfüllt, heißt *Gruppe*. Eine Gruppe $(G, \cdot)$ heißt *endlich*, wenn G eine endliche Menge ist. Gilt zusätzlich noch $a \cdot b = b \cdot a$ für alle $a, b \in G$, so nennen wir $(G, \cdot)$ *kommutativ* oder *abelsch*.

Das Element e heißt auch *neutrales Element* in G und a^{-1} heißt (multiplikatives) *Inverses* von a.

Definition 5.6 Sei $R \neq \emptyset$ eine Menge mit zwei Verknüpfungen $\cdot : R \times R \longrightarrow R$ und $+ : R \times R \longrightarrow R$. Dann heißt $(R, \cdot, +)$ *Ring*[1], falls gilt:

(R1) $(R, +)$ ist eine abelsche Gruppe mit neutralem Element 0,

(R2) $(R, \cdot)$ ist ein Monoid und

(R3) es gilt $a \cdot (b + c) = a \cdot b + a \cdot b$ und $(a + b) \cdot c = a \cdot c + b \cdot c$ für alle $a, b, c \in R$.

Ein Ring R heißt *kommutativ*, falls $(R, \cdot)$ ein kommutatives Monoid ist. Ein kommutativer Ring $(R, \cdot, +)$ heißt *nullteilerfrei*, wenn aus $a \cdot b = 0$ stets $a = 0$ oder $b = 0$ folgt.

Das neutrale Element in $(R, \cdot)$ bezeichnen wir üblicherweise mit 1.

Definition 5.7 Ein kommutativer Ring $(K, \cdot, +)$ mit $K \neq \{0\}$, in dem $(K \setminus \{0\}, \cdot)$ eine Gruppe ist, heißt *Körper*.

Im Folgenden schreiben wir für Gruppen, Ringe und Körper einfach nur G, R, oder K und lassen die explizite Benennung der Verknüpfungen weg.

Lemma 5.8 *Sei R ein Ring und K ein Körper. Dann gilt*

(a) $a \cdot 0 = 0$ für alle $a \in R$.

(b) K ist nullteilerfrei.

Beweis Wir beweisen die zwei Aussagen.

Zu (a): Sei also $a \in R$ beliebig. Dann ist $a = a \cdot 1 = a \cdot (0 + 1) = a \cdot 0 + a$. Da a bezüglich $+$ ein Inverses besitz, folgt $0 = a \cdot 0$.

Zu (b): Sei K ein Körper mit den Verknüpfungen $\cdot$ und $+$. Seien weiter $a, b \in K$ mit $a \cdot b = 0$ und $a \neq 0$. Es existiert per Definition ein Inverses a^{-1} von a. Damit folgt

$$b = 1 \cdot b = a^{-1} \cdot (a \cdot b) = a^{-1} \cdot 0 \overset{(i)}{=} 0.$$

Damit folgt aus $a \cdot b = 0$ immer $a = 0$ oder $b = 0$. Das war zu zeigen. $\square$

---

[1]Oft wird diese Definition auch Ring mit Einselement genannt.

Zusammenfassung

- In einer Gruppe gibt es eine Verknüpfung von Elementen. Dabei darf beim Rechnen geklammert werden wie man möchte, es gibt ein Element, das bei der Verknüpfung nichts verändert (etwa die Addition mit null), und jede Verknüpfung zweier Elemente kann auch wieder rückgängig gemacht werden (wenn man mit 5 addieren darf, dann auch mit −5).
- In einem Ring gibt es zwei Verknüpfungen, die sich gut vertragen. Man kann sich als Paradebeispiel immer die ganzen Zahlen mit den üblichen Verknüpfungen + und · vorstellen.
- Dabei kann man die Multiplikation in den ganzen Zahlen nicht einfach so rückgängig machen. Um etwa Multiplikation mit 5 rückgängig zu machen brauchen wir die Multiplikation mit $\frac{1}{5}$, was keine ganze Zahl ist. In einem Ring darf also nicht nach Belieben geteilt werden.
- Ein Körper ist ein Ring, in dem geteilt werden darf (außer natürlich durch die Null!). Weiter müssen die Verknüpfungen in einem Körper kommutativ sein ($a \cdot b$ ist dasselbe wie $b \cdot a$).

5.2 Ganze Zahlen und Teilbarkeit

Wir kommen nun zur Konstruktion von $\mathbb{Z}$. Dabei bauen wir natürlich auf $\mathbb{N}_0$ auf. Insbesondere benutzen wir, dass – per Induktion über k und dem Peano-Axiom (P4) (Definition 1.12) – aus $a + k = b + k$ bereits $a = b$ folgt.

Konstruktion 5.9 Wir betrachten auf $\mathbb{N}_0 \times \mathbb{N}_0$ die Relation

$$(a, b) \sim (k, n) \iff a + n = b + k. \tag{5.1}$$

Diese Relation ist offensichtlich reflexiv und symmetrisch. Wir zeigen, dass sie auch transitiv ist. Seien dazu $a, b, k, n, x, y \in \mathbb{N}_0$ mit

$$(a, b) \sim (k, n) \text{ und } (k, n) \sim (x, y)$$
$$\implies a + n = b + k \text{ und } k + y = n + x$$
$$\implies a + n + x = b + k + x \text{ und } k + y = n + x$$
$$\implies a + y + k = b + x + k$$
$$\implies a + y = b + x \implies (a, b) \sim (x, y).$$

Damit ist die Relation aus (5.1) eine Äquivalenzrelation. Wir setzen nun $\mathbb{Z} = \mathbb{N}_0 \times \mathbb{N}_0 / \sim$ und nennen die Elemente aus $\mathbb{Z}$ *ganze Zahlen*.

Als Verknüpfungen auf $\mathbb{Z}$ definieren wir die

- Addition $[(a, b)] \oplus [(k, n)] = [(a + k, b + n)]$,
- Multiplikation $[(a, b)] \odot [(k, n)] = [(a \cdot k + b \cdot n, a \cdot n + b \cdot k)]$.

Dass diese Konstruktion die bekannten ganzen Zahlen $\{\ldots, -1, 0, 1, \ldots\}$ liefern soll ist vielleicht auf den ersten Blick etwas erstaunlich. Auf den zweiten Blick hingegen, ist diese Konstruktion sehr einleuchtend. Wir wollen nämlich negative Zahlen – und Verknüpfungen auf diesen – einführen nur mithilfe von natürlichen Zahlen. Dabei müssen wir natürlich darauf achten, dass z. B. $-5 = 0 - 5 = 10 - 15 = 2 - 7 = \ldots$ ist. Wir müssen also die Tupel $(0, 5)$, $(10, 15)$, $(2, 7)$, $\ldots$ zu einem Element zusammenfassen. Wir können also sagen, dass die Äquivalenzklassen $[(a, b)]$ der Relation aus (5.1) genau die Differenz $a - b$ darstellen soll (denn es ist $a - b = k - n$ genau dann, wenn $a + n = b + k$ gilt). Damit ist auch ganz klar, warum wir die Addition und die Multiplikation so definiert haben.

Lemma 5.10   *Die beiden Verknüpfungen $\oplus, \odot$ auf $\mathbb{Z}$ sind wohldefiniert.*

Beweis   Seien also $(a', b') \sim (a, b)$ und $(k', n') \sim (k, n)$ für die Relation aus (5.1). Dann gilt nach Lemma 5.4 $[(a, b)] = [(a', b')]$ und $[(k, n)] = [(k', n')]$. Damit die Verknüpfungen wohldefiniert (sinnvoll) sind, müssen wir also zeigen, dass damit auch $[(a', b')] \oplus [(k', n')] = [(a, b)] \oplus [(k, n)]$ und $[(a', b')] \odot [(k', n')] = [(a, b)] \odot [(k, n)]$ gilt.

Wir zeigen dies nur für die Addition:

$$(a', b') \sim (a, b) \text{ und } (k', n') \sim (k, n)$$
$$\Longleftrightarrow a' + b = b' + a \text{ und } k' + n = n' + k$$
$$\Longrightarrow a' + k' + b + n = b' + n' + a + k$$
$$\Longrightarrow [(a' + k', b' + n')] = [(a + k, b + n)]$$
$$\Longrightarrow [(a', b')] \oplus [(k', n')] = [(a, b)] \oplus [(k, n)].$$

Damit ist die Addition auf $\mathbb{Z}$ tatsächlich wohldefiniert. Die Aussage über die Multiplikation zeigt man ähnlich. $\square$

Satz 5.11   *Für $a, b \in \mathbb{N}_0$ beliebig gilt in $\mathbb{Z}$:*

(a) $[(a + b, b)] = [(a, 0)]$,
(b) $[(a, a + b)] = [(0, b)]$,
(c) $\mathbb{Z} = \{[(n, 0)] | n \in \mathbb{N}_0\} \cup \{[(0, n)] | n \in \mathbb{N}\}.$

Beweis Der Beweis ist zum Glück sehr einfach.

Zu (a): Wir müssen nur zeigen, dass $(a + b, a) \sim (b, 0)$ gilt. Das folgt aber sofort aus $a + b + 0 = a + b$.

Zu (b): Genau wie in (a).

Zu (c): Sei $[(a, b)] \in \mathbb{Z}$ beliebig. Es ist entweder $a \geq b$ oder $a < b$. Im ersten Fall existiert ein $k \in \mathbb{N}_0$ mit $a = b + k$. Damit ist

$$[(a, b)] = [(b + k, b)] \stackrel{(a)}{=} [(k, 0)].$$

Im zweiten Fall existiert ein $k \in \mathbb{N}$ mit $a + k = b$. Es folgt genauso

$$[(a, b)] = [(a, a + k)] \stackrel{(b)}{=} [(0, k)].$$

Die Behauptung folgt sofort. $\qquad\qquad\qquad\qquad\qquad\qquad\qquad\qquad\qquad\quad$ $\square$

Bemerkung 5.12 Es ist leicht einzusehen, dass $\{[(n, 0)] | n \in \mathbb{N}_0\}$ die Peano-Axiome erfüllt. Wir setzen somit für $n \in \mathbb{N}$ die folgende Notation fest: $[(n, 0)] = n \in \mathbb{Z}$ und $[(0, n)] = -n \in \mathbb{Z}$. Dann ergibt sich die gewohnte Schreibweise $\mathbb{Z} = \mathbb{N}_0 \cup \{-n | n \in \mathbb{N}\}$.

Weiter gilt $[(n, 0)] \oplus [(k, 0)] = [(n + k, 0)]$ und $[(n, 0)] \odot [(k, 0)] = [(n \cdot k, 0)]$. Damit entsprechen die Verknüpfungen $\oplus, \odot$ eingeschränkt auf $\mathbb{N}_0$ genau den bekannten Verknüpfungen $+, \cdot$ auf $\mathbb{N}_0$. Im Folgenden schreiben wir für die Verknüpfungen auf $\mathbb{Z}$ daher wie gewohnt $\cdot$ und $+$.

Offensichtlich ist $[(0, 1)] \odot [(a, b)] = [(b, a)]$ und somit gelten für alle $n \in \mathbb{N}$ die Eigenschaften $(-1) \cdot n = -n$ und $(-1) \cdot (-n) = n$. Damit sind die Mengen $\mathbb{N}_0$ und $\{-n | n \in \mathbb{N}\}$ disjunkt.

Satz 5.13 *Seien $a, b, c \in \mathbb{Z}$ beliebig. Es gelten die folgenden Rechengesetze auf $\mathbb{Z}$:*

(a) $(a + b) + c = a + (b + c)$ *und* $(a \cdot b) \cdot c = a \cdot (b \cdot c)$,

(b) $a \cdot (b + c) = a \cdot b + a \cdot c$,

(c) $a + 0 = 0 + a = a$ *und* $1 \cdot a = a \cdot 1 = a$,

(d) $a + b = b + a$ *und* $a \cdot b = b \cdot a$,

(e) $a + (-1) \cdot a = 0$,

(f) $a \cdot b = 0 \iff a = 0$ *oder* $b = 0$,

(g) $a \cdot b = 1 \iff a = b = 1$ *oder* $a = b = -1$.

Beweis Bis auf (e) folgen alle Aussagen schnell aus den entsprechenden Aussagen für $\mathbb{N}_0$. Sei $a = [(k, n)] \in \mathbb{Z}$. Wir haben schon gesehen, dass dann $(-1) \cdot a = [(n, k)]$ ist. Es folgt

$$a + (-1) \cdot a = [(k, n)] \oplus [(n, k)] = [(k + n, k + n)] \overset{5.11}{=} [(0, 0)] = 0 \in \mathbb{Z}.$$

Damit gilt auch (e).   □

Bemerkung 5.14 Wir haben nun die ganzen Zahlen eingeführt und festgestellt, dass dabei alle Rechengesetze, die wir schon aus der Schule kennen, beibehalten werden. Formulieren wir dies mit den Definitionen aus Abschn. 5.1, erhalten wir, dass $\mathbb{Z}$ ein kommutativer, nullteilerfreier Ring ist. Wir schreiben auch kurz $a - b$ statt $a + (-1) \cdot b$.

Auch die Relation $\leq$ erweitert sich kanonisch auf $\mathbb{Z}$ durch

$$a \leq b \Longleftrightarrow \exists\, k \in \mathbb{N}_0 \text{ mit } a + k = b,$$
$$a < b \Longleftrightarrow \exists\, k \in \mathbb{N} \text{ mit } a + k = b.$$

Durch die Nullteilerfreiheit von $\mathbb{Z}$ dürfen wir auch *kürzen*. Ist $a \cdot k = b \cdot k$ und $k \neq 0$, so ist $0 = a \cdot k - b \cdot k = (a - b) \cdot k$. Da $k \neq 0$ ist, muss also $a - b = 0$, oder äquivalent, $a = b$ gelten. (Dafür brauchen wir also keinerlei Wissen über die rationalen Zahlen, in denen wir einfach durch k hätten teilen können!)

Definition 5.15 Sei S eine endliche Teilmenge von $\mathbb{Z}$. Dann ist das *Maximum* von S das Element $m = \max S \in S$ mit $a \leq m$ für alle $a \in S$. Genauso ist das *Minimum* von S das Element $m = \min S \in S$ mit $m \leq a$ für alle $a \in S$. Der *Betrag* von $a \in \mathbb{Z}$ ist das Element $|a| = \max\{a, (-1) \cdot a\}$.

Wir stellen kurz fest, dass $|a \cdot b| = |a| \cdot |b|$ für alle $a, b \in \mathbb{Z}$ gilt.

Definition 5.16 Seien $a, b \in \mathbb{Z}$. Wir sagen a *teilt* b, oder a ist ein *Teiler* von b, wenn ein $k \in \mathbb{Z}$ existiert mit $a \cdot k = b$. Wir bezeichnen dies mit $a \mid b$. Ist a kein Teiler von b, so schreiben wir $a \nmid b$.

Wir haben schon an einigen Stellen im Buch, eine Zahl *gerade* oder *ungerade* genannt. Mit der jetzt vorhandenen Notation, heißt eine Zahl a gerade genau dann, wenn $2 \mid a$ gilt. Dementsprechend heißt a ungerade, falls $2 \nmid a$ gilt.

Lemma 5.17 *Seien $a, b, c \in \mathbb{Z}$. Dann gilt*

(a) $1 \mid a$ *und* $a \mid a$,

(b) $a \mid b \Longleftrightarrow (-1) \cdot a \mid b$,

(c) *Für* $c \neq 0$ *ist* $a \mid b \Longleftrightarrow a \cdot c \mid b \cdot c$,

(d) $a \mid b \implies a \mid c \cdot b$,

(e) $a \mid b$ und $a \mid c \implies a \mid c + b$,

(f) $a \mid b$ und $b \mid c \implies a \mid c$,

(g) $a \mid b \implies b = 0$ oder $|a| \leq |b|$,

(h) $a \mid b$ und $b \mid a \iff |a| = |b|$.

Beweis Als Erstes beweisen wir die Aussage (e). Dazu seien $a \mid b$ und $a \mid c$. Wir wissen noch nichts über Teilbarkeit, außer der Definition. Uns bleibt also nichts anderes übrig, als diese Definition anzuwenden. Es gibt also $k, k' \in \mathbb{Z}$, sodass $a \cdot k = b$ und $a \cdot k' = c$ ist. Damit gilt nun

$$b + c = a \cdot k + a \cdot k' \stackrel{5.13(b)}{=} a \cdot (k + k').$$

Da $k + k'$ wieder eine ganze Zahl ist, folgt aus der Definition der Teilbarkeit $a \mid b + c$. Damit ist Teil (e) bewiesen.

Wir beweisen nur noch die Aussagen (g) und (h). Die anderen Aussagen folgen genau wie gerade gesehen aus Satz 5.13 und der Definition von Teilbarkeit.

Wir zeigen nun (g). Sei also $a \mid b$. Dann existiert ein $k \in \mathbb{Z}$ mit $a \cdot k = b$. Ist $k = 0$, so ist auch $b = 0$, und wir sind fertig. Sei also $k \neq 0$. Dann ist

$$|b| = |a \cdot k| = |a| \cdot |k| = \underbrace{|a| \cdot (|k| - 1)}_{\in \mathbb{N}_0} + |a|.$$

Damit ist $|a| \leq |b|$, und (g) ist bewiesen.

Jetzt zur Aussage (h): Sind $b = 0$ und $b \mid a$, so ist mit Satz 5.13(f) auch $a = 0$. Damit gilt (h) sicher für $b = 0$. Für $b \neq 0$ beweisen wir die beiden nötigen Implikationen. Sei zunächst $a \mid b$ und $b \mid a$. Aus (g) folgt $|a| \leq |b|$ und $|b| \leq |a|$. Zusammen ergibt dies $|a| = |b|$. Sei nun $|a| = |b|$. Dann ist entweder $a = b$ oder $(-1) \cdot a = b$. In beiden Fällen folgt aus (a) und (b) sowohl $a \mid b$ als auch $b \mid a$. $\qquad\square$

Theorem 5.18 *Seien $a, b \in \mathbb{Z}$ mit $b \neq 0$. Dann existieren eindeutige $q, r \in \mathbb{Z}$ mit $a = q \cdot b + r$ und $0 \leq r < |b|$.*

Beweis Wir müssen zeigen, dass q und r mit den gewünschten Eigenschaften existieren, und dass diese eindeutig bestimmt sind.

Zur Existenz: Wir betrachten die Menge $M = \{a - q \cdot b \mid q \in \mathbb{Z}\} \cap \mathbb{N}_0$. Da $M \subseteq \mathbb{N}_0$ ist (und M offensichtlich nicht leer ist) existiert ein minimales Element $r \in M$. Da $r \in M$ ist, gibt es ein $q \in \mathbb{Z}$ mit $a - q \cdot b = r$. Damit ist die erste Forderung erfüllt.

Angenommen es wäre $|b| \leq r$. Dann gilt

$$0 \leq r - |b| = a - q \cdot b - (\pm 1) \cdot b = a - (q \pm 1) \cdot b \in M.$$

Es würde aber auch $r - |b| < r$ gelten, da $b \neq 0$ ist. Dies ist ein Widerspruch zur Minimalität von r. Damit gilt auch die zweite Forderung.

Zur Eindeutigkeit: Sei $a = q \cdot b + r$ und $a = q' \cdot b + r'$ mit $q, q', r, r' \in \mathbb{Z}$ und $0 \leq r < |b|$ und $0 \leq r' < |b|$. Wir ziehen die erste von der zweiten Gleichung ab und erhalten

$$0 = (q' - q) \cdot b + (r' - r). \tag{5.2}$$

Es folgt $r - r' = (q' - q) \cdot b$, was sofort $b \mid (r - r')$ impliziert. Nach Voraussetzung ist aber $-|b| < r - r' < |b|$, also $|r - r'| < |b|$. Mit Lemma 5.17(h) gilt somit $r - r' = 0$, also $r = r'$. Aus (5.2) erhalten wir $0 = (q' - q) \cdot b$. Da $b \neq 0$ ist und $\mathbb{Z}$ nullteilerfrei ist, folgt $q' - q = 0$, also $q = q'$. Damit sind die Elemente q und r durch die beiden Eigenschaften tatsächlich eindeutig bestimmt. □

Korollar 5.19 *Sei $b \in \mathbb{N}$ beliebig. Dann gibt es für jedes $a \in \mathbb{N}_0$ eine eindeutige Folge $a_0, a_1, a_2, \ldots$ mit $a_i \in \{0, \ldots, b-1\}$, wobei nur endlich viele a_i's ungleich null sind, sodass gilt*

$$a = \sum_{i=0}^{\infty} a_i \cdot b^i.$$

Die Summe ist nur scheinbar eine unendliche Summe, bei der man sich Gedanken über Konvergenz machen müsste, da nur endlich viele a_i verschieden von null sind. Es gibt daher einen Summanden, nach dem alle weiteren gleich null sind. Nach diesem Summanden können wir aufhören aufzusummieren, was eine endliche Summe liefert.

Beweis Sei also $b \in \mathbb{N}$. Es genügt zu zeigen, dass es für alle $a < b^k$ eindeutige Elemente $a_0, \ldots, a_{k-1} \in \{0, \ldots, b-1\}$ gibt mit $a = a_0 + a_1 \cdot b + \ldots + a_{k-1} \cdot b^{k-1}$.

Dies beweisen wir per Induktion über k:

Induktionsanfang: Für $k = 1$ ist die Aussage trivialerweise erfüllt.

Induktionsschritt: Sei $a < b^{k+1}$. Es existieren nach Theorem 5.18 eindeutige $q, r \in \mathbb{N}_0$ mit $a = q \cdot b^k + r$ und $r < b^k$. Da $a < b^{k+1}$, ist $q < b$. Weiter existieren nach Induktionsvoraussetzung eindeutige $a_0, \ldots, a_{k-1} \in \{0, \ldots, b\}$ mit $r = a_0 + a_1 \cdot b + \ldots + a_{k-1} \cdot b^{k-1}$. Mit $a_k = q$ gilt nun

$$a = q \cdot b^k + r = a_0 + a_1 \cdot b + \ldots + a_{k-1} \cdot b^{k-1} + a_k \cdot b^k. \qquad □$$

Bemerkung 5.20 Für $b = 10$ erhalten wir die bekannte Dezimaldarstellung. Einen weiteren wichtigen Fall erhalten wir für $b = 2$ – die Dualdarstellung. Diese ist interessant, da wir für die Darstellung von Zahlen nur die Ziffern 1 und 0 benötigen.[2] Es ist zum Beispiel

---

[2]Es gibt nur 10 Sorten von Menschen: Die, die die Dualdarstellung kennen, und die, die die Dualdarstellung nicht kennen.

$15 = 2^3 + 2^2 + 2^1 + 2^0$, wir schreiben für die 15 im Dualsystem also 1111. Ein weiteres Beispiel ist $1026 = 2^{10} + 2^1$, was im Dualsystem als 10000000010 geschrieben werden kann.

Definition 5.21 Seien $a, b \in \mathbb{Z}$ nicht beide gleich 0. Eine ganze Zahl c heißt *gemeinsamer Teiler* von a und b, wenn $c \mid a$ und $c \mid b$ gilt. Das Element

$$\mathrm{ggT}(a, b) = \max\{c \in \mathbb{Z} \mid c \text{ ist gemeinsamer Teiler von } a \text{ und } b\} \in \mathbb{N}$$

heißt *größter gemeinsamer Teiler* von a und b. Falls $\mathrm{ggT}(a, b) = 1$ ist, so nennen wir a und b *teilerfremd*.

Bemerkung 5.22 Der größte gemeinsame Teiler existiert stets und ist eindeutig, was wir kurz zeigen werden. Sei dazu $b \neq 0$, dann gilt für jeden Teiler c von b die Bedingung $|c| \leq |b|$. Insbesondere gibt es nur endlich viele (gemeinsame) Teiler von b (und a). Aus $1 \mid a$ und $1 \mid b$ folgt auch, dass es mindestens einen gemeinsamen Teiler in $\mathbb{N}$ gibt. Damit hat die Menge der gemeinsamen Teiler ein eindeutiges Maximum in $\mathbb{N}$.

Jede Zahl ist ein Teiler von 0. Damit ist der Ausdruck $\mathrm{ggT}(0, 0)$ nicht definiert! Es folgt sofort aus den elementaren Teilbarkeitsregeln in Lemma 5.17, dass für $a, b \in \mathbb{Z}$, nicht beide gleich null, die folgenden Aussagen gelten:

- $\mathrm{ggT}(a, b) = \mathrm{ggT}(b, a) = \mathrm{ggT}((-1) \cdot a, b)$,
- $a \mid b \iff \mathrm{ggT}(a, b) = |a|$ und somit auch
- $\mathrm{ggT}(b, 0) = |b|$.

Lemma 5.23 *Seien $a, b, q, r \in \mathbb{Z}$ mit $b \neq 0$ und $a = q \cdot b + r$. Dann gilt $\mathrm{ggT}(a, b) = \mathrm{ggT}(b, r)$.*

Beweis Sei $c \in \mathbb{Z}$ mit $c \mid a$ und $c \mid b$. Dann ist auch $c \mid (-1) \cdot q \cdot b$, und damit $c \mid a - q \cdot b = r$. Das heißt, dass jeder gemeinsame Teiler von a und b auch ein gemeinsamer Teiler von b und r ist. Genauso gilt für ein $c \in \mathbb{Z}$ mit $c \mid b$ und $c \mid r$ auch $c \mid q \cdot b + r = a$. Es sind also die gemeinsamen Teiler von a und b genau die gemeinsamen Teiler von b und r. Insbesondere folgt $\mathrm{ggT}(a, b) = \mathrm{ggT}(b, r)$. $\qquad\square$

Die Kombination von Theorem 5.18 und Lemma 5.23 liefert ein gutes Verfahren, um den ggT von zwei Zahlen auszurechnen. Da stets $\mathrm{ggT}(a, b) = \mathrm{ggT}((-1) \cdot a, b)$ gilt, genügt es, wenn wir den ggT von zwei natürlichen Zahlen berechnen können.

Euklidischer Algorithmus 5.24 Seien $a_1 \in \mathbb{N}_0$ und $a_2 \in \mathbb{N}$. Folgendes Verfahren liefert den größten gemeinsamen Teiler von a_1 und a_2.

> **1. Schritt:** Bestimme $q, a_3 \in \mathbb{N}$ mit $a_1 = q \cdot a_2 + a_3$ und $0 \le a_3 < a_2$.
>
> **2. Schritt:** Ist $a_3 = 0$, so ist $\mathrm{ggT}(a_1, a_2) = \mathrm{ggT}(a_2, 0) = a_2$, und wir sind fertig. Ist $a_3 \ne 0$, so gehe zum 1. Schritt zurück mit (a_2, a_3) statt (a_1, a_2).

Dieses Verfahren liefert eine Folge $a_2 > a_3 > \ldots \in \mathbb{N}_0$. Da es nur endlich viele natürliche Zahlen kleiner als a_2 gibt, endet das Verfahren also nach endlich vielen Schritten. Weiter haben wir in Lemma 5.23 gesehen, dass für alle $i \in \mathbb{N}$ gilt $\mathrm{ggT}(a_i, a_{i+1}) = \mathrm{ggT}(a_{i+1}, a_{i+2})$. Damit liefert das Verfahren auch wirklich $\mathrm{ggT}(a_1, a_2)$.

Biografische Anmerkung: Das Buch *die Elemente* von Euklid aus dem 3. Jahrhundert v. C. ist ohne Zweifel eine der bedeutendsten Schriften der Weltliteratur. Bis ins 19. Jahrhundert war es nach der Bibel das meist verbreitete Buch weltweit. Noch im 20. Jahrhundert war es ein gängiges Schulbuch für Mathematik. Auch heute noch (wie hoffentlich in diesem Buch) wird Euklids formale Struktur bestehend aus Axiomen, Definitionen, Postulaten und Beweisen, in mathematischen Texten verwendet.

Biografische Anmerkung: Um das Jahr 825 verfasste der persische Gelehrte *Abū Ğa'far Muḥammad b. Mūsā al-Ḫwārazmī* das Lehrbuch *Al-Kitāb al-muḫtaṣar fī ḥisāb al-ğabr wa-'l-muqābala* (etwa: Das kurzgefasste Buch über die Rechenverfahren durch Ergänzen und Ausgleichen). Dieses Buch präsentiert allgemeine Verfahren zum Lösen von linearen und quadratischen Gleichungen in den positiven reellen Zahlen. Die Wörter *Algebra* und *Algorithmus* leiten sich vom Wort *al-ğabr* und dem Namen *al-Ḫwārazmī* ab.

Beispiel 5.25 Wir berechnen den größten gemeinsamen Teiler von 748 und 528 mit dem euklidischen Algorithmus. Dazu teilen wir 748 mit Rest durch 528 und erhalten

$$(I) \quad 748 = 1 \cdot 528 + 220.$$

Nun shiften wir die relevanten Einträge nach links und teilen 528 mit Rest durch 220 und so weiter:

$$(II) \quad 528 = 2 \cdot 220 + 88$$

$$(III) \quad 220 = 2 \cdot 88 + 44$$

$$(IV) \quad 88 = 2 \cdot 44 + 0$$

Hier haben wir den Rest null erhalten und wir können den euklidischen Algorithmus abbrechen. Mit Lemma 5.23 folgt nun

$$\text{ggT}(748, 528) \overset{\text{(I)}}{=} \text{ggT}(528, 220) \overset{\text{(II)}}{=} \text{ggT}(220, 88) \overset{\text{(III)}}{=} \text{ggT}(88, 44) \overset{\text{(IV)}}{=} \text{ggT}(44, 0) = 44.$$

Der gesuchte ggT ist also stets der letzte Rest, der nicht gleich null ist.

Beispiel 5.26 Wir berechnen $\text{ggT}(34, 21)$:

$$34 = 1 \cdot 21 + 13$$
$$21 = 1 \cdot 13 + 8$$
$$13 = 1 \cdot 8 + 5$$
$$8 = 1 \cdot 5 + 3$$
$$5 = 1 \cdot 3 + 2$$
$$3 = 1 \cdot 2 + 1$$
$$2 = 2 \cdot 1 + 0 \implies \text{ggT}(34, 21) = 1$$

Wir stellen fest, dass alle auftretenden Zahlen Fibonacci-Zahlen sind. Weiter scheint dieses Beispiel sehr unglücklich gewählt zu sein, da wir ziemlich viel rechnen müssen um endlich beim ggT zu landen. Die nächste Proposition erklärt diese beiden Beobachtungen. Dazu sagen wir, dass der euklidische Algorithmus genau n Schritte braucht, wenn wir genau n-mal den 1. Schritt wiederholen müssen. Im obigem Beispiel braucht der Euklidische Algorithmus also genau 7 Schritte.

Proposition 5.27 *Seien $n, a, b \in \mathbb{N}$ mit $a > b$. Braucht der euklidische Algorithmus zum Berechnen von $\text{ggT}(a, b)$ genau n Schritte, so gilt $a \geq f_{n+2}$ und $b \geq f_{n+1}$. Hier bezeichnet f_m die m-te Fibonacci-Zahl (siehe Abschn. 3.2).*

Beweis Wir führen eine Induktion über n.

Induktionsanfang: Sei $n = 1$. Dann braucht der euklidische Algorithmus nur einen Schritt. Es ist also $a = q \cdot b + 0$ und somit $b \mid a$. Die kleinsten Zahlen $a > b$ mit $b \mid a$ sind $b = 1 = f_2$ und $a = 2 = f_3$. Dies zeigt den Induktionsanfang.

Induktionsvoraussetzung: Für beliebiges, aber festes $n \in \mathbb{N}$ gelte: Braucht der euklidische Algorithmus zum Berechnen von $\text{ggT}(a, b)$, mit $a > b$, genau n Schritte, so gilt $a \geq f_{n+2}$ und $b \geq f_{n+1}$.

Induktionsschritt: Seien $a > b$ so, dass der euklidische Algorithmus genau $n + 1$ Schritte braucht. Seien $q, r \in \mathbb{N}_0$ mit $a = q \cdot b + r$ und $r < b$. Dann braucht der euklidische Algorithmus zum Berechnen von $\text{ggT}(b, r)$ genau n Schritte. Damit gilt nach der

Induktionsvoraussetzung $b \geq f_{(n+1)+1}$ und $r \geq f_{n+1}$. Weiter ist $q \neq 0$, da $a > b$ gilt. Damit gilt auch

$$a = q \cdot b + r \geq b + r \geq f_{n+2} + f_{n+1} = f_{(n+1)+2}.$$

Damit ist die Proposition bewiesen. $\square$

Bemerkung 5.28 Wir haben damit gezeigt, dass der euklidische Algorithmus am langsamsten für zwei aufeinanderfolgende Fibonacci-Zahlen ist. Damit lässt sich eine Schranke für die maximale Anzahl von benötigten Schritten berechnen. Für natürliche Zahlen $a > b$ sei $n \in \mathbb{N}$ so, dass $b < f_{n+1}$ gilt. Dann benötigen wir zur Berechnung von $\mathrm{ggT}(a, b)$ maximal n Schritte. So ein n finden wir mit Proposition 3.12 und durch Benutzung des *natürlichen Logarithmus*. Zunächst ist

$$b < f_{n+1} \iff b < \frac{1}{\sqrt{5}}\left(\frac{1+\sqrt{5}}{2}\right)^{n+1} - \frac{1}{\sqrt{5}}\left(\frac{-1+\sqrt{5}}{2}\right)^{n+1}.$$

Wir nehmen $b \geq 2$ an, da $\mathrm{ggT}(a, 1) = 1$ auch ohne jede Rechnung festgestellt werden kann. Dann gilt sicher $b < f_{n+1}$, wenn $b \leq \frac{1}{\sqrt{5}}\left(\frac{1+\sqrt{5}}{2}\right)^{n+1}$ ist. Nehmen wir auf beiden Seiten den natürlichen Logarithmus, so erhalten wir, dass $b < f_{n+1}$ gilt, falls $\ln(b) \leq \ln\left(\frac{1}{\sqrt{5}}\right) + n \cdot \ln\left(\frac{1+\sqrt{5}}{2}\right)$ gilt. Stellen wir die Ungleichung um, erhalten wir endlich, dass $b < f_{n+1}$ ist, falls

$$n \geq \frac{1}{\ln\left(\frac{1+\sqrt{5}}{2}\right)} \cdot \left(\ln(b) - \ln\left(\frac{1}{\sqrt{5}}\right)\right)$$

ist. Eine ganz grobe Abschätzung liefert, dass dies für jedes $n \geq 3 \cdot \ln(b) + 2$ gilt. Als Fazit erhalten wir, dass der euklidische Algorithmus zur Berechnung von $\mathrm{ggT}(a, b)$ maximal $3 \cdot \ln(b) + 2$ Schritte braucht. Damit ist der euklidische Algorithmus extrem schnell![3]

Bemerkung 5.29 Wir können in Theorem 5.18 (und damit im euklidischen Algorithmus) auch nur fordern, dass $|r| < |b|$ ist. Dann geht jedoch die Eindeutigkeit der Division mit Rest verloren. Dafür kann man dadurch die Berechnung des ggT's beschleunigen. In unserem Beispiel der Fibonacchi-Zahlen erhalten wir dann zum Beispiel:

$$34 = 2 \cdot 21 - 8$$
$$21 = (-3) \cdot (-8) - 3$$
$$-8 = 3 \cdot (-3) + 1$$
$$-3 = (-3) \cdot 1 + 0 \implies \mathrm{ggT}(34, 21) = 1$$

---

[3]Wollen wir den ggT von zwei Zahlen berechnen von denen die kleinere in etwa so groß ist wie die Länge des Äquators in Centimetern (ca. 40.075.017.000), dann braucht der euklidische Algorithmus höchstens 75 Schritte.

Lemma 5.30 *Seien $a, b \in \mathbb{Z}$ mit $(a, b) \neq (0, 0)$. Dann existieren $x, y \in \mathbb{Z}$ mit $a \cdot x + b \cdot y = \text{ggT}(a, b)$.*

Beweis Indem wir gegebenenfalls a oder b mit (-1) multiplizieren, können wir ohne Einschränkung annehmen, dass $a, b \in \mathbb{N}_0$ sind. Weiter nehmen wir an, nach möglichem Vertauschen der Bezeichnungen a und b, dass $b \neq 0$ ist. Wir führen nun einen Beweis über die Anzahl von Schritten, die der euklidische Algorithmus 5.24 zum Berechnen von $\text{ggT}(a, b)$ braucht. Sei diese Anzahl gleich n.

Induktionsanfang: Für $n = 1$ ist $a = q \cdot b$, und es ist

$$\text{ggT}(a, b) = b = 0 \cdot a + 1 \cdot b.$$

Dies zeigt den Induktionsanfang.

Induktionsschritt: Braucht der euklidische Algorithmus $n+1$ Schritte, und ist $a = q \cdot b + r$ mit $r < b$, so ist $\text{ggT}(a, b) \overset{5.23}{=} \text{ggT}(b, r)$ und der euklidische Algorithmus zum Berechnen von $\text{ggT}(b, r)$ braucht nur noch n Schritte. Aus der Induktionsvoraussetzung folgt, dass $x', y' \in \mathbb{Z}$ existieren mit

$$\text{ggT}(a, b) = \text{ggT}(b, r) = b \cdot x' + r \cdot y' = b \cdot x' + (a - q \cdot b) \cdot y' = a \cdot \underbrace{y'}_{=x} + b \cdot \underbrace{(x' - q \cdot y')}_{=y}.$$

Damit ist der Satz bewiesen. $\qquad\square$

Beispiel 5.31 Der Beweis von Lemma 5.30 ist konstruktiv. Er besagt gerade, dass wir die gesuchten x und y finden, indem wir den euklidischen Algorithmus *rückwärts* rechnen. In Beispiel 5.25 haben wir folgendermaßen $\text{ggT}(748, 528) = 44$ berechnet.

$$\begin{aligned}
\text{(I)} \quad & 748 = 1 \cdot 528 + 220 \\
\text{(II)} \quad & 528 = 2 \cdot 220 + 88 \\
\text{(III)} \quad & 220 = 2 \cdot 88 + 44 \\
\text{(IV)} \quad & 88 = 2 \cdot 44 + 0
\end{aligned}$$

Betrachten wir die Gleichungen nun von unten nach oben, so erhalten wir

$$44 \overset{\text{(III)}}{=} 220 - 2 \cdot 88 \overset{\text{(II)}}{=} 220 - 2 \cdot (528 - 2 \cdot 220) = 5 \cdot 220 + (-2) \cdot 528$$

$$\overset{\text{(I)}}{=} 5 \cdot (748 - 1 \cdot 528) - 2 \cdot 528 = 5 \cdot 748 - 7 \cdot 528$$

Beachten Sie beim Berechnen, dass es nie nötig ist, mit mehr als zwei Summanden zu rechnen. Falls Sie an einem Punkt angekommen sind, an dem Sie drei Summanden haben, können Sie zwei von diesen immer mit dem Distributivgesetz zusammenfassen.

Für -748 und 528 ergibt sich offensichtlich

$$\mathrm{ggT}(-748, 528) = \mathrm{ggT}(748, 528) = 44 = (-5) \cdot (-748) - 7 \cdot 528.$$

Satz 5.32 (Lemma von Bézout) *Seien $a, b, d \in \mathbb{Z}$ mit $(a, b) \neq (0, 0)$. Die Gleichung $a \cdot x + b \cdot y = d$ ist genau dann für ganze Zahlen x, y lösbar, wenn $\mathrm{ggT}(a, b) \mid d$ gilt.*

Beweis Wir müssen zwei Implikationen zeigen.

$\Rightarrow$ Seien $x, y \in \mathbb{Z}$ mit $a \cdot x + b \cdot y = d$. Jeder Teiler von a ist ein Teiler von $a \cdot x$, und jeder Teiler von b ist ein Teiler von $b \cdot y$. Damit gilt $\mathrm{ggT}(a, b) \mid a \cdot x$ und $\mathrm{ggT}(a, b) \mid b \cdot y$. Insbesondere folgt aus Lemma 5.17, $\mathrm{ggT}(a, b) \mid d$.

$\Leftarrow$ Sei nun $\mathrm{ggT}(a, b) \mid d$. Das heißt, es existiert ein $k \in \mathbb{Z}$ mit $k \cdot \mathrm{ggT}(a, b) = d$. Nach Satz 5.30 existieren $x', y' \in \mathbb{Z}$ mit $\mathrm{ggT}(a, b) = a \cdot x' + b \cdot y'$. Multiplizieren wir diese Gleichung auf beiden Seiten mit k erhalten wir

$$d = a \cdot \underbrace{(k \cdot x')}_{=x} + b \cdot \underbrace{(k \cdot y')}_{=y}.$$

Das war zu zeigen. $\square$

Biografische Anmerkung: Das Lemma von Bézout ist nach dem französischen Mathematiker *Étienne Bézout* (1730–1783) benannt. Die Version, die wir hier kennengelernt haben, ist allerdings schon viel älter und taucht bereits in einer Arbeit von Claude Gaspard Bachet de Méziriac (1581–1638) auf. Bézout bewies eine analoge Aussage über Polynome (das erklären wir später in Bemerkung 5.102).

Korollar 5.33 *Seien $a, b \in \mathbb{N}$ teilerfremd, und sei $n \in \mathbb{N}$ mit $a \mid n$ und $b \mid n$. Dann gilt $a \cdot b \mid n$.*

Beweis Seien $a, b, n \in \mathbb{N}$ wie beschrieben. Da $\mathrm{ggT}(a, b) = 1$ ist, gibt es nach dem Lemma von Bézout $x, y \in \mathbb{Z}$ mit $a \cdot x + b \cdot y = 1$. Multiplizieren mit n liefert also $a \cdot n \cdot x + b \cdot n \cdot y = n$. Da $b \mid n$ und $a \mid n$ ist, folgt $a \cdot b \mid a \cdot n \mid a \cdot n \cdot x$ und $a \cdot b \mid b \cdot n \mid b \cdot n \cdot y$. Damit teilt $a \cdot b$ auch die Summe und es folgt

$$a \cdot b \mid a \cdot n \cdot x + b \cdot n \cdot y = n.$$

Das war zu zeigen. $\square$

Bemerkung 5.34 Dieses unscheinbare Lemma von Bézout werden wir noch oft benutzen. Als direkte Anwendung erhalten wir die Aussage, dass jeder gemeinsame Teiler von a und b auch ein Teiler von $\mathrm{ggT}(a, b)$ ist. Denn: Seien $x, y \in \mathbb{Z}$, sodass $\mathrm{ggT}(a, b) = a \cdot x + b \cdot y$

ist, und sei $d \in \mathbb{Z}$ ein gemeinsamer Teiler von a und b. Dann teilt d auch $a \cdot x$ und $b \cdot y$, und daher gilt auch $d \mid a \cdot x + b \cdot y = \mathrm{ggT}(a, b)$.

Damit können wir *einen* ggT von a und b auch definieren als ganze Zahl d mit

(i) d ist ein gemeinsamer Teiler von a und b.
(ii) Für einen gemeinsamen Teiler c von a und b gilt stets $c \mid d$.

In dieser Formulierung ist der ggT maximal bezüglich der Teilbarkeit und nicht maximal bezüglich des Betrages. Allerdings ist er dadurch nur noch eindeutig bis auf das Vorzeichen bestimmt. Daher werden wir diese Definition hier nicht benutzen. Diese Definition hätte allerdings den riesigen Vorteil, dass man sie auch auf andere Ringe übertragen kann, auf denen es keine Ordnung $\leq$ gibt. Dies wird ausführlich in der Algebra behandelt.

Zusammenfassung

- Auf den ganzen Zahlen $\mathbb{Z} = \{\ldots, -2, -1, 0, 1, 2, \ldots\}$ darf genauso gerechnet werden, wie wir es erwartet haben.
- Teilbarkeit wird ab jetzt eine sehr wichtige Rolle spielen. Dabei ist eine Zahl a ein Teiler einer Zahl b, wenn $a \cdot$ (eine ganze Zahl) gleich b ist.
- Es gelten einige elementare Teilbarkeitsregeln. Zum Beispiel ist ein gemeinsamer Teiler von zwei Zahlen auch ein Teiler der Summe.
- Auf den ganzen Zahlen, gibt es die Division mit Rest: Für zwei Zahlen a und b gibt es $q, r \in \mathbb{Z}$ mit $a = q \cdot b + r$ und $|r|$ ist kleiner als $|b|$.
- Weiter ist $\mathrm{ggT}(a, b) = \mathrm{ggT}(b, r)$, und man kann den größten gemeinsamen Teiler von a und b berechnen, indem man die kleineren Zahlen b und r benutzt. Das kann so oft wiederholt werden, bis man den ggT einfach ablesen kann. Dieses tolle Verfahren wird euklidischer Algorithmus genannt und liefert sehr schnell den ggT von a und b.
- Das Lemma von Bézout kann aus diesem Verfahren abgeleitet werden. Es besagt, dass man eine Zahl d als Summe von Vielfachen von a und b schreiben kann *genau dann, wenn* $\mathrm{ggT}(a, b)$ ein Teiler von d ist.

5.3 Primzahlen

In diesem kurzen Abschnitt studieren wir die faszinierendsten Objekte der Mathematik: Primzahlen!

Definition 5.35 Ein $p \in \mathbb{N}$ heißt *Primzahl,* wenn

(i) $p \neq 1$ und
(ii) $c \mid p \implies c \in \{\pm 1, \pm p\}$.

Ein $n \in \mathbb{N}$ mit $n \neq 1$, das keine Primzahl ist heißt *zusammengesetzt.*

Lemma 5.36 *Eine natürliche Zahl $p \neq 1$ ist genau dann eine Primzahl, wenn für alle $a, b \in \mathbb{Z}$ mit $p \mid a \cdot b$, gilt $p \mid a$ oder $p \mid b$.*

Beweis Auf beiden Seiten wird $p \neq 1$ verlangt, was wir im folgenden Beweis stets annehmen werden.

⇒ Sei p eine Primzahl, und seien $a, b \in \mathbb{Z}$ mit $p \mid a \cdot b$. Es ist $\mathrm{ggT}(a, p) \mid p$ und somit gilt $\mathrm{ggT}(a, p) \in \{1, p\}$.

Ist $\mathrm{ggT}(a, p) = p$, so ist $p \mid a$, und wir sind fertig. Sei also $\mathrm{ggT}(a, p) = 1$. Dann ist mit dem Lemma von Bézout $a \cdot x + p \cdot y = 1$ für gewisse $x, y \in \mathbb{Z}$. Damit gilt

$$a \cdot b \cdot x + p \cdot b \cdot y = b.$$

Nach Voraussetzung gilt $p \mid a \cdot b$ und offensichtlich gilt auch $p \mid p \cdot b$. Damit teilt p auch Vielfache und Summen dieser Zahlen – also $p \mid b$. Insbesondere gilt in jedem Fall $p \mid a$ oder $p \mid b$.

⇐ Es sei also $p \in \mathbb{N}$, sodass stets gilt: Teilt p ein Produkt $a \cdot b$, dann teilt p auch einen der Faktoren a oder b.

Sei nun $c \in \mathbb{Z}$ mit $c \mid p$. Dann existiert ein $k \in \mathbb{Z}$ mit $c \cdot k = p$. Insbesondere ist $p \mid c \cdot k$ und somit $p \mid c$ oder $p \mid k$. Falls $p \mid c$, folgt aus Lemma 5.17 (es gilt auch $c \mid p$) $c \in \{\pm p\}$.

Falls $p \mid k$ gilt, so ist genauso $k \in \{\pm p\}$. Damit gilt

$$p = |c \cdot k| = |c| \cdot |k| = |c| \cdot p.$$

Es ist also $c \in \{\pm 1\}$. In jedem Fall gilt also $c \in \{\pm 1, \pm p\}$ und somit ist p eine Primzahl. □

Es folgt ganz leicht per Induktion: Sind $a_1, \dots, a_n \in \mathbb{Z}$ und p eine Primzahl, dann gilt

$$p \mid a_1 \cdot \ldots \cdot a_n \implies p \mid a_i \text{ für ein } i \in \{1, \dots, n\}.$$

Wir kommen nun zu der Eigenschaft, die die Primzahlen so bedeutend werden lässt.

Theorem 5.37 (Fundamentalsatz der Arithmetik) *Jede ganze Zahl $a \neq 0$ besitzt eine eindeutige Primfaktorisierung. Das bedeutet: Es existieren eindeutige, nicht notwendigerweise verschiedene Primzahlen $p_1, \dots, p_n$, sodass gilt*

$$a = (\pm 1) \cdot p_1 \cdot \ldots \cdot p_n. \tag{5.3}$$

Die Faktorisierung ist natürlich nur eindeutig bis auf Umsortierung der Primzahlen.

Beweis Die Aussage ist trivialerweise erfüllt für $a = \pm 1$, denn dann wählen wir einfach $n = 0$ – also gar keine Primzahl. Weiter genügt es, das Theorem für natürliche Zahlen zu beweisen, da wir Zahlen in $\mathbb{Z} \setminus \mathbb{N}_0$ einfach mit (-1) multiplizieren können und ein Element in $\mathbb{N}$ erhalten.

Zur Existenz: Wir wollen zeigen, dass jede natürliche Zahl $a \geq 2$ eine Faktorisierung in Primzahlen besitzt. Angenommen, dies wäre nicht so. Dann existiert eine Zahl, die keine Primfaktorisierung besitzt. Insbesondere existiert dann eine kleinste solche Zahl a.

Wäre a eine Primzahl, so wäre a bereits eine Primfaktorisierung. Damit ist a keine Primzahl. Es existieren also $c, d \in \mathbb{N} \setminus \{1, a\}$ mit $a = c \cdot b$. Es ist dann $c < a$ und $d < a$. Die Minimalität von a impliziert, dass c und d jeweils eine Primfaktorisierung haben. Sagen wir

$$c = p_1 \cdot \ldots \cdot p_n \text{ und } d = q_1 \cdot \ldots \cdot q_m$$

für Primzahlen $p_1, \ldots, p_n, q_1, \ldots, q_m$. Dann ist aber offensichtlich $a = p_1 \cdot \ldots \cdot p_n \cdot q_1 \cdot \ldots \cdot q_m$ eine Primfaktorisierung von a. Dies ist ein Widerspruch. Unsere Annahme war also falsch, was bedeutet, dass jedes Element aus $\mathbb{N}$ eine Primfaktorisierung besitzt.

Zur Eindeutigkeit: Sei wieder $a \in \mathbb{N}$ mit $a \geq 2$. Seien zwei Primfaktorisierungen gegeben:

$$a = p_1 \cdot \ldots \cdot p_n = q_1 \cdot \ldots \cdot q_m.$$

Wir beweisen die Eindeutigkeit per Induktion über n.

Induktionsanfang: Für $n = 1$ ist $a = p_1$ eine Primzahl. Sei nun $a = p_1 = q_1 \cdot \ldots \cdot q_m$. Jedes der q_i ist ein Teiler von p_1 und (als Primzahl) ≥ 2. Dies ist nur möglich für $m = 1$ und $q_1 = p_1$. Also ist die Primfaktorisierung eindeutig.

Induktionsvoraussetzung: Für beliebiges, aber festes $n \in \mathbb{N}$ gelte: Lässt sich ein $a \in \mathbb{N}$ als Produkt von n Primzahlen schreiben, so ist diese Faktorisierung eindeutig.

Induktionsschritt: Seien also $a = p_1 \cdot \ldots \cdot p_{n+1} = q_1 \cdot \ldots \cdot q_m$ zwei Primfaktorisierungen von $a \in \mathbb{N}$. Da p_{n+1} eine Primzahl ist, gilt, dass p_{n+1} eine der Zahlen $q_1, \ldots, q_m$ teilen muss (wie in Lemma 5.36). Nach Umsortierung nehmen wir an $p_{n+1} \mid q_m$. Aus $1 \neq p_{n+1}$ folgt somit $p_{n+1} = q_m$. Wir kürzen die Gleichung und erhalten $p_1 \cdot \ldots \cdot p_n = q_1 \cdot \ldots \cdot q_{m-1}$. Nach Induktionsvoraussetzung ist diese Faktorisierung eindeutig ($n = m - 1$ und $p_i = q_i$ für alle $i \in \{1, \ldots, m\}$). Damit folgt auch die Eindeutigkeit der Primfaktorisierung von a und somit das Theorem. $\square$

Bemerkung 5.38 Wir halten für später noch kurz fest, was wir alles in diesem Beweis benutzt haben. Es war nötig ein *minimales* Element mit einer gewissen Eigenschaft zu wählen. Wir haben also benutzt, dass es auf $\mathbb{Z}$ den Betrag $|\cdot|$ gibt, mit dem wir entscheiden können, ob eine Zahl größer als eine andere ist. Die Kommutativität von $\mathbb{Z}$ haben wir ebenfalls benutzt, da wir uns keine Gedanken über mögliches Umsortieren der Elemente in einem Produkt gemacht haben. Weiter haben wir Lemma 5.36 – also das Lemma von Bézout – benutzt. Die letzte Eigenschaft, die noch eine Rolle gespielt hat, war die Nullteilerfreiheit von $\mathbb{Z}$ (wir haben gekürzt).

Korollar 5.39 *Jedes $a \in \mathbb{N}$ mit $a \geq 2$ lässt sich eindeutig schreiben als*

$$a = p_1^{e_1} \cdot \ldots \cdot p_n^{e_n},$$

wobei $p_1 < p_2 < \ldots < p_n$ Primzahlen sind und $e_1, \ldots, e_n \in \mathbb{N}$. Weiter sind die Teiler von a genau die ganzen Zahlen der Form $\pm p_1^{f_1} \cdot \ldots \cdot p_n^{f_n}$ mit $0 \leq f_i \leq e_i$ für alle $i \in \{1, \ldots, n\}$.

Beweis Das folgt unmittelbar aus dem Fundamentalsatz der Arithmetik 5.37, indem wir gleiche Primzahlen zu einer Primzahlpotenz zusammenfassen. □

Bemerkung 5.40 Seien $a, b \in \mathbb{N}$. Wenn wir an die Primfaktorisierungen von a und b lauter 1en der Form p^0, für Primzahlen p, multiplizieren, können wir stets

$$a = p_1^{e_1} \cdot \ldots \cdot p_n^{e_n} \quad \text{und} \quad b = p_1^{f_1} \cdot \ldots \cdot p_n^{f_n}$$

mit $e_i, f_i \in \mathbb{N}_0$ schreiben. Hier sind $p_1, \ldots, p_n$ wieder paarweise verschiedene Primzahlen. Mit dem letzten Korollar ist es einfach, die Primfaktorisierung von $\mathrm{ggT}(a, b)$ zu finden. Jeder gemeinsame Teiler von a und b ist von der Form $p_1^{k_1} \cdot \ldots \cdot p_n^{k_n}$ mit $k_i \leq e_i$ und $k_i \leq f_i$ für alle $i \in \{1, \ldots, n\}$. Das größte k_i, das diese Ungleichungen erfüllt, ist $\min\{e_i, f_i\}$. Damit ist

$$\mathrm{ggT}(a, b) = p_1^{\min\{e_1, f_1\}} \cdot \ldots \cdot p_n^{\min\{e_n, f_n\}}.$$

Achtung: Die Primfaktorisierung für große Zahlen zu finden ist *extrem* aufwendig! Insbesondere ist es im Allgemeinen viel effektiver den euklidischen Algorithmus 5.24 zur Bestimmung des ggTs zweier Zahlen zu benutzen, als zunächst die Primfaktorisierungen der Zahlen zu berechnen.

Beispiel 5.41 Wie viele Teiler hat die Zahl 5000 in den natürlichen Zahlen? Es wäre recht mühsam für jedes $a \in \{1, \ldots, 5000\}$ die Definition $a \mid 5000$ nachzuprüfen. Zum Glück gibt es (in diesem Fall) eine deutlich einfachere Methode.

Es ist $5000 = 5 \cdot 10^3 = 5 \cdot (2 \cdot 5)^3 = 2^3 \cdot 5^4$ die Primfaktorisierung von 5000. Nach Korollar 5.39 ist nun

$$|\{c \in \mathbb{N} | c \mid 5000\}| = |\{2^e \cdot 5^f | (e, f) \in \{0, 1, 2, 3\} \times \{0, 1, 2, 3, 4\}\}|$$
$$= |\{0, 1, 2, 3\} \times \{0, 1, 2, 3, 4\}| = 4 \cdot 5 = 20.$$

Konstruktion 5.42 Wie finden wir nun Primzahlen? Dazu werden wir später noch eine etwas filigranere Methode kennenlernen. Eine direkte Methode ist das *Sieb des Eratosthenes*. Sei n eine natürliche Zahl. Wir wollen alle Primzahlen kleiner gleich n markieren. Dazu schreiben wir alle Zahlen aus $\{2, \ldots, n\}$ der Reihe nach in eine Liste.

1. Schritt: Markiere die erste Zahl, die nicht durchgestrichen ist, und streiche alle Zahlen aus der Liste, die die markierte Zahl als Teiler haben.

2. Schritt: Ist jede Zahl $\leq \sqrt{n}$ aus der Liste entweder gestrichen oder markiert, so sind die markierten Zahlen alle Primzahlen $\leq n$ und wir sind fertig. Andernfalls gehe zurück zum 1. Schritt.

Schreiben wir eine Zahl $n \in \mathbb{N}$ als Produkt $n = a \cdot b$, dann können nicht sowohl a als auch b größer als $\sqrt{n}$ sein. Damit ist eine natürliche Zahl n genau dann *keine* Primzahl, wenn sie durch eine natürliche Zahl zwischen 2 und $\sqrt{n}$ teilbar ist. Es werden beim Sieb des Eratosthenes also genau die zusammengesetzten Zahlen gestrichen. Damit bleiben tatsächlich nur die Primzahlen übrig. Eine ausführliche Anleitung für $n = 100$ ist in Abb. 5.1 dargestellt.

Wir kommen nun zu *dem* Widerspruchsbeweis.

Theorem 5.43 *Es gibt unendlich viele Primzahlen.*

Beweis Angenommen es gäbe nur endlich viele Primzahlen, und die Menge aller Primzahlen wäre $\{p_1, \ldots, p_n\}$. Wir betrachten das Element $p_1 \cdot \ldots \cdot p_n + 1$. Da 2 eine Primzahl ist, ist $n \neq 0$ und $p_1 \cdot \ldots \cdot p_n + 1 \geq 2$.

Dieses Element hat eine Faktorisierung in Primzahlen. Insbesondere gibt es eine Primzahl p mit $p \mid p_1 \cdot \ldots \cdot p_n + 1$. Nach unserer Annahme muss $p \in \{p_1, \ldots, p_n\}$ sein. Also gilt auch $p \mid p_1 \cdot \ldots \cdot p_n$ und somit

$$p \mid p_1 \cdot \ldots \cdot p_n + 1 - p_1 \cdot \ldots \cdot p_n = 1.$$

Da p als Primzahl ≥ 2 ist, ist dies der gewünschte Widerspruch, und die Menge der Primzahlen ist nicht endlich. $\qquad\square$

Wir wollen die Frage nach der Anzahl von Primzahlen etwas genauer studieren. Gibt es zum Beispiel beliebig große Lücken zwischen den Primzahlen? Die Antwort ist „ja", wie die folgende Proposition zeigt.

Proposition 5.44 *Für $n \in \mathbb{N}$ beliebig, gibt es stets zwei aufeinanderfolgende Primzahlen $p < q$ mit $q - p \geq n$. Das bedeutet, dass es ein $k \in \mathbb{N}$ gibt, sodass die Menge $\{k, k + 1, \ldots, k + n\}$ keine Primzahl enthält.*

Beweis Sei $n \in \mathbb{N}$ beliebig. Wir betrachten die Menge $\{(n + 1)! + 2, (n + 1)! + 3, \ldots, (n + 1)! + (n + 1)\}$. Diese Menge besteht aus n aufeinanderfolgenden natürlichen Zahlen.

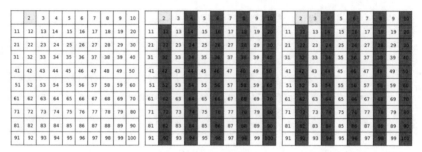

(a) Die erste Zahl aus der Liste 2, ..., 100, die 2, wird gelb markiert.

(b) Alle Vielfachen der 2 werden rot gestrichen.

(c) Die 3 ist die kleinste Zahl, die weder rot noch gelb ist, und wird daher mit gelb markiert.

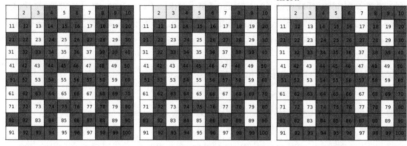

(d) Alle Vielfachen der 3 werden rot gestrichen.

(e) Die 5 ist die kleinste Zahl, die weder rot noch gelb ist und wird daher mit gelb markiert.

(f) Alle Vielfachen der 5 werden rot gestrichen.

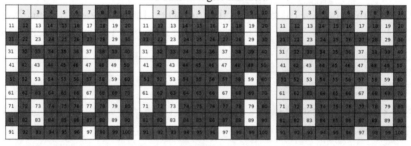

(g) Die 7 ist die kleinste Zahl, die weder rot noch gelb ist und wird daher mit gelb markiert.

(h) Alle Vielfachen der 7 werden rot gestrichen.

(i) Nach dem letzten Schritt waren alle Zahlen bis zur $\sqrt{100} = 10$ entweder rot oder gelb. Damit werden bisher farblose Zahlen gelb markiert.

Abb. 5.1 Das Sieb des Eratosthenes für $n = 100$. Die gelb markierten Zahlen 2, 3, 5, 7, 11, 13, 17, 19, 23, 29, 31, 37, 41, 43, 47, 53, 59, 61, 67, 71, 73, 79, 83, 89, 97 sind alle Primzahlen kleiner gleich 100

Sei $(n + 1)! + k$, mit $k \in \{2, \ldots, n + 1\}$, ein beliebiges Element dieser Menge. Es ist $k \leq n + 1$ und somit gilt $k \mid (n + 1)!$. Damit gilt auch $k \mid (n + 1)! + k$. Da offensichtlich $1 \neq k \neq (n + 1)! + k$ ist, ist $(n + 1)! + k$ keine Primzahl. Die Proposition folgt sofort. $\square$

Bemerkung 5.45 Wir wissen nun, dass die Lücken zwischen Primzahlen beliebig groß werden können. Finden wir trotzdem, egal wie weit wir uns von der 0 entfernen, immer Primzahlen, die nah beieinander liegen? Dass dies tatsächlich so ist, ist einer der spektakulärsten Sätze, die in den letzten Jahren bewiesen wurden. Yitang Zhang (geb. 1955) hat 2014 in [17] bewiesen, dass es unendlich viele Primzahlpaare $p < q$ gibt mit $q - p < 7 \cdot 10^7$.[4] Mittlerweile weiß man sogar, dass man die $7 \cdot 10^7$ durch 246 ersetzen kann [13]. Die Frage nach der Anzahl von *Primzahlzwillingen* – aufeinanderfolgende Primzahlen mit Abstand 2 – bleibt nach wie vor unbeantwortet.

Das folgende Theorem, welches 1896 von Jacques Salomon Hadamard (1865–1963) und Charles-Jean Gustave Nicolas Baron de La Vallée Poussin (1866–1962) bewiesen wurde, beantwortet ziemlich präzise, wieviele Primzahlen es tatsächlich gibt. Der Beweis liegt weit außerhalb der Reichweite dieses Buches. Meistens wird der Beweis in einer Vorlesung über Funktionentheorie geführt (besonders Ungeduldige werden auf das erste Kapitel aus [5] verwiesen). Zunächst etwas Notation. Wieder bezeichnen wir mit ln den natürlichen Logarithmus. Weiter betrachten wir die *Primzahlzählfunktion*

$$\pi : \mathbb{R} \longrightarrow \mathbb{N}_0 \quad ; \quad x \mapsto |\{p \leq x \,|\, p \text{ ist Primzahl}\}|. \tag{5.4}$$

Es wird für die Formulierung des Theorems auch der *Limes* – also der Grenzwert – einer reellwertigen Funktion benutzt. Wer das nicht (oder kaum) kennt, kann gefahrlos zu Bemerkung 5.47 springen.

Theorem 5.46 (Primzahlsatz) *Es gilt*

$$\lim_{x \to \infty} \frac{\pi(x)}{\frac{x}{\ln(x)}} = 1.$$

Bemerkung 5.47 Der Primzahlsatz besagt, dass es für große Werte $x \in \mathbb{R}$ ungefähr $\frac{x}{\ln(x)}$ Primzahlen $\leq x$ gibt. Wir wollen dies benutzen, um herauszufinden, wie viele 10-stellige Primzahlen es ungefähr gibt.

Wir suchen also den Wert $\pi(10^{10}) - \pi(10^9)$. Mit dem Primzahlsatz ist dies ungefähr gleich

$$\frac{10^{10}}{\ln(10^{10})} - \frac{10^9}{\ln(10^9)} = \frac{8 \cdot 10^9}{9 \cdot \ln(10)} = 386.039.539, 46 \ldots$$

---

[4]Unabhängig von dieser Arbeit wurde das Resultat etwas später mit einer verbesserten Konstanten von James Maynard (geb. 1987) [11] bewiesen.

Der genaue Wert von $\pi(10^{10}) - \pi(10^9)$ ist 404.204.977. Eine andere Anwendung liefert uns die ungefähre Größe der n-ten Primzahl. Nämlich ist die n-te Primzahl ungefähr von der Größenordnung $n \cdot \ln(n)$. Wenn Sie mir dies glauben, können Sie das folgende Korollar gefahrlos überspringen.

Korollar 5.48 *Wir bezeichnen mit p_n, wobei $n \in \mathbb{N}$, die n-te Primzahl. Es ist also $p_1 = 2$, $p_2 = 3$, $p_3 = 5$, ... Dann gilt*

$$\lim_{n \to \infty} \frac{n \cdot \ln(n)}{p_n} = 1$$

Beweis Wir skizzieren den Beweis nur. Per Definition der Funktion π, gilt $\pi(p_n) = n$. Für alle $n \geq 2$ ist somit $\ln(\pi(p_n)) = \ln(n)$. Mit dem Primzahlsatz gilt somit

$$1 = \lim_{n \to \infty} \frac{\ln(n)}{\ln\left(\frac{p_n}{\ln(p_n)}\right)} = \lim_{n \to \infty} \frac{\ln(n)}{\ln(p_n) - \ln(\ln(p_n))} = \lim_{n \to \infty} \frac{\ln(n)}{\ln(p_n)}. \tag{5.5}$$

Damit erhalten wir, wieder aus $\pi(p_n) = n$,

$$1 \stackrel{5.46}{=} \lim_{n \to \infty} \frac{\pi(p_n)}{\frac{p_n}{\ln(p_n)}} \stackrel{(5.5)}{=} \lim_{n \to \infty} \frac{n \cdot \ln(p_n)}{p_n} \cdot \frac{\ln(n)}{\ln(p_n)} = \lim_{n \to \infty} \frac{n \cdot \ln(n)}{p_n}.$$

Damit ist das Korollar bewiesen.   □

Zusammenfassung

- Eine Primzahl ist ein $p \in \mathbb{N}$, das genau zwei Teiler in $\mathbb{N}$ besitzt (nämlich die verschiedenen Zahlen 1 und p).
- Primzahlen bilden die multiplikativen Atome von $\mathbb{Z}$, da sich jede Zahl a bis auf das Vorzeichen als Produkt von Primzahlen schreiben lässt (dieses Produkt wird die Primfaktorisierung von a genannt). Dabei liefern Produkte von unterschiedlichen Primzahlen auch unterschiedliche Ergebnisse.
- Die Teiler von a sind genau die Zahlen, die wir aus den Elementen der Primfaktorisierung von a zusammenbasteln können.
- Es gibt unendlich viele Primzahlen. Genauer gibt es ungefähr $\frac{x}{\ln(x)}$ Primzahlen, die kleiner als $x \in \mathbb{R}$ sind.

5.4   Modulare Arithmetik

Oft interessieren uns nur endlich viele immer wiederkehrende Werte. Das Rechnen in diesen Fällen kennen Sie bereits. Denn Sie werden wohl keine Schwierigkeiten mit der Frage haben, wie viel Uhr es in genau 28 h sein wird. Sie nehmen einfach die aktuelle Uhrzeit und addieren

4 h. Warum funktioniert das? Bei Uhrzeiten ist 00.00 Uhr das Gleiche wie 24.00 Uhr und ab dann wiederholt sich alles. Die ganzen Zahlen werden also bei 0 und 24 zusammengeklebt.

Wir geben ein noch einfacheres Beispiel. Sie stehen vor einem funktionierenden Lichtschalter, und das Licht im Raum ist an. Wenn Sie 9-mal auf den Lichtschalter drücken, ist das Licht dann an oder aus? Und was ist, wenn Sie 1001-mal auf den Schalter drücken? In beiden Fällen ist das Licht natürlich aus. Zweimal drücken hat keinen Effekt. Damit hat auch $500 \cdot 2$-mal drücken keinen Effekt, und durch $500 \cdot 2 + 1$-maliges Drücken machen Sie das Licht aus. Einmal drücken oder 1001-mal drücken bewirkt also das Gleiche, da $2 \mid 1001 - 1$ gilt.

Definition 5.49 Sei $n \in \mathbb{Z}$ beliebig. Zwei Zahlen $a, b \in \mathbb{Z}$ heißen *kongruent modulo n*, falls $n \mid a - b$. Wir benutzen dafür die Notation $a \equiv b \mod n$.

Satz 5.50 *Sei $n \in \mathbb{N}$. Die Relation, die durch die Kongruenz modulo n beschrieben wird, ist eine Äquivalenzrelation.*

Beweis Formal ist die Relation, die wir betrachten, gegeben durch die Menge $R = \{(a, b) | a \equiv b \mod n\}$. Für jedes $a \in \mathbb{Z}$ ist $n \mid a - a = 0$, also $a \equiv a \mod n$. Damit ist die Relation reflexiv. Weiter gilt

$$a \equiv b \mod n \iff n \mid a - b \iff n \mid (-1) \cdot (a - b) = b - a \iff b \equiv a \mod n.$$

Das zeigt, dass die Relation auch symmetrisch ist. Es bleibt noch die Transitivität zu zeigen. Sei dazu $a \equiv b \mod n$ und $b \equiv c \mod n$. Das bedeutet, $n \mid a - b$ und $n \mid b - c$. Damit teilt n auch die Summe $(a - b) + (b - c) = a - c$, was nichts anderes als $a \equiv c \mod n$ bedeutet. Damit ist die Relation auch transitiv, und wir sind fertig. $\square$

Notation 5.51 Die Äquivalenzklasse von $a \in \mathbb{Z}$ bezüglich der Relation $\equiv \mod n$ bezeichnen wir mit $[a]_n$. Diese Äquivalenzklasse ist also die Menge

$$[a]_n = \{b \in \mathbb{Z} | n \mid a - b\} = \{a + n \cdot k | k \in \mathbb{Z}\}. \tag{5.6}$$

Das erste Gleichheitszeichen ist genau die Definition der Äquivalenzklasse. Das zweite Gleichheitszeichen folgt aus der Definition der Teilbarkeit, denn es gilt:

$$n \mid a - b \iff n \cdot k' = a - b \text{ für ein } k' \in \mathbb{Z}$$
$$\iff b = a + n \cdot (-k') \text{ für ein } k' \in \mathbb{Z}$$
$$\iff b = a + n \cdot k \text{ für ein } k \in \mathbb{Z}.$$

Wir werden daher auch manchmal kurz $[a]_n = a + n\mathbb{Z}$ schreiben. Ist das n aus dem Zusammenhang klar (was meistens der Fall ist), so schreiben wir für $[a]_n$ auch kurz $[a]$. Die Menge aller dieser Äquivalenzklassen bezeichnen wir mit $\mathbb{Z}/n\mathbb{Z}$ (gesprochen: Z nach nZ).

Beispiel 5.52 Wir betrachten die Kongruenz in einem einfachen Fall, nämlich für $n = 2$. Dann ist $a \equiv b \mod 2$ genau dann, wenn $2 \mid a - b$ gilt. Es gilt also $[0]_2 = \{b \in \mathbb{Z} \mid 2 \mid 0 - b = -b\}$. Die Menge $[0]_2$ besteht also genau aus allen geraden Zahlen. Sie können sicher schon erraten, welche Zahlen in der Menge $[1]_2$ liegen. Es sind genau die Elemente $b \in \mathbb{Z}$ mit $b = 1 + 2 \cdot k$ für ein $k \in \mathbb{Z}$. Da eine gerade Zahl plus 2 wieder eine gerade Zahl ist, gilt somit $\mathbb{Z} = [0]_2 \cup [1]_2$. Damit besteht $[1]_2$ tatsächlich aus genau den ungeraden Zahlen.

Mit Lemma 5.4 ist $[a]_2 = [0]_2$ für jedes gerade a und $[a]_2 = [1]_2$ für jedes ungerade a. Insbesondere ist $\mathbb{Z}/2\mathbb{Z} = \{[0]_2, [1]_2\}$.

Lemma 5.53 *Für jedes* $n \in \mathbb{N}$ *gilt* $\mathbb{Z}/n\mathbb{Z} = \{[0], [1], \ldots, [n - 1]\}$ *und* $|\mathbb{Z}/n\mathbb{Z}| = n$.

Beweis Seien $a, b \in \{0, \ldots, n - 1\}$ mit $a < b$. Dann ist $0 < b - a \leq n - 1$. Damit kann nach Lemma 5.17 nicht $n \mid b - a$ gelten. Insbesondere sind zwei verschiedene Elemente aus $\{0, \ldots, n - 1\}$ nicht kongruent modulo n. Es folgt, dass die Äquivalenzklassen $[0], \ldots, [n - 1]$ paarweise verschieden sind.

Es bleibt zu zeigen, dass es keine weiteren Äquivalenzklassen geben kann. Nach Theorem 5.18 existieren (eindeutige) Elemente $q, r \in \mathbb{Z}$ mit $a = q \cdot n + r \in r + n\mathbb{Z}$ und $0 \leq r \leq n - 1$. Damit ist $n \mid a - r = q \cdot n$, also $a \equiv r \mod n$. Es ist also $[a] = [r]$ und $r \in \{0, \ldots, n - 1\}$. Das war zu zeigen. □

Proposition 5.54 *Seien* $n \in \mathbb{N}$ *und* $a, a', b, b' \in \mathbb{Z}$ *mit* $a \equiv a' \mod n$ *und* $b \equiv b' \mod n$. *Dann gilt*

(a) $a + b \equiv a' + b' \mod n$ *und*
(b) $a \cdot b \equiv a' \equiv b' \mod n$.

Beweis Nach unseren Voraussetzungen und (5.6) gibt es $k, l \in \mathbb{Z}$ mit $a = a' + n \cdot k$ und $b = b' + n \cdot l$.

Zu (a): Es ist $a + b = a' + n \cdot k + b' + n \cdot l = a' + b' + n \cdot (k + l)$. Damit folgt
$n \mid n \cdot (k + l) = (a + b) - (a' + b')$, was genau $a + b \equiv a' + b' \mod n$ bedeutet.
Zu (b): Nun ist $a \cdot b = (a' + n \cdot k) \cdot (b' + n \cdot l) = a' \cdot b' + n \cdot (a' \cdot l + k \cdot b' + n \cdot k \cdot l)$.
Genau wie eben folgt daraus $a \cdot b \equiv a' \cdot b' \mod n$. □

Beispiel 5.55 Wenn wir eine längere Rechnung modulo n rechnen wollen, so ist es nach dieser Proposition nicht nötig, an irgendeiner Stelle mit Zahlen größer als n zu rechnen. Wir möchten überprüfen, ob $0 \equiv 27 \cdot 13 + 2019 \mod 10$ gilt. Wir wissen aber, dass wir jede Zahl durch eine andere ersetzen dürfen, solange wir dabei den Wert modulo 10 nicht verändern. Das heißt, wir dürfen Vielfache von 10 beliebig hinzuaddieren oder abziehen. Es ist $27 = 7 + 2 \cdot 10$ und somit $27 \equiv 7 \mod 10$. Gleiches gilt für alle anderen Zahlen. Damit finden wir sofort

$$27 \cdot 13 + 2019 \equiv 7 \cdot 3 + 9 \equiv 21 + 9 \equiv 1 + 9 \equiv 10 \equiv 0 \mod 10.$$

Bemerkung 5.56 Proposition 5.54 hat noch eine andere extrem wichtige Interpretation. Es ist stets $[a]_n = [a']_n$ genau dann, wenn $a \equiv a' \mod n$ ist. Ist also $[a]_n = [a']_n$ und $[b]_n = [b']_n$, so ist mit Proposition 5.54 auch $[a+b]_n = [a'+b']_n$ und $[a \cdot b]_n = [a' \cdot b']_n$. Damit sind die folgenden Verknüpfungen wohldefiniert:

$$[a]_n + [b]_n = [a+b]_n \quad \text{und} \quad [a]_n \cdot [b]_n = [a \cdot b]_n. \tag{5.7}$$

Hier bedeutet *wohldefiniert*, dass jeweils die rechte Seite – also $[a+b]_n$ und $[a \cdot b]_n$ – nur von den Restklassen $[a]_n$ und $[b]_n$ abhängen und nicht von den speziellen Repräsentanten a und b. Auf $\mathbb{Z}/n\mathbb{Z}$ gibt es also zwei Verknüpfungen.

Satz 5.57 *Für jedes $n \in \mathbb{N}$ bildet die Menge $\mathbb{Z}/n\mathbb{Z}$ zusammen mit den Verknüpfungen aus (5.7) einen kommutativen Ring.*

Beweis Dies folgt sofort daraus, dass $\mathbb{Z}$ ein kommutativer Ring ist und wir in $\mathbb{Z}/n\mathbb{Z}$ mit beliebigen Vertretern aus $\mathbb{Z}$ rechnen dürfen. Wir beweisen nur kurz, dass $(\mathbb{Z}/n\mathbb{Z}, +)$ eine Gruppe ist. Seien dafür $[a], [b], [c] \in \mathbb{Z}/n\mathbb{Z}$ beliebig. Dann ist $[0] + [a] = [0+a] = [a]$ und somit ist $[0]$ das neutrale Element bezüglich $+$. Weiter ist $([a]+[b])+[c] = [a+b]+[c] = [(a+b)+c] = [a+(b+c)] = [a]+[b+c] = [a]+([b]+[c])$ und somit ist die Addition auch assoziativ. Dass es ein Inverses bezüglich $+$ gibt, ist genauso leicht eingesehen, da $[a] + [-a] = [a-a] = [0]$ ist. Die Kommutativität von $+$ und $\cdot$ sowie die Assoziativität von $\cdot$ und das Distributivgesetz folgen genauso aus den entsprechenden Eigenschaften von $\mathbb{Z}$. $\qquad\square$

Beispiel 5.58 Sei $a \in \mathbb{N}$ mit der Dezimaldarstellung $a = a_0 + a_1 \cdot 10 + \ldots a_n \cdot 10^n$. Es sind also $a_0, \ldots, a_n \in \{0, \ldots, 9\}$. Dann gilt:

$$3 \mid a \iff 0 \equiv a \mod 3$$
$$\iff 0 \equiv a_0 + a_1 \cdot \underbrace{10}_{\equiv 1} + \ldots + a_n \cdot \underbrace{10^n}_{\equiv 1^n \equiv 1} \mod 3$$
$$\iff 3 \mid a_0 + \ldots + a_n.$$

Damit gilt der bekannte Satz, dass eine natürliche Zahl genau dann durch 3 teilbar ist, wenn ihre Quersumme es ist. Es gilt natürlich auch $10 \equiv 1 \mod 9$. Damit liefert derselbe Beweis, dass eine Zahl durch 9 teilbar ist, genau dann wenn ihre Quersumme durch 9 teilbar ist.

Definition 5.59 Sei R ein kommutativer Ring. Ein Element $a \in R$ heißt *Einheit,* falls ein $b \in R$ existiert mit $a \cdot b = 1$. Die Menge aller Einheiten von R bezeichnen wir mit R^*.

Wir haben in Lemma 5.11 gesehen, dass $\mathbb{Z}^* = \{-1, 1\}$ gilt.

Proposition 5.60 *Sei R ein kommutativer Ring. Dann ist R^* zusammen mit der Multiplikation eine abelsche Gruppe.*

Beweis Die $1 \in R$ ist eine Einheit, da $1 \cdot 1 = 1$ gilt. Damit ist $R^* \neq \emptyset$.

Wir beweisen nun, dass das Produkt zweier Einheiten wieder eine Einheit ist. Seien also $a, b \in R^*$ und seien $a^{-1}, b^{-1} \in R$ mit $a \cdot a^{-1} = b \cdot b^{-1} = 1$. Insbesondere sind a^{-1} und b^{-1} in R^*. Weiter ist $(a \cdot b) \cdot (b^{-1} \cdot a^{-1}) = a \cdot 1 \cdot a^{-1} = 1$.

Damit ist mit $(R, \cdot)$ auch $(R^*, \cdot)$ ein kommutatives Monoid. Weiter besitzt per Definition der Einheiten jedes Element in R^* ein Inverses. Also ist R^* tatsächlich eine Gruppe. □

Es folgt unmittelbar:

Korollar 5.61 *Ein kommutativer Ring R mit mehr als einem Element ist genau dann ein Körper, wenn $R^* = R \setminus \{0\}$ gilt.*

Lemma 5.62 *Sei $n \in \mathbb{N}$. Es gilt*

$$(\mathbb{Z}/n\mathbb{Z})^* = \{[a] | a \in \{0, \dots, n-1\} \text{ und } \mathrm{ggT}(a, n) = 1\}.$$

Beweis Sei $[a]$ in $\mathbb{Z}/n\mathbb{Z}$. Nach Lemma 5.53 dürfen wir annehmen, dass $a \in \{0, \dots, n-1\}$ ist. Weiter gilt

$$[a] \in (\mathbb{Z}/n\mathbb{Z})^* \iff \underbrace{[a \cdot b]}_{=[a] \cdot [b]} = [1] \text{ für ein } b \in \mathbb{Z} \iff 1 \in a \cdot b + n\mathbb{Z} \text{ für ein } b \in \mathbb{Z}$$

$$\iff 1 = a \cdot b + n \cdot k \text{ für } b, k \in \mathbb{Z} \overset{5.32}{\iff} \mathrm{ggT}(a, n) = 1.$$

Damit ist die Aussage bewiesen. □

Korollar 5.63 *Der Ring $\mathbb{Z}/n\mathbb{Z}$ ist genau dann ein Körper, wenn n eine Primzahl ist.*

Beweis Für $n = 1$ ist n weder eine Primzahl, noch ist $\mathbb{Z}/n\mathbb{Z}$ ein Körper. Wir dürfen also ohne Einschränkung $n \geq 2$ annehmen. Dann gilt

$$\mathbb{Z}/n\mathbb{Z} \text{ ist Körper} \overset{5.61}{\Longleftrightarrow} (\mathbb{Z}/n\mathbb{Z})^* = \mathbb{Z}/n\mathbb{Z} \setminus \{[0]\}$$

$$\overset{5.62}{\Longleftrightarrow} \text{ggT}(a, n) = 1 \text{ für alle } a \in \{1, \dots, n-1\}$$

$$\Longleftrightarrow 1 \text{ und } n \text{ sind die einzigen Teiler von } n \text{ in } \mathbb{N}$$

$$\Longleftrightarrow n \text{ ist eine Primzahl.}$$

Das war zu zeigen. $\square$

Bemerkung 5.64   Sei n keine Primzahl. Warum ist es fast offensichtlich, dass $\mathbb{Z}/n\mathbb{Z}$ kein Körper ist?

Es muss gelten $n = a \cdot b$ für zwei natürliche Zahlen $a, b \in \{2, \dots, n-1\}$, da n sonst eine Primzahl wäre. Es ist also $a \not\equiv 0 \not\equiv b \mod n$, aber $a \cdot b \equiv n \equiv 0 \mod n$. Damit ist $\mathbb{Z}/n\mathbb{Z}$ nicht nullteilerfrei und insbesondere kein Körper.

Bemerkung 5.65   Seien $a, b, n \in \mathbb{N}$. Wir wollen die Kongruenz

$$a \cdot x \equiv b \mod n \tag{5.8}$$

lösen. Wir wollen also ein $x \in \mathbb{Z}$ finden, das diese Kongruenz erfüllt.

Genau wie im Beweis von Lemma 5.62 sehen wir, dass (5.8) genau dann gilt, wenn $b \in a \cdot x + n\mathbb{Z}$ – also genau dann, wenn $b = a \cdot x + n \cdot y$ für $x, y \in \mathbb{Z}$. Aus dem Lemma von Bézout 5.32 folgt sofort, dass dies nur dann lösbar ist, wenn $\text{ggT}(a, n) \mid b$ gilt. Wir halten fest:

Die Kongruenz (5.8) ist genau dann lösbar, wenn $\text{ggT}(a, n) \mid b$ gilt

In diesem Fall liefert der euklidische Algorithmus 5.24 ein Verfahren mit dem wir eine Lösung finden können.

Beispiel 5.66

(a) Wir wollen die Gleichung $300 \cdot x \equiv 16 \mod 1428$ lösen.
     Wir berechnen

$$1428 = 4 \cdot 300 + 228$$
$$300 = 1 \cdot 228 + 72$$
$$228 = 3 \cdot 72 + 12$$
$$72 = 6 \cdot 12 + 0 \implies \text{ggT}(1428, 300) = 12.$$

Da $12 \nmid 16$ gilt, ist die Gleichung $300 \cdot x \equiv 16 \mod 1428$ nicht lösbar.

(b) Wir betrachten nun die Gleichung $300 \cdot x \equiv 36 \mod 1428$. Da $12 = \mathrm{ggT}(1428, 300) \mid 36$, ist diese Gleichung lösbar. Wir gehen die Schritte aus Beispiel (a) rückwärts und finden:

$$12 = 228 - 3 \cdot 72 = 228 - 3 \cdot (300 - 228) = -3 \cdot 300 + 4 \cdot 228$$
$$= -3 \cdot 300 + 4 \cdot (1428 - 4 \cdot 300) = 4 \cdot 1428 - 19 \cdot 300.$$

Das bedeutet
$$12 \equiv 4 \cdot 0 - 19 \cdot 300 \equiv -19 \cdot 300 \mod 1428.$$

Multiplizieren wir beide Seiten mit 3, erhalten wir

$$36 \equiv (-19) \cdot 3 \cdot 300 \equiv (-57) \cdot 300 \mod 1428,$$

und die Gleichung ist gelöst. Natürlich können wir -57 durch jedes Element aus $-57 + 1428\mathbb{Z}$ ersetzen. Es gibt aber noch weitere Lösungen. Für $k \in \mathbb{Z}$ beliebig gilt

$$12 = 4 \cdot 1428 - 19 \cdot 300 + \frac{1428 \cdot 300}{12} \cdot k - \frac{1428 \cdot 300}{12} \cdot k$$
$$= \left(4 + \frac{300}{12} \cdot k\right) \cdot 1428 - \left(19 + \frac{1428}{12} \cdot k\right) \cdot 300.$$

Damit ist aber $36 \equiv 3 \cdot \left(-19 + \frac{1428}{12} \cdot k\right) \cdot 300 \mod 1428$ für alle $k \in \mathbb{Z}$. Insbesondere gibt es verschiedene Elemente $[x] \neq [x']$ in $\mathbb{Z}/1428\mathbb{Z}$ mit $[36] = [300] \cdot [x] = [300] \cdot [x']$. Präzise, gibt es genau 12 verschiedene Elemente $[x]$, die diese Gleichung lösen. Das darf gerne als Übung gemacht werden.

Wir haben in diesem Beispiel gesehen, dass aus $[300] \cdot [x] = [300] \cdot [x']$ in $\mathbb{Z}/1428\mathbb{Z}$ nicht notwendigerweise $[x] = [x']$ folgt. In den Ringen $\mathbb{Z}/n\mathbb{Z}$ darf also im Allgemeinen nicht gekürzt werden!

Definition 5.67 Die *eulersche φ -Funktion* ist definiert als

$$\varphi : \mathbb{N} \longrightarrow \mathbb{N} \quad ; \quad n \mapsto |(\mathbb{Z}/n\mathbb{Z})^*|.$$

Bemerkung 5.68 Nach Lemma 5.62 ist

$$\varphi(n) = |\{a \in \{0, \ldots, n-1\} \mid \mathrm{ggT}(a, n) = 1\}|.$$

Wir müssen zur Berechnung also „nur" die zu n teilerfremden Zahlen kleiner gleich n zählen. Dies ist für kleine n ziemlich einfach.

- $\varphi(6) = |\{1, 5\}| = 2$
- $\varphi(7) = |\{1, 2, 3, 4, 5, 6\}| = 6$

- $\varphi(8) = |\{1, 3, 5, 7\}| = 4$
- $\varphi(12) = |\{1, 5, 7, 11\}| = 4$

Aber was ist $\varphi(5000)$? Wir werden im Folgenden eine Formel zur Berechnung von $\varphi(n)$ herleiten. Dafür benutzen wir wieder ein bisschen Algebra.

Definition 5.69 Seien R, S zwei Ringe und $f : R \longrightarrow S$ eine Abbildung. Die Abbildung f heißt *Ring-Homomorphismus,* wenn für alle $a, b \in R$ gilt

 (i) $f(a + b) = f(a) + f(b)$,
 (ii) $f(a \cdot b) = f(a) \cdot f(b)$ und
(iii) $f(1) = 1$.

Ein Ring-Homomorphismus heißt *Ring-Isomorphismus,* wenn es eine Umkehrabbildung $f^{-1} : S \longrightarrow R$ gibt, die ebenfalls ein Ring-Homomorphismus ist. Existiert ein Ring-Isomorphismus zwischen R und S, so sind R und S *isomorph.*

Genauso definieren wir auch einen Gruppen-Homomorphismus.

Definition 5.70 Seien G und H Gruppen und $f : G \longrightarrow H$ eine Abbildung. Die Abbildung f heißt *Gruppen-Homomorphismus,* wenn für alle $a, b \in G$ gilt

$$f(a \cdot b) = f(a) \cdot f(b).$$

Ein Gruppen-Homomorphismus heißt *Gruppen-Isomorphismus,* wenn es eine Umkehrabbildung $f^{-1} : H \longrightarrow G$ gibt, die ebenfalls ein Gruppen-Homomorphismus ist. Existiert ein Gruppen-Isomorphismus zwischen G und H, so sind G und H *isomorph.*

Wir hatten schon bei Graphen den Begriff *isomorph* kennengelernt und bemerkt, dass dies bedeutet, dass zwei Objekte im Wesentlichen gleich sind. Bei Ringen und Gruppen, ist dieses „Wesentliche" gegeben durch die Kardinalität der Menge und durch die Verknüpfungen. Sind R und S isomorph und ist $f : R \longrightarrow S$ ein Isomorphismus, so haben R und S sicher dieselbe Kardinalität. Weiter ist es ganz egal, ob wir mit den Elementen $a, b \in R$ oder mit den Elementen $f(a), f(b) \in S$ rechnen. Daher sind die Ringe R und S tatsächlich in ihren wesentlichen Eigenschaften gleich.

Lemma 5.71 *Ein Ring-Homomorphismus (bzw. Gruppen-Homomorphismus) ist genau dann ein Ring-Isomorphismus (bzw. Gruppen-Isomorphismus), wenn er bijektiv ist.*

Beweis Wir beweisen die Aussage nur für Ringe. Für Gruppen funktioniert es genauso.

Da zu jedem Ring-Isomorphismus eine Umkehrabbildung existiert, ist sicher jeder Ring-Isomorphismus bijektiv. Sei umgekehrt $f : R \longrightarrow S$ ein bijektiver Ring-Homomorphismus.

Die Bijektivität von f liefert eine Umkehrabbildung $f^{-1} : S \longrightarrow R$. Wir müssen zeigen, dass f^{-1} ein Ring-Isomorphismus ist.

Seien $a, b \in S$ beliebig. Da f^{-1} die Umkehrabbildung von f ist, gilt sicher $f(f^{-1}(a)) = a$, $f(f^{-1}(b)) = b$ und $f(f^{-1}(a+b)) = a + b$. Zusammen erhalten wir

$$f(f^{-1}(a) + f^{-1}(b)) = f(f^{-1}(a)) + f(f^{-1}(b)) = a + b = f(f^{-1}(a+b)).$$

Aus der Injektivität von f folgt $f^{-1}(a+b) = f^{-1}(a) + f^{-1}(b)$. Genauso sehen wir auch $f^{-1}(a \cdot b) = f^{-1}(a) \cdot f^{-1}(b)$. Weiter gilt $f(1) = 1$ und somit auch

$$1 = f^{-1}(f(1)) = f^{-1}(1).$$

Damit ist f^{-1} tatsächlich ein Ring-Homomorphismus, was impliziert, dass f ein Ring-Isomorphismus ist. □

Lemma 5.72 *Seien R und S isomorphe Ringe. Dann sind R^* und S^* isomorphe Gruppen. Insbesondere sind R^* und S^* gleichmächtig.*

Beweis Sei $f : R \longrightarrow S$ ein Ring-Isomorphismus und $a \in R^*$. Dann existiert ein $b \in R$ mit $1 = a \cdot b$. Wir erhalten

$$1 = f(1) = f(a \cdot b) = f(a) \cdot f(b).$$

Es ist also $f(a) \in S^*$. Damit ist f eingeschränkt auf Argumente aus R^* eine Abbildung

$$f_G : R^* \longrightarrow S^* \quad ; \quad a \mapsto f(a).$$

Als Ring-Isomorphismus erfüllt f insbesondere $f(a \cdot b) = f(a) \cdot f(b)$ für alle $a, b \in R^*$. Damit ist f_G ein Gruppen-Homomorphismus.

Sei f^{-1} die Umkehrabbildung von f. Dann ist f^{-1} ein Ring-Homomorphismus und durch Vertauschen der Rollen von R^* und S^* erhalten wir, dass

$$f_G^{-1} : S^* \longrightarrow R^* \quad ; \quad a \mapsto f^{-1}(a)$$

ein Gruppen-Homomorphismus ist. Offensichtlich gilt aber $f_G(f_G^{-1}(a)) = a$ für alle $a \in S^*$ und $f_G^{-1}(f_G(a)) = a$ für alle $a \in R^*$. Damit ist f_G ein Gruppen-Isomorphismus.

Die Aussage über die Mächtigkeit folgt sofort aus der Bijektivität von f_G. □

Proposition 5.73 *Seien R, S kommutative Ringe. Dann bildet auch die Menge $R \times S$ mit den Verknüpfungen*

$$+: \ (r, s) + (r', s') = (r + r', s + s')$$
$$\cdot: \ (r, s) \cdot (r', s') = (r \cdot r', s \cdot s')$$

einen kommutativen Ring. Weiter ist $(R \times S)^* = R^* \times S^*$.

Beweis Dass $R \times S$ mit den komponentenweisen Verknüpfungen ein kommutativer Ring ist, folgt sofort aus den Ringeigenschaften von R und S. Wir zeigen nun die Aussage über die Einheiten. Da die Multiplikation komponentenweise definiert ist, folgt sofort, dass $(1, 1)$ das Einselement in $R \times S$ ist. Damit gilt

$$(a, b) \in (R \times S)^* \iff \exists \, (a', b') \in (R \times S) \text{ mit } (a, b) \cdot (a', b') = (1, 1)$$
$$\iff \exists \, a' \in R \text{ und } b' \in S \text{ mit } a \cdot a' = 1 \text{ und } b \cdot b' = 1$$
$$\iff a \in R^* \text{ und } b \in S^*.$$

$\square$

Theorem 5.74 (Chinesischer Restsatz) *Seien $k, n \in \mathbb{N}$ teilerfremd. Dann sind die Ringe $\mathbb{Z}/k \cdot n\mathbb{Z}$ und $\mathbb{Z}/k\mathbb{Z} \times \mathbb{Z}/n\mathbb{Z}$ isomorph.*

Beweis Für $a \in \mathbb{Z}$ sei $[a]_{nk} = a + n \cdot k\mathbb{Z}$ die Äquivalenzklasse von a modulo $n \cdot k$ und genauso $[a]_n = a + n\mathbb{Z}$ und $[a]_k = a + k\mathbb{Z}$. Wir betrachten die Abbildung

$$f : \mathbb{Z}/k \cdot n\mathbb{Z} \longrightarrow \mathbb{Z}/k\mathbb{Z} \times \mathbb{Z}/n\mathbb{Z}; \quad [a]_{nk} \mapsto ([a]_k, [a]_n).$$

Im Folgenden wollen wir zeigen, dass f ein Ring-Isomorphismus ist.

1. Schritt: f ist wohldefiniert.

Sei $[a]_{nk} = [a']_{nk}$. Wir müssen zeigen, dass dann auch $f([a]_{nk}) = f([a']_{nk})$ gilt.
Es ist $a' \in [a]_{nk} = a + n \cdot k\mathbb{Z}$, also existiert ein $q \in \mathbb{Z}$ mit $a' = a + q \cdot k \cdot n$. Es folgt $a' \equiv a \mod n$ und $a' \equiv a \mod k$. Dies bedeutet gerade $[a]_n = [a']_n$ und $[a]_k = [a']_k$, womit wir sofort erhalten:

$$f([a]_{nk}) = ([a]_k, [a]_n) = ([a']_k, [a']_n) = f([a']_{nk}).$$

2. Schritt: f ist ein Ring-Homomorphismus.

Seien $[a]_{nk}, [b]_{nk} \in \mathbb{Z}/k \cdot n\mathbb{Z}$ beliebig. Dann gilt

$$f([a]_{nk} + [b]_{nk}) = f([a + b]_{nk}) = ([a + b]_k, [a + b]_n)$$
$$= ([a]_k + [b]_k, [a]_n + [b]_n) = ([a]_k, [a]_n) + ([b]_k, [b]_n)$$
$$= f([a]_{nk}) + f([b]_{nk}).$$

Ersetz man in dieser Rechnung überall $+$ durch $\cdot$, so erhält man auch

$$f([a]_{nk} \cdot [b]_{nk}) = f([a]_{nk}) \cdot f([b]_{nk}).$$

Weiter gilt $f([1]_{nk}) = ([1]_k, [1]_n)$. Damit ist f tatsächlich ein Ring-Homomorphismus.

3. Schritt: f ist injektiv.

Sei $f([a]_{nk}) = f([b]_{nk})$ für $a, b \in \mathbb{Z}$. Dann ist $[a]_k = [b]_k$ und $[a]_n = [b]_n$. Übersetzen wir diese Äquivalenzklassenschreibweise in eine Aussage über Teilbarkeiten, erhalten wir $k \mid (a - b)$ und $n \mid (a - b)$. Da n und k teilerfremd sind, folgt aus Korollar 5.33

$$n \cdot k \mid (a - b) \implies a \equiv b \quad \mod n \cdot k \implies [a]_{nk} = [b]_{nk}.$$

Damit ist f injektiv. $\square$

Wir wissen bereits, dass die beiden Ringe die gleiche Kardinalität haben. Damit folgt an dieser Stelle bereits die Bijektivität von f. Wir geben trotzdem noch einen Beweis der Surjektivität.

4. Schritt: f ist surjektiv.

Sei $([a]_k, [b]_n) \in \mathbb{Z}/k\mathbb{Z} \times \mathbb{Z}/n\mathbb{Z}$ beliebig. Wir wollen ein $c \in \mathbb{Z}$ finden mit $f([c]_{nk}) = ([a]_k, [b]_n)$.

Da $\mathrm{ggT}(k, n) = 1$, gibt es nach dem Lemma von Bézout Elemente $x, y \in \mathbb{Z}$ mit $k \cdot x + n \cdot y = 1$. Es ist offensichtlich

$$\begin{aligned} k \cdot x \equiv 0 \quad \mod k \quad & n \cdot y \equiv 1 \quad \mod k, \\ k \cdot x \equiv 1 \quad \mod n \quad & n \cdot y \equiv 0 \quad \mod n. \end{aligned}$$

Damit können wir leicht das gesuchte c konstruieren. Es ist nämlich

- $a \cdot n \cdot y + b \cdot k \cdot x \equiv a \cdot 1 + b \cdot 0 \equiv a \quad \mod k$ und
- $a \cdot n \cdot y + b \cdot k \cdot x \equiv a \cdot 0 + b \cdot 1 \equiv b \quad \mod n.$

Für $c = a \cdot n \cdot y + b \cdot k \cdot x$ gilt somit $[c]_k = [a]_k$ und $[c]_n = [b]_n$. Das bedeutet genau $f([c]_{k \cdot n}) = ([a]_k, [b]_n)$, was den Beweis schließt. $\square$

Biografische Anmerkung: Die Schrift *Sunzi Suanjing* wurde wahrscheinlich zwischen dem 3. und 5. Jahrhundert n.Chr. vom chinesischen Gelehrten Sun-Zi verfasst und enthält im dritten Kapitel die älteste bekannte Version des *chinesischen Restsatzes*.

Beispiel 5.75 Wir möchten alle ganzen Zahlen m finden, für die $m \equiv 2 \mod 35$ und $m \equiv 4 \mod 12$ gilt. Wir sehen $1 = 12 \cdot 3 + 35 \cdot (-1)$; insbesondere ist also $\mathrm{ggT}(35, 12) = 1$.

Der Beweis der Surjektivität von eben sagt uns, dass das Element $c = 2 \cdot 12 \cdot 3 + 4 \cdot 35 \cdot (-1) = -68$ die Kongruenzen $c \equiv 2 \mod 35$ und $c \equiv 4 \mod 12$ erfüllt.

Wir betrachten wieder die Abbildung

$$f : \mathbb{Z}/35 \cdot 12\mathbb{Z} \longrightarrow \mathbb{Z}/35\mathbb{Z} \times \mathbb{Z}/12\mathbb{Z} \quad ; \quad [a]_{35 \cdot 12} \mapsto ([a]_{35}, [a]_{12}).$$

Was wir gezeigt haben, ist, dass $f([-68]_{35 \cdot 12}) = ([2]_{35}, [4]_{12})$ gilt. Ist nun $m \in \mathbb{Z}$ irgendein Element mit $m \equiv 2 \mod 35$ und $m \equiv 4 \mod 12$, so ist $f([m]_{35 \cdot 12}) = ([2]_{35}, [4]_{12})$. Da f nach dem chinesischen Restsatz 5.74 injektiv ist, ist somit $[m]_{35 \cdot 12} = [-68]_{35 \cdot 12}$, was $m \in [-68]_{35 \cdot 12}$ bedeutet.

Wir haben gezeigt, dass die Menge der Elemente $m \in \mathbb{Z}$, die die beiden Kongruenzen lösen, exakt die Menge $[-68]_{35 \cdot 12}$ ist.

Beispiel 5.76 In einer Vorlesung mit weniger als 250 Teilnehmern werden die Studierenden in Übungsgruppen eingeteilt. Bildet man Gruppen mit je 17 Studierenden, bleiben drei Studierende übrig. Bildet man Gruppen mit je 12 Studierenden, bleiben zwei Studierende übrig. Wie viele Teilnehmer hat die Vorlesung?

Nennen wir die Teilnehmerzahl x, so muss gelten

$$x \equiv 3 \mod 17 \quad \text{und} \quad x \equiv 2 \mod 12. \tag{5.9}$$

Wieder berechnen wir zunächst irgendeine Lösung dieser beiden Kongruenzen. Mit dem Lemma von Bézout 5.32 erhalten wir

$$1 = 5 \cdot 17 - 7 \cdot 12.$$

Damit erfüllt $c = 5 \cdot 17 \cdot 2 - 7 \cdot 12 \cdot 3 = -82$ die Kongruenzen aus (5.9). Aber natürlich ist -82 nicht die gesuchte Teilnehmerzahl. Wie im vorangegangenen Beispiel besagt der Chinesische Restsatz, dass die Menge der Lösungen von (5.9) genau die Menge $[-82]_{17 \cdot 12} = [-82]_{204}$ ist. In dieser Menge suchen wir nun ein Element x mit $0 \leq x < 250$. Es ist $[-82]_{204} = \{\ldots, -82, -82 + 204, -82 + 2 \cdot 204, \ldots\}$, und somit ist $x = -82 + 204 = 122$ die gesuchte Teilnehmerzahl.

Korollar 5.77 *Seien $k, n \in \mathbb{N}$ teilerfremd, dann gilt $\varphi(k \cdot n) = \varphi(k) \cdot \varphi(n)$.*

Beweis Es ist

$$\varphi(k \cdot n) = |(\mathbb{Z}/k \cdot n\mathbb{Z})^*| \overset{5.74 \& 5.72}{=} |(\mathbb{Z}/k\mathbb{Z} \times \mathbb{Z}/n\mathbb{Z})^*| \overset{5.73}{=} |(\mathbb{Z}/k\mathbb{Z})^* \times (\mathbb{Z}/n\mathbb{Z})^*|$$
$$= |(\mathbb{Z}/k\mathbb{Z})^*| \cdot |(\mathbb{Z}/n\mathbb{Z})^*| = \varphi(k) \cdot \varphi(n). \qquad \square$$

Theorem 5.78 *Sei* $a \in \mathbb{N}$ *mit Primfaktorisierung* $a = p_1^{e_1} \cdot \ldots \cdot p_n^{e_n}$, *wobei* $p_1, \ldots, p_n$ *paarweise verschiedene Primzahlen sind und* $e_1, \ldots, e_n \in \mathbb{N}$. *Dann gilt*

$$\varphi(a) = (p_1^{e_1-1} \cdot (p_1 - 1)) \cdot (p_2^{e_2-1} \cdot (p_2 - 1)) \cdot \ldots \cdot (p_n^{e_n-1} \cdot (p_n - 1)).$$

Beweis Nach Korollar 5.77 gilt $\varphi(p_1^{e_1} \cdot \ldots \cdot p_n^{e_n}) = \varphi(p_1^{e_1}) \cdot \varphi(p_2^{e_2} \cdot \ldots \cdot p_n^{e_n})$. Induktiv folgt sofort

$$\varphi(a) = \varphi(p_1^{e_1}) \cdot \ldots \cdot \varphi(p_n^{e_n}). \tag{5.10}$$

Wir müssen also nur noch $\varphi(p^e)$ für eine Primzahl p und $e \in \mathbb{N}$ bestimmen. Für eine Zahl $b \in \mathbb{N}$ gilt genau dann ggT$(b, p^e) \neq 1$, wenn $p \mid b$ gilt (Hierfür benötigen wir den Fundamentalsatz der Arithmetik!). Die Elemente in $\{1, \ldots, p^e\}$, die einen gemeinsamen Teiler mit p^e haben, sind also genau die Elemente

$$p, 2 \cdot p, 3 \cdot p, \ldots, (p^{e-1}) \cdot p = p^e.$$

Dies sind offensichtlich genau (p^{e-1})-viele. Um den Wert von $\varphi(p^e)$ zu bestimmen, zählen wir genau die übrigen Zahlen aus $\{1, \ldots, p^e\}$. Es folgt

$$\varphi(p^e) = p^e - p^{e-1} = p^{e-1} \cdot (p - 1).$$

Setzen wir dies in (5.10) ein, so erhalten wir die gewünschte Aussage. □

Wir haben diese rein zahlentheoretische Formel für φ nur mithilfe der Theorie über Ringe bewiesen. Wir haben also das (abstrakte) Studium von Verknüpfungen auf Mengen benutzt, um ein ganz konkretes Hilfsmittel, die eulersche Phi-Funktion, zu berechnen. Aber war Ringtheorie wirklich nötig?

Nein, man kann Theorem 5.78 auch relativ elementar beweisen. Sei $a = p_1^{e_1} \cdot \ldots \cdot p_n^{e_n}$ wie eben. Dann ist ein Element $b \in \{1, \ldots, a\}$ genau dann *nicht* teilerfremd zu a, wenn $p_i \mid b$ gilt für mindestens ein $i \in \{1, \ldots, n\}$. Sei also $A_i = \{b \in \{1, \ldots, a\} | p_i \mid b\}$. Dann ist

$$\varphi(a) = |\{1, \ldots, a\} \setminus (A_1 \cup \ldots \cup A_n)| = a - |A_1 \cup \ldots \cup A_n|.$$

Das kann mit dem Inklusions-Exklusions-Prinzip 2.37 (und der unvermeidbaren Induktion) berechnet werden .

Beispiel 5.79

(a) Weiter oben haben wir gefragt, was $\varphi(5000)$ ist. Dies können wir nun leicht beantworten. Es ist

$$\varphi(5000) = \varphi(2^3 \cdot 5^4) = 2^2 \cdot (2 - 1) \cdot 5^3 \cdot (5 - 1) = 16 \cdot 125 = 2000.$$

(b) Für welche Zahlen n gilt $\varphi(n) = 4$?

Dafür muss gelten $4 = (p_1^{e_1-1} \cdot (p_1 - 1)) \cdot \ldots \cdot (p_r^{e_r-1} \cdot (p_r - 1))$. Es kann höchstens der erste Teil $p_1^{e_1-1} \cdot (p_1 - 1) = 1$ sein (wenn $e_1 = 1$ und $p_1 = 2$).

Für jedes weitere p_i ist der Wert $p_i^{e_i-1} \cdot (p_i - 1) \geq 2$. Damit kann n maximal drei verschiedene Primteiler besitzen. Weiter sind offensichtlich nur die Primzahlen 2, 3, 5 möglich, da sonst $p - 1$ bereits größer als 4 ist.

Eine einfache Fallunterscheidung liefert nun, dass 8, 5, 10 und 12 die einzigen Zahlen n mit $\varphi(n) = 4$ sind.

Proposition 5.80 *Sei φ die eulersche Phi-Funktion. Für jedes $n \in \mathbb{N}$ gilt*

$$\sum_{\{d \in \mathbb{N} \mid d \mid n\}} \varphi(d) = n.$$

Beweis Wir schreiben $n = p_1^{e_1} \cdot \ldots \cdot p_r^{e_r}$ mit paarweise verschiedenen Primzahlen $p_1, \ldots, p_r$ und $e_1, \ldots, e_r \in \mathbb{N}$. Wir führen eine Induktion über r. Dabei schreiben wir für $\sum_{\{d \in \mathbb{N} \mid d \mid n\}}$ kurz $\sum_{d \mid n}$.

Induktionsanfang: Für $r = 1$ ist $n = p^e$ für eine Primzahl p. Dann gilt

$$\sum_{d \mid n} \varphi(d) = \sum_{i=0}^{e} \varphi(p^i) = 1 + \sum_{i=1}^{e} \varphi(p^i) \overset{5.78}{=} 1 + \sum_{i=1}^{e} p^{i-1} \cdot (p - 1)$$

$$= 1 + (p - 1) \cdot \sum_{i=1}^{e} p^{i-1} \overset{3.1}{=} 1 + (p - 1) \cdot \frac{p^e - 1}{p - 1} = p^e = n.$$

Induktionsschritt: Sei $r \geq 2$ und setze $n' = p_1^{e_1} \cdot \ldots \cdot p_{r-1}^{e_{r-1}}$. (Unsere Induktionsvoraussetzung ist, dass $\sum_{d' \mid n'} \varphi(d') = n'$ gilt.) Es ist $n = n' \cdot p_r^{e_r}$, und nach Konstruktion gilt $\mathrm{ggT}(n, p_r^{e_r}) = 1$. Jeder Teiler von n ist nach Korollar 5.39 von der Form $d' \cdot p_r^f$ mit $d' \mid n'$ und $f \in \{0, \ldots, e_r\}$. Damit berechnen wir nun

$$\sum_{d \mid n} \varphi(d) = \sum_{d' \mid n'} \sum_{i=0}^{e_r} \varphi(d' \cdot p_r^i) \overset{5.77}{=} \sum_{d' \mid n'} \sum_{i=0}^{e_r} \varphi(d') \cdot \varphi(p_r^i)$$

$$= \sum_{d' \mid n'} \varphi(d') \cdot \sum_{i=0}^{e_r} \varphi(p_r^i) \overset{\mathrm{IA}}{=} \sum_{d' \mid n'} \varphi(d') \cdot p_r^{e_r} \overset{\mathrm{IV}}{=} n' \cdot p_r^{e_r} = n. \qquad \square$$

Wir geben noch einen anderen, möglicherweise etwas schöneren Beweis der letzten Proposition: Für $k \in \{1, \ldots, n\}$ schreiben wir $\frac{k}{n} = \frac{c}{d}$ als gekürzten Bruch. Dann ist $d \mid n$, $\mathrm{ggT}(c, d) = 1$ und $c \in \{1, \ldots, d\}$. Ist andererseits ein Bruch $\frac{c}{d}$ mit diesen drei Eigenschaften gegeben, so gilt $\frac{c}{d} = \frac{c \cdot \frac{n}{d}}{n}$ mit $c \cdot \frac{n}{d} \in \{1, \ldots, n\}$. Wir haben also die Gleichung

$$\left\{\frac{1}{n}, \frac{2}{n}, \cdots, \frac{n}{n}\right\} = \bigcup_{d|n}\left\{\frac{c}{d}|c \in \{1, \ldots, d\} \text{ und } \text{ggT}(c, d) = 1\right\}.$$

Insbesondere sind also die Kardinalitäten dieser Mengen gleich. Da die Mengen in der Vereinigung auf der rechten Seite paarweise disjunkt sind, erhalten wir mit dem Additionsprinzip 1.41

$$n = \sum_{d|n}|\left\{\frac{c}{d}|c \in \{1, \ldots, d\} \text{ und } \text{ggT}(c, d) = 1\right\}|$$

$$= \sum_{d|n}|\{c|c \in \{1, \ldots, d\} \text{ und } \text{ggT}(c, d) = 1\}| = \sum_{d|n}\varphi(d).$$

Zusammenfassung

- Für jedes $n \in \mathbb{N}$ sei $n\mathbb{Z}$ die Menge aller Vielfachen von n in $\mathbb{Z}$. Dann kann die Menge der ganzen Zahlen unterteilt werden in die Mengen $[0]_n = 0 + n \cdot \mathbb{Z}$, $[1]_n = 1 + n\mathbb{Z}$, ..., $[n-1]_n = (n-1) + n\mathbb{Z}$.
- Es ist $[n]_n = n + n\mathbb{Z}$ die Menge aller Vielfachen von n, also $[n]_n = [0]_n$. Genauso ist $[n+1]_n = [1]_n$ und so weiter.
- Die Mengen $[0]_n, \ldots, [n]_n$ können als Elemente einer Menge $\mathbb{Z}/n\mathbb{Z}$ aufgefasst werden. Auf $\mathbb{Z}/n\mathbb{Z}$ darf dann *fast* so gerechnet werden wie auf $\mathbb{Z}$ ($\mathbb{Z}/n\mathbb{Z}$ ist ein kommutativer Ring).
- Es gilt
  $$n \mid a - b \iff [a]_n = [b]_n \iff a \equiv b \mod n.$$
- Sind n und k teilerfremd, dann rechnet es sich in $\mathbb{Z}/nk\mathbb{Z}$ genauso wie in $\mathbb{Z}/n\mathbb{Z} \times \mathbb{Z}/k\mathbb{Z}$ (die Ringe sind isomorph).
- Die eulersche Phi-Funktion φ zählt die Elemente in $\mathbb{Z}/n\mathbb{Z}$, durch die man kürzen darf (die Elemente, die ein multiplikatives Inverses haben). Äquivalent zählt φ die Elemente aus $\{0, \ldots, n\}$, die teilerfremd zu n sind.
- $\varphi(n)$ kann leicht berechnet werden, sofern man die Primfaktorisierung von n kennt.

5.5 Rechnen modulo einer Primzahl

In diesem Abschnitt ist jedes p, das auftaucht, eine Primzahl. Das Ziel ist die Aussage, dass die Gruppe $(\mathbb{Z}/p\mathbb{Z})^*$ von nur einem einzigen Element erzeugt wird. Das bedeutet, dass jedes Element aus der Gruppe von der Form g^k für ein festes g und ein $k \in \mathbb{N}$ ist. Auf dem Weg dahin beweisen wir noch zwei weitere Highlights der klassischen Zahlentheorie. Erstens zeigen wir, wie man in einem Ring $\mathbb{Z}/n\mathbb{Z}$ große Exponenten berechnet und zweitens zeigen wir, dass es auch für Polynome eine Division mit Rest gibt.

Notation 5.81 Wir wissen, dass $\mathbb{Z}/n\mathbb{Z} = \{[0], \ldots, [n-1]\}$ gilt. Für $a \in \mathbb{Z}$, sei $(a \mod n)$ das eindeutige Element aus $\{0, \ldots, n-1\}$ mit $[(a \mod n)] = [a]$. Wir wiederholen nochmal:

$$[b] = [a] \iff b \equiv a \mod n \iff n \mid a - b.$$

Wir fangen erst einmal klein an.

Lemma 5.82 *Sei $i \in \{1, \ldots, p-1\}$. Dann ist p ein Teiler von $\binom{p}{i}$.*

Beweis Es ist $\binom{p}{i} = \frac{p \cdot (p-1)!}{i! \cdot (p-i)!}$. Umstellen liefert $\binom{p}{i} \cdot i! \cdot (p-i)! = p \cdot (p-1)!$. Da $i < p$ und $(p-i) < p$, kommt p nicht in der Primfaktorisierung von $i! \cdot (p-i)!$ vor. Damit muss p in der Primfaktorisierung von $\binom{p}{i}$ vorkommen. $\square$

Theorem 5.83 (Fermats kleiner Satz) *Für alle $a \in \mathbb{Z}$ gilt $a^p \equiv a \mod p$.*

Beweis Die Aussage ist äquivalent zu $[a]^p - [a] = [0]$ für alle $[a] \in \mathbb{Z}/p\mathbb{Z}$. Insbesondere genügt es, die Behauptung nur für $a \in \{0, 1, \ldots, p-1\} \subseteq \mathbb{N}_0$ zu beweisen. Dies beweisen wir per Induktion über a.

Induktionsanfang: Für $a = 0$ ist die Aussage trivialerweise erfüllt.

Induktionsschritt: Wir berechnen $(a+1)^p - (a+1)$ für ein a mit der Eigenschaft $a^p - a \equiv 0 \mod p$. Es ist

$$(a+1)^p - (a+1) \overset{2.20}{=} a^p + \sum_{i=1}^{p-1} \binom{p}{i} a^i + 1 - a - 1$$

$$\overset{5.82}{\equiv} a^p + 1 - a - 1 \overset{\text{IV}}{\equiv} 0 \mod p.$$

Das war zu zeigen. $\square$

Korollar 5.84 *Für $a \in \mathbb{Z}$ mit $p \nmid a$ gilt $a^{p-1} \equiv 1 \mod p$.*

Beweis Für $p \nmid a$ ist $[a] \neq [0] \in \mathbb{Z}/p\mathbb{Z}$. Damit besitzt $[a]$ ein Inverses in $\mathbb{Z}/p\mathbb{Z}$. Die Aussage folgt nun unmittelbar aus Theorem 5.83. $\square$

Biografische Anmerkung: *Pierre de Fermat* (1607–1665) war ein französischer Jurist und gilt als *König der Hobby-Mathematiker*. Besondere Bekanntheit erlangte er durch die Fermat-Vermutung (für alle $n \geq 3$ besitzt die Gleichung $x^n + y^n = z^n$ keine Lösung in $\mathbb{N}$), für die er behauptete, eine Lösung zu besitzen, die aber erst 1994 von Andrew Wiles mithilfe modernster Mathematik gelöst werden konnte [16].

Bemerkung 5.85 Wir wollen Inverse in $\mathbb{Z}/p\mathbb{Z}$ berechnen. In 5.65 haben wir ein Verfahren – basierend auf dem euklidischen Algorithmus – kennengelernt, wie wir

$$a \cdot x \equiv 1 \quad \mod p \text{ mit } \mathrm{ggT}(a, p) = 1 \tag{5.11}$$

lösen können. Der kleine Satz von Fermat liefert uns eine weitere Möglichkeit.

Wir wissen seit gerade eben, dass $x = a^{p-2}$ eine Lösung von (5.11) ist. Diese Zahl als Element in $\mathbb{N}$ betrachtet ist meistens riesengroß. Daher wollen wir $a^{p-2} \mod p$ berechnen.

Dazu schreiben wir $p - 2$ in der Dualdarstellung $p - 2 = a_k \cdot 2^k + \ldots + a_1 \cdot 2 + a_0$ mit $a_0, \ldots, a_k \in \{0, 1\}$. Dann berechnen wir sukzessive

- $a^2 \mod p$,
- $a^4 \mod p = (a^2)^2 \mod p$,
- $\vdots$
- $a^{2^k} \mod p = (a^{2^{k-1}})^2 \mod p$.

Als Letztes berechnen wir $(a^{a_0} \mod p) \cdot (a^{a_1 \cdot 2^1} \mod p) \cdot \ldots \cdot (a^{a_k \cdot 2^k} \mod p)$.

Ein Beispiel: 23 ist eine Primzahl. Wir wollen die Gleichung $x \cdot 5 \equiv 1 \mod 23$ lösen. Mit dem kleinen Satz von Fermat ist

$$x \equiv 5^{21} \equiv 5^{2^4 + 2^2 + 1} \equiv 5^{2^4} \cdot 5^{2^2} \cdot 5 \quad \mod 23.$$

Nun ist

- $5^2 \equiv 25 \equiv 2 \mod 23$,
- $5^{2^2} \equiv 2^2 \equiv 4 \mod 23$,
- $5^{2^3} \equiv 4^2 \equiv 16 \mod 23$,
- $5^{2^4} \equiv 16^2 \equiv (-7)^2 \equiv 49 \equiv 3 \mod 23$.

Damit folgt leicht

$$x \equiv 3 \cdot 4 \cdot 5 \equiv 60 \equiv 14 \quad \mod 23.$$

Das multiplikative Inverse von $[5] \in \mathbb{Z}/23\mathbb{Z}$ ist also $[14]$. (Test: $5 \cdot 14 = 3 \cdot 23 + 1$).

Dieses Verfahren kann genauso auch zum Potenzieren von Elementen in $\mathbb{Z}/n\mathbb{Z}$ genutzt werden. Es ist sehr schnell: Für die Berechnung von $[5]^{21}$ haben wir nur sieben Multiplikationen in $\mathbb{Z}/23\mathbb{Z}$ benötigt – und nicht 21, wie man eigentlich gedacht hätte! Dennoch ist es fast immer einfacher, Inverse mithilfe des Lemmas von Bézout zu berechnen.

Gilt Fermats kleiner Satz auch wenn p keine Primzahl ist?

Die Antwort ist natürlich nein! Zum Beispiel ist $2^4 \equiv 0 \mod 4$ und $3^4 \equiv 1 \mod 4$. Fermats kleiner Satz gilt also nicht einmal, wenn a und p teilerfremd sind, falls p keine Primzahl ist. Der Grund ist etwas unbefriedigend: Wir arbeiten eigentlich nur in der Gruppe

$(\mathbb{Z}/p\mathbb{Z})^*$. Da p eine Primzahl ist, ist jedes Element $[1], \ldots, [p-1]$ in dieser Gruppe, und für $[0]$ gilt die Aussage trivialerweise. Wenn wir Fermats kleinen Satz also für zusammengesetzte Zahlen verallgemeinern möchten, müssen wir mit den Gruppen $(\mathbb{Z}/n\mathbb{Z})^*$ rechnen. Insbesondere wird die eulersche φ-Funktion benutzt.

Theorem 5.86 (Satz von Euler) *Sei $n \in \mathbb{N}$. Dann gilt für alle $a \in \mathbb{Z}$ mit $\mathrm{ggT}(a, n) = 1$ die Gleichung*

$$a^{\varphi(n)} \equiv 1 \mod n.$$

Beweis Sei also a wie beschrieben. Dann ist nach Lemma 5.62 $[a] \in (\mathbb{Z}/n\mathbb{Z})^*$. Die Abbildung

$$T_{[a]} : (\mathbb{Z}/n\mathbb{Z})^* \longrightarrow (\mathbb{Z}/n\mathbb{Z})^* ; \quad [c] \mapsto [a] \cdot [c]$$

ist bijektiv, da die Abbildung $T_{[a]^{-1}}$ eine Umkehrabbildung ist (bitte überprüfen Sie das in Ruhe!). Damit vertauscht die Abbildung $T_{[a]}$ die Elemente aus $(\mathbb{Z}/n\mathbb{Z})^*$ lediglich. Mit Lemma 5.62 folgt somit

$$(\mathbb{Z}/n\mathbb{Z})^* = \{[c] | 0 \leq c < n \text{ und } \mathrm{ggT}(c, n) = 1\}$$
$$= \{[c \cdot a] | 0 \leq c < n \text{ und } \mathrm{ggT}(c, n) = 1\}. \tag{5.12}$$

Sei B das Produkt von allen Elementen $c \in \{0, \cdots, n-1\}$ mit $\mathrm{ggT}(c, n) = 1$. Von diesen Elementen gibt es genau $\varphi(n)$-viele. Dann folgt aus (5.12)

$$B \equiv B \cdot a^{\varphi(n)} \mod n.$$

Weiter ist per Konstruktion $[B] \in (\mathbb{Z}/n\mathbb{Z})^*$. Damit existiert ein $C \in \mathbb{Z}$ mit $C \cdot B \equiv 1 \mod n$. Multiplizieren wir nun die letzte Gleichung mit C, erhalten wir

$$1 \equiv C \cdot B \equiv C \cdot B \cdot a^{\varphi(n)} \equiv a^{\varphi(n)} \mod n.$$

Das war zu zeigen. $\qquad\square$

Dieser Satz impliziert natürlich sofort den kleinen Satz von Fermat, da für eine Primzahl p stets $\varphi(p) = p - 1$ gilt.

Beispiel 5.87 Was sind die letzten beiden Ziffern von 3333^{4444}?

Sie dürfen gerne Ihren Taschenrechner fragen, aber der wird wahrscheinlich überfordert sein. Also rechnen wir es per Hand aus. Die Antwort ist $(3333^{4444} \mod 100)$. Das wollen wir im Folgenden berechnen. Zunächst ist $3333 \equiv 33 \mod 100$ und somit gilt $(3333^{4444} \mod 100) = (33^{4444} \mod 100)$.

Weiter ist $\varphi(100) = \varphi(2^2 \cdot 5^2) = 2 \cdot 5 \cdot 4 = 40$ und $\mathrm{ggT}(33, 100) = 1$. Mit dem Satz von Euler 5.86 ist somit $33^{40} \equiv 1 \mod 100$. Wir erhalten

$$33^{4444} \equiv 33^{111 \cdot 40 + 4} \equiv (33^{40})^{111} \cdot 33^4 \equiv 33^4 \mod 100.$$

Dies ist leicht zu berechnen: $33^2 = (30 + 3)^2 = 900 + 180 + 9 \equiv 89 \mod 100$ und somit $33^4 = (33^2)^2 \equiv 89^2 \equiv (-11)^2 \equiv 121 \equiv 21 \mod 100$.

Setzen wir nun alles zusammen so erhalten wir $3333^{4444} \equiv 21 \mod 100$ und somit endet 3333^{4444} auf 21.

Bemerkung 5.88 Wenn wir in $\mathbb{Z}/n\mathbb{Z}$ addieren oder multiplizieren, können wir in jedem Schritt modulo n rechnen. Selbst ohne weitere Tricks ist es also nie nötig, mit Zahlen größer als $(n-1)^2$ zu rechnen. Der Satz von Euler liefert nun, dass wir auch auf hohe Exponenten beim Rechnen in $\mathbb{Z}/n\mathbb{Z}$ verzichten können.

Um den letzten großen Satz in diesem Kapitel zu beweisen, benötigen wir zunächst etwas mehr Algebra.

Bemerkung 5.89 Im folgenden Teil dieser Bemerkung bezeichnet G stets eine *endliche* Gruppe mit der Verknüpfung $\cdot$ und neutralem Element e. Für jedes $g \in G$ und jedes $k \in \mathbb{N}_0$ sei g^k das Element in G, das durch k-faches Verknüpfen von g mit sich selbst entsteht, das heißt

$$g^k = \underbrace{g \cdot g \cdot \ldots \cdot g}_{k\text{-mal}}.$$

Das leere Produkt setzen wir wie üblich als neutrales Element fest. Es ist somit $g^0 = e$ für alle $g \in G$.

Man zeigt ganz leicht, dass die gewohnten Potenzregeln gelten. Es ist also für alle $k, l \in \mathbb{N}_0$ und alle $g \in G$

$$g^{k+l} = g^k \cdot g^l \quad \text{und} \quad g^{kl} = (g^k)^l.$$

Sei wieder $g \in G$ beliebig. Da G endlich ist, können die Elemente $g^1, g^2, g^3, \ldots$ nicht alle verschieden sein. Es gibt also zwei Zahlen $k > l$ mit $g^{k-l} \cdot g^l = g^k = g^l$. Multiplizieren wir beide Seiten mit dem Inversen von g^l, so sehen wir $g^{k-l} = e$ und $k - l \in \mathbb{N}$. Diese Feststellung brauchen wir, damit die folgende Definition der *Ordnung* eines Elementes einen Sinn ergibt.

Definition 5.90 Sei $(G, \cdot)$ eine endliche Gruppe. Dann heißt G *zyklisch*, falls ein $g \in G$ existiert mit $G = \{e, g, g^2, g^3, \ldots\}$. Ein solches g wird *erzeugendes Element von G* genannt.

Die *Ordnung* eines Elementes $g \in G$ ist die kleinste Zahl $\mathrm{ord}(g) \in \mathbb{N}$ mit $g^{\mathrm{ord}(g)} = e$.

Beispiel 5.91
- Es gilt stets $\mathrm{ord}(e) = 1$, wenn e das neutrale Element in G ist.
- Für jedes $n \in \mathbb{N}$ ist $(\mathbb{Z}/n\mathbb{Z}, +)$ eine zyklische Gruppe mit erzeugendem Element $[1]$, denn

$$G = \{\underbrace{[0]}_{=e}, [1], \underbrace{[1] + [1]}_{=[2]}, \ldots\} = \{[0], [1], \ldots, [n-1]\}.$$

Hier ist zu beachten, dass $[n-1] + [1] = [n] = [0]$ ist. Nach n Additionen fangen wir also wieder vorne an. Es ist $\mathrm{ord}([1]) = n$.
- Was ist die Ordnung von $[8] \in (\mathbb{Z}/12\mathbb{Z}, +)$?
  Es ist $[8] \neq [0]$, $[8]+[8] = [4] \neq [0]$, $[8]+[8]+[8] = [12] = [0]$. Also ist $\mathrm{ord}([8]) = 3$.

Das obige Beispiel deckt bereits alle endlichen zyklischen Gruppen ab, wie wir bald sehen werden!

Lemma 5.92 *Sei $g \in G$ beliebig. Für $k, l \in \mathbb{N}_0$ gilt genau dann $g^k = g^l$, wenn $k \equiv l$ mod $\mathrm{ord}(g)$ ist. Insbesonders ist also stets $g^k = g^{(k \bmod \mathrm{ord}(g))}$.*

Beweis Seien also im Folgenden $k, l \in \mathbb{N}_0$. Wir beweisen nun die beiden Implikationen.

$\Rightarrow$ Sei also $k \equiv l$ mod $\mathrm{ord}(g)$. Wir nehmen ohne Einschränkung $k \geq l$ an. Dann gibt es ein $q \in \mathbb{N}_0$ mit $l + q \cdot \mathrm{ord}(g) = k$. Es folgt

$$g^k = g^{l+q\cdot\mathrm{ord}(g)} = g^l \cdot g^{\mathrm{ord}(g)\cdot q} = g^l \cdot (g^{\mathrm{ord}(g)})^q = g^l \cdot e^q = g^l.$$

Da per Definition $k \equiv (k \bmod \mathrm{ord}(g))$ mod $\mathrm{ord}(g)$ gilt, folgt mit dieser Gleichung sofort $g^k = g^{(k \bmod \mathrm{ord}(g))}$.

$\Leftarrow$ Sei nun $g^k = g^l$. Wir setzen $k' = (k \bmod \mathrm{ord}(g))$ und $l' = (l \bmod \mathrm{ord}(g))$. Dann ist per Definition $k', l' \in \{0, \ldots, \mathrm{ord}(g) - 1\}$ und wie gerade gesehen ist $g^{k'} = g^{l'}$. Sei ohne Einschränkung $k' \geq l'$. Dann gilt $g^{k'-l'} = e$ und $k' - l' \in \{0, \ldots, \mathrm{ord}(g) - 1\}$. Aufgrund der Minimalität von $\mathrm{ord}(g)$ folgt $k' - l' = 0$, was nichts anderes bedeutet als $k \equiv k' \equiv l' \equiv l$ mod $\mathrm{ord}(g)$. $\square$

Proposition 5.93 *Ist $|G| = n$ und $g \in G$ beliebig. Dann gilt*

(a) $g^k = e \iff \mathrm{ord}(g) \mid k$,

(b) $\{e, g, g^2, \ldots, g^{\mathrm{ord}(g)-1}\} = \{e, g, g^2, \ldots\}$, *und beide Mengen haben Kardinalität* $\mathrm{ord}(g)$,

(c) $\mathrm{ord}(g) \leq n$,

(d) G *ist genau dann zyklisch, wenn es ein $h \in G$ gibt mit $\mathrm{ord}(h) = n$. In diesem Fall ist h ein erzeugendes Element von G.*

Beweis Wir beweisen die Aussagen nacheinander. Eigentlich folgt alles unmittelbar aus Lemma 5.92.

Zu (a) Seien $g \in G$ und $k \in \mathbb{N}$. Dann ist

$$g^k = e \iff g^k = g^0 \overset{5.92}{\iff} k \equiv 0 \mod \operatorname{ord}(g) \iff \operatorname{ord}(g) \mid k.$$

Zu (b) Für jedes $k \in \mathbb{N}_0$ ist $g^k = g^{k \mod \operatorname{ord}(g)} \in \{e, g^1, g^2, \ldots, g^{\operatorname{ord}(g)-1}\}$. Damit ist der erste Teil der Aussage bewiesen. Weiter sind die Elemente $0, 1, 2, \ldots, \operatorname{ord}(g) - 1$ paarweise nicht kongruent modulo $\operatorname{ord}(g)$. Somit sind nach Lemma 5.92 auch die Elemente $e = g^0, g^1, g^2, \ldots, g^{\operatorname{ord}(g)-1}$ paarweise verschieden.

Zu (c) Teil (b) besagt, dass $\{e, g, g^2, \ldots, g^{\operatorname{ord}(g)-1}\}$ eine $\operatorname{ord}(g)$-elementige Teilmenge von G ist. Da $|G| = n$ folgt unmittelbar $\operatorname{ord}(g) \leq n$.

Zu (d)

$$G \text{ ist zyklisch} \iff G = \{e, h, h^2, \ldots\} \text{ für ein } h \in G$$

$$\overset{(b)}{\iff} G = \{e, h, h^2, \ldots, h^{\operatorname{ord}(h)-1}\} \text{ für ein } h \in G$$

$$\overset{(b)}{\iff} |G| = n = \operatorname{ord}(h) \text{ für ein } h \in G.$$

Offensichtlich ist das h auch tatsächlich ein erzeugendes Element von G. □

Korollar 5.94 *Seien $n \in \mathbb{N}$ und $[a] \in (\mathbb{Z}/n\mathbb{Z})^*$ beliebig. Dann gilt $\operatorname{ord}([a]) \mid \varphi(n)$. Ist $n = p$ eine Primzahl, so gilt $\operatorname{ord}([a]) \mid p - 1$.*

Beachten Sie, dass $(\mathbb{Z}/n\mathbb{Z})^*$ nur bezüglich der Multiplikation eine Gruppe ist. Wir rechnen hier also in der Gruppe $\big((\mathbb{Z}/n\mathbb{Z})^*, \cdot\big)$.

Beweis Mit dem Satz von Euler 5.86 gilt $[a]^{\varphi(n)} = [1]$. Mit Proposition 5.93 (a) folgt sofort $\operatorname{ord}([a]) \mid \varphi(n)$. Da für eine Primzahl p gilt $\varphi(p) = p - 1$, ist das Korollar bewiesen. □

Proposition 5.95 *Sei G eine endliche zyklische Gruppe mit $|G| = n \in \mathbb{N}$, und sei $g \in G$ ein erzeugendes Element. Dann ist*

$$\ell_g : G \longrightarrow \mathbb{Z}/n\mathbb{Z} \ ; \ g^k \mapsto [k]$$

ein Gruppen-Isomorphismus. Insbesondere sind G und $\mathbb{Z}/n\mathbb{Z}$ isomorph.

Beweis Seien $k, l \in \mathbb{N}_0$. Wir haben folgende Äquivalenzen

$$g^k = g^l \overset{5.92}{\Longleftrightarrow} k \equiv l \mod \mathrm{ord}(g) \overset{5.93(d)}{\Longleftrightarrow} k \equiv l \mod n$$

$$\Longleftrightarrow [k] = [l] \Longleftrightarrow \ell_g(g^k) = \ell_g(g^l).$$

Damit ist ℓ_g wohldefiniert („⇒") und injektiv ("⇐"). Offensichtlich ist ℓ_g auch surjektiv. Damit folgt die Bijektivität der Abbildung.

Dass ℓ_g ein Gruppen-Homomorphismus ist, folgt aus

$$\ell_g(g^k \cdot g^l) = \ell_g(g^{k+l}) = [k+l] = [k] + [l] = \ell_g(g^k) + \ell_g(g^l).$$

Damit ist ℓ_g ein bijektiver Gruppen-Homomorphismus, also ein Gruppen-Isomorphismus (siehe Lemma 5.71). $\square$

Wir wollen als Nächstes beweisen, dass $(\mathbb{Z}/p\mathbb{Z})^*$ eine zyklische Gruppe ist. Dies sieht eher unscheinbar aus, benötigt aber tatsächlich einen großen Apparat an Mathematik.

An einzelnen Stellen in diesem Buch sind uns bereits Polynome begegnet (zum Beispiel als charakteristisches Polynom einer linearen homogenen Rekursion). Diese Polynome hatten bisher stets Koeffizienten in den komplexen Zahlen $\mathbb{C}$, aber wir können auch Polynome mit Koeffizienten in irgendeinem anderen Körper betrachten. Da dies vielleicht etwas ungewohnt ist, präzisieren wir nun endlich, was eigentlich mit *Polynom* gemeint ist.

Definition 5.96 Sei K ein Körper. Ein *Polynom über K* ist ein formaler Ausdruck der Form

$$f(x) = a_0 + a_1 \cdot x + a_2 \cdot x^2 + \ldots + a_n \cdot x^n \text{ mit } n \in \mathbb{N} \text{ und } a_0, \ldots, a_n \in K \qquad (5.13)$$

Der *Grad* $\mathrm{grad}(f)$ von $f(x)$ ist der größte Index $i \in \{0, \ldots, n\}$ mit $a_i \neq 0 \in K$. Falls alle a_i gleich null sind, so ist $f = 0$ und wir setzen $\mathrm{grad}(0) = -\infty$.

Die Menge aller Polynome über K bezeichnen wir mit $K[x]$. Für $f(x) \in K[x]$ heißt ein $\alpha \in K$ *Nullstelle* von f, wenn $f(\alpha) = a_0 + a_1 \cdot \alpha + a_2 \cdot \alpha^2 + \ldots + a_n \cdot \alpha^n = 0$ gilt.

Wir setzen wie gewohnt $x^0 = 1$ in $K[x]$.

Beispiel 5.97 Für jeden Körper K ist $K \subseteq K[x]$, und es gilt $\mathrm{grad}(f) = 0$ genau dann wenn $f \in K \setminus \{0\}$.

Sei $K = \mathbb{Z}/7\mathbb{Z}$. Dann ist $f(x) = [3] + [3] \cdot x^3 + [2] \cdot x^5$ ein Polynom vom Grad 5. Weiter ist $[2]$ eine Nullstelle von $f(x)$. Denn:

$$f([2]) = [3] + [3] \cdot [2]^3 + [2] \cdot [2]^5 = [3 + 3 \cdot 2^3 + 2^6] \text{ und}$$

$$3 + 3 \cdot 2^3 + 2^6 \equiv 3 + 3 \cdot \underbrace{8}_{\equiv 1} + 8 \cdot 8 \equiv 7 \equiv 0 \mod 7.$$

Lemma 5.98 *Sei K ein Körper. Dann erweitern sich die Verknüpfungen auf K durch*

- $(a \cdot x^k) \cdot (b \cdot x^n) = a \cdot b \cdot x^{k+n}$ *für alle* $a, b \in K$, $k, n \in \mathbb{N}_0$ *und*
- $(a \cdot x^k) + (b \cdot x^k) = (a + b) \cdot x^k$ *für alle* $a, b \in K$, $k \in \mathbb{N}_0$

eindeutig zu Verknüpfungen auf $K[x]$, *bezüglich derer* $K[x]$ *ein kommutativer nullteiler-freier Ring ist.*

Beweis Diese Aussage wird in jeder Linearen-Algebra-1-Vorlesung für $K = \mathbb{R}$ bewiesen. Exakt derselbe Beweis ist auch gültig für einen beliebigen Körper.   □

Beispiel 5.99 Seien wieder $K = \mathbb{Z}/7\mathbb{Z}$ und $f(x) = [3] + [3] \cdot x^3 + [2] \cdot x^5$ und $g(x) = [1] + [6] \cdot x^2$. Dann ist

$$
\begin{aligned}
f(x) \cdot g(x) &= ([3] + [3] \cdot x^3 + [2] \cdot x^5) \cdot ([1] + [6] \cdot x^2) \\
&= ([3] + [3] \cdot x^3 + [2] \cdot x^5) \cdot [1] + ([3] + [3] \cdot x^3 + [2] \cdot x^5) \cdot [6] \cdot x^2 \\
&= ([3] + [3] \cdot x^3 + [2] \cdot x^5) + ([4] \cdot x^2 + [4] \cdot x^5 + [5] \cdot x^7) \\
&= [3] + [4] \cdot x^2 + [3] \cdot x^3 + [6] \cdot x^5 + [5] \cdot x^7.
\end{aligned}
$$

Hier haben wir nur die Definition und mehrfach das Distributivgesetz benutzt. Wir bemerken, dass $\operatorname{grad}(f \cdot g) = \operatorname{grad}(f) + \operatorname{grad}(g)$ gilt. Das ist natürlich kein Zufall.

Theorem 5.100 *Seien K ein Körper und $f, g \in K[x]$ mit $g \neq 0$. Dann existieren eindeutige Polynome $q, r \in K[x]$ mit $f(x) = q(x) \cdot g(x) + r(x)$ und $\operatorname{grad}(r) < \operatorname{grad}(g)$. Hier sagen wir, dass $-\infty < n$ für alle $n \in \mathbb{N}_0$ gilt.*

Beweis Wir müssen wieder die Existenz und die Eindeutigkeit beweisen. In der Schule wurde Polynomdivision behandelt. Der dort erlernte Algorithmus liefert auch ganz allgemein die Existenz. Wir beweisen es dennoch formal sauber.

Zur Existenz: Falls $\operatorname{grad}(f) < \operatorname{grad}(g)$, so gilt $f(x) = 0 \cdot g(x) + f(x)$, und die Aussage folgt mit $q(x) = 0$ und $r(x) = f(x)$. Wir dürfen also annehmen, dass $\operatorname{grad}(f) \geq \operatorname{grad}(g)$ ist. Da damit insbesondere $f(x) \neq 0$ folgt, führen wir eine Induktion (II. Induktionsprinzip) über $n = \operatorname{grad}(f)$.

Induktionsanfang: Für $n = 0$ gilt $0 \leq \operatorname{grad}(g) \leq \operatorname{grad}(f) = 0$ und somit sind $g(x)$ und $f(x)$ Elemente in $K \setminus \{0\} = K^*$, sagen wir $f(x) = a$ und $g(x) = b$. Dann ist aber $f(x) = a \cdot b^{-1} \cdot g(x) + 0$, und wir sind fertig. Hier haben wir benutzt, dass K ein Körper ist und somit tatsächlich ein multiplikatives Inverses von b existiert.

Induktionsvoraussetzung: Für beliebiges, aber festes $n \in \mathbb{N}_0$ gelte: Für alle $f(x) \in K[x]$ mit $\operatorname{grad}(f) \leq n$ und für alle $g(x) \in K[x] \setminus \{0\}$ existieren $q(x), r(x) \in K[x]$ mit $\operatorname{grad}(r) < \operatorname{grad}(g)$.

Induktionsschritt: Sei also $\text{grad}(f) = n + 1$. Nach unseren Vorüberlegungen dürfen wir annehmen, dass $k = \text{grad}(g) \leq n + 1$ gilt. Wir schreiben

$$f(x) = a_{n+1} \cdot x^{n+1} + a_n \cdot x^n + \dots$$
$$g(x) = b_k \cdot x^k + b_{k-1} \cdot x^{k-1} + \dots$$

mit $a_{n+1} \neq 0 \neq b_k$ aus K. Da K ein Körper ist, existiert das Element $a_{n+1} \cdot b_k^{-1} \in K$. Multiplizieren wir nun $g(x)$ mit $a_{n+1} \cdot b_k^{-1} \cdot x^{n+1-k}$, erhalten wir

$$a_{n+1} \cdot b_k^{-1} \cdot g(x) = a_{n+1} \cdot x^{n+1} + a_{n+1} \cdot b_k^{-1} \cdot b_{k-1} \cdot x^n + \dots$$

Damit ist $f(x) - a_{n+1} \cdot b_k^{-1} \cdot g(x)$ ein Polynom mit Grad $\leq n$. Nach Induktionsvoraussetzung existieren also $\tilde{q}(x), r(x) \in K[x]$ mit $f(x) - a_{n+1} \cdot b_k^{-1} \cdot g(x) = \tilde{q}(x) \cdot g(x) + r(x)$ und $\text{grad}(r) < \text{grad}(g)$. Mit diesen Polynomen erhalten wir auch

$$f(x) = \tilde{q}(x) \cdot g(x) + a_{n+1} \cdot b_k^{-1} \cdot g(x) + r(x) = \underbrace{\left(\tilde{q}(x) + a_{n+1} \cdot b_k^{-1}\right)}_{=q(x)} \cdot g(x) + r(x).$$

Damit ist die Existenz der Polynome $q(x), r(x)$ bewiesen.

Zur Eindeutigkeit: Seien $f(x), g(x)$ wie in der Formulierung des Theorems, und seien $q_1(x), q_2(x), r_1(x), r_2(x) \in K[x]$ mit $f(x) = q_i(x) \cdot g(x) + r_i(x)$ und $\text{grad}(r_i) < \text{grad}(g)$ für alle $i \in \{1, 2\}$. Subtrahieren wir die beiden Gleichungen, so erhalten wir

$$r_2(x) - r_1(x) = (q_1(x) - q_2(x)) \cdot g(x). \tag{5.14}$$

Es ist $\text{grad}(r_2 - r_1) \leq \max\{\text{grad}(r_1), \text{grad}(r_2)\} < \text{grad}(g)$. Wäre $q_1(x) - q_2(x) \neq 0$, so wäre aber (da K nullteilerfrei ist) $\text{grad}((q_1 - q_2) \cdot g) \geq \text{grad}(g) > \text{grad}(r_2 - r_1)$, was ein Widerspruch zu (5.14) darstellt. Damit ist also $q_1(x) - q_2(x) = 0$ und somit $q_1(x) = q_2(x)$. Wieder aus (5.14) folgt unmittelbar auch $r_1(x) = r_2(x)$. Damit ist auch die Eindeutigkeit bewiesen. $\square$

Beispiel 5.101 Sei $K = \mathbb{Z}/7\mathbb{Z}$. Wir wollen die Division mit Rest durchführen für

$$f(x) = [6] \cdot x^4 + [5] \cdot x^3 + [6] \cdot x^2 + 2 \quad \text{und} \quad g(x) = [2] \cdot x^2 + [4] \cdot x + [1].$$

Der eben geführte Beweis liefert ein Verfahren, wie wir $q(x)$ und $r(x)$ finden können. Der Induktionsschritt besteht gerade daraus, $g(x)$ mit einem Element der Form $[a] \cdot x^k$ zu multiplizieren, sodass $f(x) - [a] \cdot x^k \cdot g(x)$ einen kleineren Grad hat als $f(x)$. Dies wiederholen wir solange, bis wir ein Polynom erhalten, das kleineren Grad besitzt als $g(x)$. Dieses Polynom ist das gesuchte $r(x)$. Wir schreiben dieses Verfahren in (aus der Schule) gewohnter Art auf.

1. Schritt:

$$
\begin{array}{r}
([6] \cdot x^4 + [5] \cdot x^3 + [6] \cdot x^2 \quad + [2]) \div ([2] \cdot x^2 + [4] \cdot x + [1]) = [3] \cdot x^2 \\
- ([6] \cdot x^4 + [5] \cdot x^3 + [3] \cdot x^2) \\
\hline
[3] \cdot x^2 \quad + [2]
\end{array}
$$

2. Schritt:

$$
\begin{array}{r}
([6] \cdot x^4 + [5] \cdot x^3 + [6] \cdot x^2 \qquad\qquad + [2]) \div ([2] \cdot x^2 + [4] \cdot x + [1]) = [3] \cdot x^2 + [5] \\
- ([6] \cdot x^4 + [5] \cdot x^3 + [3] \cdot x^2) \\
\hline
[3] \cdot x^2 \qquad\qquad + [2] \\
- ([3] \cdot x^2 + [6] \cdot x + [5]) \\
\hline
x \quad + [4]
\end{array}
$$

Damit gilt $f(x) = ([3] \cdot x^2 + [5]) \cdot g(x) + (x + [4])$, und wir sind fertig.

Bemerkung 5.102 Die Aussage aus Theorem 5.100 sollte Ihnen bekannt vorkommen! Es besagt gerade, dass wir auf dem Ring $K[x]$ eine Division mit Rest haben. Alles, was wir bisher über die ganzen Zahlen bewiesen haben, folgt daraus, dass $\mathbb{Z}$ ein kommutativer nullteilerfreier Ring ist, auf dem wir eine Division mit Rest durchführen können (vergleiche Bemerkung 5.38). Aber $K[x]$ erfüllt auch alle diese Eigenschaften! Damit kann man genau wie für $\mathbb{Z}$ auch für $K[x]$ die Sätze wie eindeutige Primfaktorisierung, Lemma von Bézout, euklidischer Algorithmus, . . . – ja sogar die Resultate der modularen Arithmetik – beweisen!

Proposition 5.103 *Sei K ein Körper. Jedes $f \in K[x] \setminus \{0\}$ besitzt maximal* $\operatorname{grad}(f)$ *viele Nullstellen in K.*

Beweis Da $f(x) \neq 0$ ist, ist $\operatorname{grad}(f) \in \mathbb{N}_0$. Wir führen nun eine Induktion über $\operatorname{grad}(f)$.
  Induktionsanfang: Für $\operatorname{grad}(f) = 0$ ist $f(x) = a_0$ mit $a_0 \neq 0$. Insbesondere ist $f(\alpha) = a_0 \neq 0$ für alle $\alpha \in K$. Damit hat f keine (also $\operatorname{grad}(f)$ viele) Nullstellen.
  Induktionsschritt: Sei die Aussage bewiesen für alle Polynome aus $K[x] \setminus \{0\}$ mit Grad n. Wir beweisen die Aussage nun für ein beliebiges Polynom $f(x)$ vom Grad $n + 1$.
  Hat $f(x)$ keine Nullstelle sind wir offensichtlich fertig. Sei also $\alpha \in K$ eine Nullstelle von f. Nach Theorem 5.100 existieren $q(x), r(x) \in K[x]$ mit $f(x) = q(x) \cdot (x - \alpha) + r(x)$ und $\operatorname{grad}(r) < \operatorname{grad}(x - \alpha) = 1$. Damit ist $r(x) = r \in K$, und es gilt

$$
0 = f(\alpha) = q(\alpha) \cdot (\alpha - \alpha) + r = r.
$$

Es ist also $f(x) = q(x) \cdot (x - \alpha)$ und somit gilt mit $\beta \in K$:

$$
0 = f(\beta) = q(\beta) \cdot (\beta - \alpha) \iff q(\beta) = 0 \text{ oder } \beta = \alpha.
$$

Damit besitzt $f(x)$ höchstens eine Nullstelle mehr als $q(x)$. Weiter ist

$$n + 1 = \operatorname{grad}(f) = \operatorname{grad}(q \cdot (x - \alpha)) = \operatorname{grad}(x \cdot q - \alpha \cdot q)$$
$$= \operatorname{grad}(x \cdot q) = \operatorname{grad}(q) + 1,$$

und nach Induktionsvoraussetzung besitzt $q(x)$ maximal n Nullstellen. Es folgt, dass f maximal $n + 1$ Nullstellen in K besitzt. □

Kommen wir nun endlich zur Anwendung der Polynome und zum Beweis, dass $(\mathbb{Z}/p\mathbb{Z})^*$ zyklisch ist. Die Aussage des folgenden Lemmas wird bald deutlich verschärft. Sie dürfen es also bald wieder vergessen.

Lemma 5.104 *Sei $d \in \mathbb{N}$. In $(\mathbb{Z}/p\mathbb{Z})^*$ gibt es maximal $\varphi(d)$ Elemente der Ordnung d.*

Beweis Falls es kein Element der Ordnung d gibt, ist die Aussage offensichtlich korrekt. Wir nehmen also an, dass es ein $[a] \in (\mathbb{Z}/p\mathbb{Z})^*$ gibt mit $\operatorname{ord}([a]) = d$.

Alle Elemente in $(\mathbb{Z}/p\mathbb{Z})^*$ mit Ordnung d sind Nullstellen von $x^d - [1] \in \mathbb{Z}/p\mathbb{Z}[x]$. Da $\mathbb{Z}/p\mathbb{Z}$ ein Körper ist, gibt es maximal d verschiedene Nullstellen von diesem Polynom. Nun gilt aber für jedes $k \in \mathbb{N}_0$

$$([a]^k)^d - [1] = ([a]^d)^k - [1] = [1]^k - [1] = [0].$$

Da nach Proposition 5.93 die Elemente $[1], [a], [a]^2, \ldots, [a]^{d-1}$ paarweise verschieden sind, sind dies alle Nullstellen von $x^d - [1]$. Insbesondere:

$$\text{Alle Elemente der Ordnung } d \text{ sind enthalten in } \{[1], [a], [a]^2, \ldots, [a]^{d-1}\}. \quad (5.15)$$

Sei nun $k \in \{0, \ldots, d-1\}$ mit $\operatorname{ggT}(k, d) = c \neq 1$. Dann ist $k = c \cdot q$ und $\operatorname{ord}([a]) = d = c \cdot l$ für ein $0 < l < \operatorname{ord}([a])$ und ein $q \in \mathbb{N}$. Dann gilt

$$([a]^k)^l = ([a]^{c \cdot q})^l = [a]^{c \cdot l \cdot q} = ([a]^{\operatorname{ord}([a])})^q = [1].$$

Insbesondere ist $\operatorname{ord}([a]^k) \leq l < d$. Fassen wir dies mit (5.15) zusammen erhalten wir, dass alle Elemente der Ordnung d enthalten sind in der Menge

$$\{[a]^k | k \in \{0, \ldots, d - 1\} \text{ und } \operatorname{ggT}(k, d) = 1\}.$$

Es gibt also maximal $|\{k \in \{0, \ldots, d-1\} | \operatorname{ggT}(k, d) = 1\}| \overset{5.62}{=} \varphi(d)$ Elemente der Ordnung d in $(\mathbb{Z}/p\mathbb{Z})^*$. □

Theorem 5.105 *Seien p eine Primzahl und d ein Teiler von $p - 1$. Dann gibt es genau $\varphi(d)$ Elemente der Ordnung d in $(\mathbb{Z}/p\mathbb{Z})^*$.*

Insbesondere ist $(\mathbb{Z}/p\mathbb{Z})^*$ eine zyklische Gruppe mit genau $\varphi(p-1)$ verschiedenen erzeugenden Elementen.

Beweis Wir wissen bereits, dass $(\mathbb{Z}/p\mathbb{Z})^*$ eine endliche Gruppe mit $p-1$ Elementen ist.

Für $d \in \{1, \ldots, p-1\}$ sei $N(d) = \{[a] \in (\mathbb{Z}/p\mathbb{Z})^* \mid \mathrm{ord}([a]) = d\}$. Nach Lemma 5.94 ist $N(d) = \emptyset$, falls $d \nmid p-1$ gilt. Da aber jedes Element aus $(\mathbb{Z}/p\mathbb{Z})^*$ eine Ordnung besitzt, ist $(\mathbb{Z}/p\mathbb{Z})^* = \bigcup_{\{d \in \mathbb{N} \mid d \mid p-1\}} N(d)$. Offensichtlich sind die Mengen $N(d)$, $d \in \mathbb{N}$, paarweise disjunkt. Mit dem Additionsprinzip 1.41 erhalten wir daher

$$\sum_{\{d \in \mathbb{N} \mid d \mid p-1\}} |N(d)| = |(\mathbb{Z}/p\mathbb{Z})^*| = p - 1 \overset{5.80}{=} \sum_{\{d \in \mathbb{N} \mid d \mid p-1\}} \varphi(d).$$

Weiter haben wir in Lemma 5.104 gezeigt, dass für alle $d \in \mathbb{N}$ die Ungleichung $|N(d)| \leq \varphi(d)$ gilt. Da $\varphi(d)$ und $|N(d)|$ niemals negativ sind, ist diese letzte Gleichung nur erfüllt, wenn $\varphi(d) = |N(d)|$ gilt für alle Teiler d von $p-1$. Damit ist der erste Teil des Theorems bewiesen.

Wir wissen nun insbesondere, dass $|N(p-1)| = \varphi(p-1) \neq 0$. Per Definition von $N(p-1)$ bedeutet dies, dass es in $(\mathbb{Z}/p\mathbb{Z})^*$ genau $\varphi(p-1)$ Element der Ordnung $p - 1 = |(\mathbb{Z}/p\mathbb{Z})^*|$ gibt. Nach Proposition 5.93 ist jedes dieser Elemente ein erzeugendes Element von $(\mathbb{Z}/p\mathbb{Z})^*$. $\qquad\square$

Beispiel 5.106 Wir betrachten den Körper $\mathbb{Z}/13\mathbb{Z}$. Wir wissen seit gerade, dass $(\mathbb{Z}/13\mathbb{Z})^*$ zyklisch ist und es genau $\varphi(13-1) = \varphi(2^2 \cdot 3) = 2^1 \cdot (3-1) = 4$ erzeugende Elemente gibt. Welche sind es?

Wir testen:

- $[2], [2]^2 = [4], [2]^3 = [8], [2]^4 = [3], [2]^5 = [6], [2]^6 = [12]$.
  Da alle diese Elemente verschieden von $[1]$ sind, muss gelten $\mathrm{ord}([2]) > 6$. Aber wie wir wissen gilt auch $\mathrm{ord}([2]) \mid 12$. Damit ist $\mathrm{ord}([2]) = 12$, und $[2]$ ist ein erzeugendes Element von $(\mathbb{Z}/13\mathbb{Z})^*$.
- Es ist $[2] \cdot [7] = [14] = [1]$. Damit gilt für $k \in \mathbb{N}$

$$[7]^k = [1] \iff [2]^k \cdot [7]^k = [2]^k \iff [1] = [2]^k.$$

  Es folgt sofort, $\mathrm{ord}([7]) = \mathrm{ord}([2]) = 12$. Damit ist auch $[7]$ ein erzeugendes Element.
- $[3], [3]^2 = [9], [3]^3 = [1]$.
  Es ist also $\mathrm{ord}([3]) = 3 \neq 12$. Damit ist $[3]$ kein erzeugendes Element.
- $[4], [4]^2 = [3], [4]^3 = [12], [4]^4 = [9], [4]^5 = [10], [4]^6 = [1]$.
  Damit ist $\mathrm{ord}([4]) = 6$, und $[4]$ ist kein erzeugendes Element.
- Wir können natürlich einfach weiter testen. Betrachten wir die Elemente $[2]^k$ von oben etwas genauer, so stellen wir fest, dass auch $[11]^k = [-2]^k \neq [1]$ ist für alle $k \in$

$\{1, \ldots, 6\}$. Mit denselben Argumenten folgt, dass $[11]$ ein erzeugendes Element ist. Weiter gilt $[11] \cdot [6] = [1]$. Damit ist auch $[6]$ ein erzeugenden Element.

Da wir wissen, dass es genau 4 dieser Elemente gibt, haben wir mit $[2]$, $[6]$, $[7]$ und $[11]$ alle erzeugende Elemente von $(\mathbb{Z}/13\mathbb{Z})^*$ gefunden.

Korollar 5.107 *Die Gruppen $\big((\mathbb{Z}/p\mathbb{Z})^*, \cdot\big)$ und $(\mathbb{Z}/(p-1)\mathbb{Z}, +)$ sind isomorph.*

Beweis Die Gruppe $\big((\mathbb{Z}/p\mathbb{Z})^*, \cdot\big)$ ist, wie gerade gesehen, eine zyklische Gruppe mit $p - 1$ Elementen. Die Behauptung folgt nun sofort aus Proposition 5.95. $\qquad\square$

Zusammenfassung

- Für teilerfremde natürliche Zahlen a und n gilt immer $a^{\varphi(n)} \equiv 1 \mod n$. Für eine Primzahl p gilt damit $a^p \equiv a \mod p$ für alle ganzen Zahlen a. Damit können wir beim Rechnen in $\mathbb{Z}/n\mathbb{Z}$ stets auf große Exponenten verzichten.
- Wenn K ein Körper ist, dann bilden die Polynome mit Koeffizienten in K einen nullteilerfreien kommutativen Ring. Auf diesem Ring gibt es eine Division mit Rest. Dabei wird die Größe eines Polynoms durch den Grad des Polynoms gemessen.
- Es gibt genau $\varphi(p-1)$ Elemente $[a] \in (\mathbb{Z}/p\mathbb{Z})^*$ mit der Eigenschaft, dass $(\mathbb{Z}/p\mathbb{Z})^*$ nur aus Potenzen von $[a]$ besteht.
- Für den Beweis der letzten Aussage wurde etwas Wissen über die Ordnung eines Elementes g in einer Gruppe G benötigt. Diese Ordnung ist das kleinste Element $\operatorname{ord}(g)$ aus den natürlichen Zahlen, sodass $g^{\operatorname{ord}(g)}$ das neutrale Element der Gruppe ist.

Aufgaben

Aufgabe • 57 Auf $\mathbb{Z}$ sei die Relation

$$a \sim b \iff a \mid b \text{ oder } b \mid a$$

gegeben. Bestimmen Sie, ob $\sim$ eine Äquivalenzrelation ist.

Aufgabe 58 Beweisen Sie nur mit der Definition von $\mathbb{Z}$, dass auf $\mathbb{Z}$ das Distributivgesetz gilt. Das heißt: Zeigen Sie, dass für alle $a, b, c \in \mathbb{Z}$ die Gleichung $a \cdot (b + c) = a \cdot b + a \cdot c$ gilt.

Aufgabe 59 Beweisen Sie die Aussagen *(a)*–*(f)* aus Lemma 5.17.

Aufgabe • 60 Bestimmen Sie, ob die Gleichung

$$18 \cdot x^2 - 6 \cdot y + 42 \cdot z^3 = 8,$$

mit $x, y, z \in \mathbb{Z}$, lösbar ist.

Aufgabe • 61 Sei $n \in \mathbb{N}$ ungerade. Beweisen Sie, dass die Summe von n beliebigen aufeinanderfolgenden Zahlen durch n teilbar ist. Das heißt: Beweisen Sie, dass für beliebiges $k \in \mathbb{Z}$ gilt:

$$n \mid \sum_{i=0}^{n-1} (k+i).$$

Gilt diese Aussage auch für gerade n?

Aufgabe 62 Wir betrachten das Polynom $f(x) = x^4 - 10 \cdot x^3 + 35 \cdot x^2 - 50 \cdot x + 24$. Beweisen Sie, dass für alle $n \in \mathbb{Z}$ die Aussage $8 \mid f(n)$ gilt.

Hinweis: Berechnen Sie zunächst $f(1)$, $f(2)$, $f(3)$, $f(4)$.

Aufgabe • 63

(a) Seien $a, b \in \mathbb{Z}$ mit $a \neq 0$. Zeigen Sie, dass $\mathrm{ggT}(a, b) = \mathrm{ggT}(a, a+b)$ gilt.
(b) Berechnen Sie in den folgenden Fällen $\mathrm{ggT}(a, b)$ und ganze Zahlen x, y mit $a \cdot x + b \cdot y = \mathrm{ggT}(a, b)$:

- $a = 225$ und $b = 162$
- $a = 144$ und $b = 100$
- $a = 332211$ und $b = 112233$
- $a = 1909$ und $b = 1660$

Aufgabe • 64 Sei $d = \mathrm{ggT}(a, b)$ für $a, b \in \mathbb{Z}$ mit $a \neq 0$. Zeigen Sie, dass es unendlich viele Tupel $(x, y) \in \mathbb{Z}^2$ gibt mit $a \cdot x + b \cdot y = d$.

Aufgabe 65 Sei f_n die n-te Fibonacci-Zahl. Bestimmen Sie für alle $n \geq 3$ Elemente $x, y \in \mathbb{Z}$ mit $f_n \cdot x + f_{n+1} \cdot y = 1$.

Hinweis: Stellen Sie eine Vermutung auf und beweisen Sie diese per Induktion.

Aufgabe 66 Seien $a, b \in \mathbb{Z}$ teilerfremd und sei $c \in \mathbb{Z}$ beliebig. Beweisen Sie $\mathrm{ggT}(a, c) = \mathrm{ggT}(a, c \cdot b)$.

Aufgabe • 67 Geben Sie die Primfaktorisierung der folgenden Zahlen an: $24, 60, 187, 23^5 - 2.^5$ Versuchen Sie dabei, die Primfaktorisierung der ersten drei Zahlen ohne Taschenrechner zu finden.

Aufgabe 68 Für alle $n \in \mathbb{N}$ definieren wir die n-te *Mersenne-Zahl* als $M_n = 2^n - 1$. Zeigen Sie, dass M_n keine Primzahl ist, falls n keine Primzahl ist.

Aufgabe 69

(a) Wie viele Teiler in $\mathbb{N}$ besitzt das Element 360?

(b) Beweisen Sie, dass eine natürliche Zahl n genau dann eine ungerade Anzahl von Teilern in $\mathbb{N}$ besitzt, wenn sie eine Quadratzahl ist. Anders formuliert: Beweisen Sie für $n \in \mathbb{N}$

$$2 \nmid |\{c \in \mathbb{N} | c \mid n\}| \iff n = m^2 \text{ für ein } m \in \mathbb{N}.$$

Aufgabe • 70 Sei $a = a_0 + a_1 \cdot 10 + \ldots + a_n \cdot 10^n$ mit $a_0, \ldots, a_n \in \{0, \ldots, 9\}$. Beweisen Sie, dass a genau dann durch 11 teilbar ist, wenn $\sum_{i=0}^n (-1)^i \cdot a_i = a_0 - a_1 + a_2 - \ldots + (-1)^n \cdot a_n$ durch 11 teilbar ist.

Aufgabe 71 Kann man die Ziffern von 123456789 so anordnen, dass man eine Primzahl erhält?

Aufgabe • 72

(a) Seien $n \in \mathbb{N}$ und $k \in \mathbb{Z}$ beliebig. Beweisen Sie, dass $\mathbb{Z}/n\mathbb{Z} = \{[k], [k+1], \ldots, [k+n-1]\}$ gilt.

(b) Beweisen Sie, dass es in jedem Jahr mindestens einen Freitag den 13. gibt.
Hinweis: Identifizieren Sie die Wochentage mit den Elementen aus $\mathbb{Z}/7\mathbb{Z}$, etwa Montag= [1], Dienstag= [2], ..., Sonntag= [7]. Dann ist z. B. Freitag+[4] =Dienstag.

Aufgabe 73

(a) Berechnen Sie die kleinste natürliche Zahl n mit $[4]^7 = [n]$ in $\mathbb{Z}/13\mathbb{Z}$.

(b) Berechnen Sie die kleinste natürliche Zahl n mit $[6]^{21} = [n]$ in $\mathbb{Z}/39\mathbb{Z}$.

---

[5]Die *abc*-Vermutung ist eine sehr populäre ungelöste Vermutung in der Zahlentheorie. In ihrer einfachsten Form besagt sie, dass für alle teilerfremden Zahlen $a, b \in \mathbb{N}$ Folgendes gilt: Sind $a = p_1^{e_1} \cdots p_r^{e_r}$, $b = q_1^{f_1} \cdots q_s^{f_s}$ und $a + b = \pi_1^{g_1} \cdots \pi_t^{g_t}$ die Primfaktorisierungen, so ist $(p_1 \cdots p_r q_1 \cdots q_s \pi_1 \cdots \pi_t)^2 > a + b$. Es wird also vorhergesagt, dass $2 > \frac{\log(a+b)}{\log(p_1 \cdots p_r q_1 \cdots q_s \pi_1 \cdots \pi_t)}$. Es ist somit von Interesse, Zahlen a und b zu finden, so dass die rechte Seite dieser letzten Ungleichung besonders groß ist. Für $a = 2$ und $b = 23^5 - 2$ erhält man den bisher größten bekannten Wert.

Aufgabe ● 74 Bestimmen Sie, ob die folgenden Kongruenzen lösbar sind oder nicht. Geben Sie gegebenenfalls eine Lösung an:

(a) $56 \cdot x \equiv 2 \mod 93$

(b) $22 \cdot x \equiv 11 \mod 1212$

(c) $14 \cdot x \equiv 35 \mod 273$

(d) $3456 \cdot x \equiv 25 \mod 48741$

Aufgabe 75 Seien $a, b, n \in \mathbb{N}$ mit $\ggT(a, n) \mid b$. Beweisen Sie, dass es exakt $\ggT(a, n)$ verschiedene Elemente $[q]$ in $\mathbb{Z}/n\mathbb{Z}$ gibt mit $[a] \cdot [q] = [b]$.

Aufgabe 76 Sei $f : R \longrightarrow S$ ein Ring-Homomorphismus. Zeigen Sie

(a) $f(0) = 0$,

(b) $f(-a) = -f(a)$ für alle $a \in R$,

(c) f ist genau dann injektiv, wenn es kein Element $a \in R \setminus \{0\}$ gibt mit $f(a) = 0$.

Aufgabe 77 Bestimmen Sie, ob der Chinesische Restsatz auch für nicht teilerfremde n und k gilt. Das heißt: Beweisen oder widerlegen Sie die folgende Aussage:

$$\mathbb{Z}/n \cdot k\mathbb{Z} \text{ ist isomorph zu } \mathbb{Z}/n\mathbb{Z} \times \mathbb{Z}/k\mathbb{Z} \text{ für alle } n, k \in \mathbb{N}.$$

Aufgabe ● 78

(a) Seien $n_1, n_2, \ldots, n_r \in \mathbb{N}$ paarweise teilerfremd. Beweisen Sie, dass der Ring $\mathbb{Z}/n_1 \cdot \ldots \cdot n_r\mathbb{Z}$ isomorph ist zu

$$\mathbb{Z}/n_1\mathbb{Z} \times \ldots \times \mathbb{Z}/n_r\mathbb{Z}.$$

Hinweis: Induktion über r.

(b) Bestimmen Sie, ob es in den folgenden Fällen eine Lösung gibt, die alle angegebenen Kongruenzen löst. Geben Sie gegebenenfalls eine Lösung an.

  (i) $x \equiv 3 \mod 5$ und $x \equiv 5 \mod 7$

 (ii) $x \equiv 3 \mod 9$ und $x \equiv 16 \mod 23$

(iii) $x \equiv 7 \mod 8$, $x \equiv 2 \mod 12$ und $x \equiv 4 \mod 15$

(iv) $x \equiv 1 \mod 3$, $x \equiv 2 \mod 5$ und $x \equiv 3 \mod 8$

Aufgabe 79 Eine Räuberbande (bestehend aus 7 Mitgliedern) hat erfolgreich einen Tresor mit Goldbarren ausgeraubt. Sie haben alle Goldbarren in Kisten zu ihrem Wohnwagen gebracht. In jede Kiste passten genau 40 Goldbarren, und nur 5 Goldbarren haben nicht mehr in die Kisten gepasst. Zu Hause angekommen werden die Goldbarren gleichmäßig auf alle Räuber verteilt, und es bleiben genau 2 Goldbarren übrig. In den Tresor passten maximal 300 Goldbarren. Wie viele Goldbarren haben die Räuber erbeutet?

Aufgabe 80 Sei φ die eulersche Phi-Funktion.

(a) Berechnen Sie $\varphi(1)$, $\varphi(121)$, $\varphi(2025)$ und $\varphi(120)$.
(b) Bestimmen Sie alle $n \in \mathbb{N}$ mit $\varphi(n) = 6$.
(c) Zeigen Sie, dass $\varphi(n)$ genau dann ungerade ist, wenn $n \in \{1, 2\}$.

Aufgabe 81 Sei wieder φ die eulersche Phi-Funktion.

(a) Sei $n \in \mathbb{N}$ mit Primfaktorisierung $n = p_1^{e_1} \cdot \ldots \cdot p_r^{e_r}$. Beweisen Sie die folgende Formel:

$$\varphi(n) = n \cdot \prod_{i=1}^{r} \left(1 - \frac{1}{p_i}\right).$$

(b) Beweisen Sie, dass für alle $a, b \in \mathbb{N}$ die folgende Gleichheit gilt:

$$\varphi(a \cdot b) = \varphi(a) \cdot \varphi(b) \cdot \frac{\text{ggT}(a, b)}{\varphi(\text{ggT}(a, b))}.$$

Aufgabe 82

(a) Seien $n, k \in \mathbb{N}$ teilerfremd, und sei $P \in \mathbb{N}$ ein gemeinsames Vielfaches von $\varphi(n)$ und $\varphi(k)$ (d. h. $\varphi(n) \mid P$ und $\varphi(k) \mid P$). Zeigen Sie, dass für alle $a \in \mathbb{Z}$ mit $\text{ggT}(a, n \cdot k) = 1$ gilt:

$$a^P \equiv 1 \mod n \cdot k.$$

Hinweis: Zeigen Sie zunächst $a^P \equiv 1 \mod n$ und $a^P \equiv 1 \mod k$.
(b) Zeigen Sie, dass $a^{20} \equiv 1 \mod 100$ gilt, für alle $a \in \mathbb{Z}$ mit $\text{ggT}(a, 100) = 1$.
(c) Was sind die letzten beiden Ziffern von 86421^{42124}.

Aufgabe 83 Beweisen Sie, dass $p \in \mathbb{N} \setminus \{1\}$ genau dann eine Primzahl ist, wenn $(p - 1)! \equiv -1 \mod p$ gilt.

Diese Aussage ist als *Satz von Wilson* bekannt.

Aufgabe 84 Berechnen Sie das multiplikative Inverse von $[a]$ in $\mathbb{Z}/p\mathbb{Z}$, wobei

(a) $a = 8$, $p = 17$
(b) $a = 5$, $p = 43$
(c) $a = 12$, $p = 101$

Geben Sie das Inverse als Element aus $\{[0], \ldots, [p - 1]\}$ an.

Aufgabe • 85   Zeigen Sie, dass $2^{1149} - 6$ durch 11 teilbar ist.

Aufgabe 86
(a) Sei $K = \mathbb{Z}/5\mathbb{Z}$. Berechnen Sie $q(x), r(x) \in K[x]$ mit $f(x) = q(x) \cdot g(x) + r(x)$ und
   $\operatorname{grad}(r) < \operatorname{grad}(g)$, wobei

   (i) $f(x) = [2] \cdot x^5 + [3] \cdot x^4 + [4] \cdot x^3 + x + [2]$,
      $g(x) = x^3 + [2] \cdot x^2 + [3] \cdot x + [4]$.
   (ii) $f(x) = [3] \cdot x^5 + [2] \cdot x^4 + [2] \cdot x^2 + [4] \cdot x + [1]$,
      $g(x) = [2] \cdot x^2 + [2] \cdot x + [3]$.

(b) Bestimmen Sie alle Nullstellen in $\mathbb{Z}/7\mathbb{Z}$ von $x^4 + [6] \cdot x^3 + [6] \cdot x^2 + [4] \cdot x + [4] \in \mathbb{Z}/7\mathbb{Z}[x]$.
(c) Bestimmen Sie alle Nullstellen in $\mathbb{Z}/7\mathbb{Z}$ von $x^6 + x^5 + x^4 + x^3 + x^2 + x + 1 \in \mathbb{Z}/7\mathbb{Z}[x]$.

Aufgabe 87   Bestimmen Sie das kleinste $k \in \mathbb{N}$ mit $7|(10^k - 1)$.

Wer mag, kann für das k aus der Aufgabe mal die Zahlen $\frac{(10^k-1)}{7}$, $3 \cdot \frac{(10^k-1)}{7}$, $2 \cdot \frac{(10^k-1)}{7}$, $6 \cdot \frac{(10^k-1)}{7}$,
$4 \cdot \frac{(10^k-1)}{7}$, $5 \cdot \frac{(10^k-1)}{7}$ berechnen (gerne mit Taschenrechner). Schön, oder?

Aufgabe • 88   Sei G eine endliche Gruppe. Zeigen Sie, dass für jedes $g \in G$ die Gleichung
$\operatorname{ord}(g) = \operatorname{ord}(g^{-1})$ gilt.

Aufgabe 89
(a) Finden Sie zwei gerade zusammengesetzte Zahlen n_1 und n_2, sodass $(\mathbb{Z}/n_1\mathbb{Z})^*$ zyklisch
   und $(\mathbb{Z}/n_2\mathbb{Z})^*$ nicht zyklisch ist.
(b) Finden Sie zwei ungerade zusammengesetzte Zahlen n_1 und n_2, sodass $(\mathbb{Z}/n_1\mathbb{Z})^*$ zyklisch
   und $(\mathbb{Z}/n_2\mathbb{Z})^*$ nicht zyklisch ist.

Aufgabe 90   Sei $n \in \mathbb{N}$ beliebig. Wir betrachten $\mathbb{Z}/n\mathbb{Z}$ als Gruppe bzgl. $+$. Beweisen Sie

$$\operatorname{ord}([a]) = n \iff [a] \in (\mathbb{Z}/n\mathbb{Z})^*.$$

Aufgabe 91
(a) Sei p eine ungerade Primzahl, und sei $[a] \in (\mathbb{Z}/p\mathbb{Z})^*$. Zeigen Sie, dass $[a]^2$ kein erzeugendes Element von $(\mathbb{Z}/p\mathbb{Z})^*$ ist.
(b) Bestimmen Sie alle erzeugenden Elemente von $(\mathbb{Z}/17\mathbb{Z})^*$.
(c) Bestimmen Sie alle erzeugenden Elemente von $(\mathbb{Z}/19\mathbb{Z})^*$.
(d) Berechnen Sie die Ordnung von jedem Element aus $(\mathbb{Z}/11\mathbb{Z})^*$.

Kryptographie

6

We stand today on the brink of a revolution in cryptography.
Whitfield Diffie & Martin Hellman (1976)

Kryptographie (altgriechisch etwa: verborgen schreiben) ist die Theorie von verschlüsselter Kommunikation. Diese hat eine sehr lange Tradition, war aber möglicherweise noch nie so bedeutend wie heute. Eine große Herausforderung wurde in den 1970er-Jahren gemeistert: Geheime Datenübertragung zwischen zwei Partein, die sich noch nie getroffen haben, und deren gesamte Kommunikation mitgelesen wird. Dies scheint auf den ersten Blick vollkommen unmöglich, wir werden aber ein Verfahren kennenlernen, welches genau das leistet. Dafür benutzen wir die Zahlentheorie, die wir im letzten Kapitel studiert haben. Wir geben in diesem Buch nur einen ganz groben Überblick über wenige Themen der Kryptographie. Für weiterführende Informationen empfehlen wir das Buch [9].

6.1   Anfänge der Kryptographie

Im Folgenden haben wir immer das gleiche Setting: Person 1 (Mia) möchte eine geheime Nachricht an Person 2 (Tom) schicken und Person 3 (Kim) möchte diese Nachricht mitlesen.

Am sichersten ist die Kommunikation natürlich, wenn Kim nicht weiß, dass überhaupt eine Kommunikation stattfindet. Das ist im Allgemeinen aber ziemlich unrealistisch.

Es ist natürlich auch möglich, Nachrichten zu verstecken (in Bildern, mit Zitronensaft schreiben, . . .). Da sich diese Art der Kryptographie (auch Steganographie genannt) nicht „berechnen" lässt, ist sie nicht Teil dieses Buches.

Definition 6.1 Ein *Kryptosystem* ist ein Tupel (M, C, K, E, D), wobei M, C und K endliche Mengen ungleich $\emptyset$ sind. Weiter ist $E = \{e_k | k \in K\}$ eine Menge von Abbildungen

© Springer-Verlag GmbH Deutschland, ein Teil von Springer Nature 2019
L. Pottmeyer, *Diskrete Mathematik,*
https://doi.org/10.1007/978-3-662-59663-0_6

$e_k : M \longrightarrow C$ und $D = \{d_k | k \in K\}$ eine Menge von Abbildungen $d_k : C \longrightarrow M$ mit der Eigenschaft $d_k(e_k(m)) = m$ für alle $k \in K$ und für alle $m \in M$.

Ein Element aus M heißt *Klartext* ein Element aus C heißt *Chiffre* und ein Element aus K heißt *Schlüssel*. Die Abbildungen e_k bzw. d_k heißen *Ver-* bzw. *Entschlüsselung* zum Schlüssel k.

Oft ist $M = C$, aber dies muss nicht immer der Fall sein. Die Menge M kann zum Beispiel die Menge aller Aneinanderreihungen von Wörtern sein, die aus maximal 140 Zeichen bestehen.

Haben Tom und Mia ein Kryptosystem (M, C, K, E, D) gewählt, einigen sie sich als Nächstes auf einen Schlüssel $k \in K$. Möchte Mia die Nachricht $m \in M$ verschicken, so berechnet sie $e_k(m)$ und schickt das Ergebnis an Tom. Tom kennt den Schlüssel k und kann damit die passende Entschlüsselung d_k wählen. Dann berechnet er $d_k(e_k(m)) = m$, und hat die Nachricht von Mia erhalten.

Folgendes soll dabei erreicht werden: Ist der Schlüssel k bekannt, soll es ganz einfach sein, $e_k(m) = c$ und $d_k(c) = m$ zu berechnen. Wenn Kim den Chiffretext $c = e_k(m)$ abfängt und den Schlüssel k nicht kennt, sollte es extrem schwierig für sie sein, den Klartext m herauszufinden.

Lemma 6.2 *Ist (M, C, K, E, D) ein Kryptosystem, so ist jedes $e_k \in E$ injektiv und jedes $d_k \in D$ surjektiv. Insbesondere ist e_k bijektiv, falls $M = C$ gilt.*

Beweis Sei $k \in K$ beliebig und seien $m, m' \in M$ mit $e_k(m) = e_k(m')$. Per Definition der Abbildung d_k gilt dann

$$m = d_k(e_k(m)) = d_k(e_k(m')) = m'.$$

Damit ist e_k injektiv. Da für jedes $m \in M$ gilt $d_k(e_k(m)) = m$ und $e_k(m) \in C$, ist d_k surjektiv. Insbesondere sind e_k und d_k bijektiv, falls $|M| = |C|$ gilt. $\qquad\square$

Definition 6.3 Seien $n \in \mathbb{N}$ und $M = C = (\mathbb{Z}/26\mathbb{Z})^n$. Seien weiter $k \in K = \mathbb{Z}/26\mathbb{Z}$ und $e_k : M \longrightarrow C$ gegeben durch $([a_1], \ldots, [a_n]) \mapsto ([a_1] + k, \ldots, [a_n] + k)$. Dann heißt das System (M, C, K, E, D) *Caesar-Kryptosystem*.

Der Name geht tatsächlich auf den römischen Feldherrn Gaius Julius Caesar (100–44 v. Chr.) zurück, der diese Verschlüsselung für militärische Anordnungen genutzt haben soll.

Beispiel 6.4 Wir identifizieren die Elemente aus $\mathbb{Z}/26\mathbb{Z}$ mit den Buchstaben des Alphabets durch

$$a \mathrel{\hat{=}} [1], \, b \mathrel{\hat{=}} [2], \, c \mathrel{\hat{=}} [3], \ldots, z \mathrel{\hat{=}} [26] = [0].$$

Dann liefert das Caesar-Kryptosystem eine Möglichkeit, Nachrichten zu verschlüsseln, die aus n Buchstaben zusammengesetzt sind. Für den Schlüssel [5] ist etwa

$$e_{[5]}(\text{ich mag diskrete mathematik}) = \text{nhm rfl inxpwjyj rfymjrfyrp},$$

denn $i + [5] \stackrel{\wedge}{=} [9] + [5] = [14] \stackrel{\wedge}{=} n$, $c + [5] \stackrel{\wedge}{=} [3] + [5] = [8] \stackrel{\wedge}{=} h$ und so weiter.

Das Leerzeichen kann auch weggelassen werden, dann muss Tom sich nur selbst die Worttrennung der erhaltenen Nachricht überlegen.

Diese Form der Kryptographie hat den Vorteil, dass sie sehr einfach zu berechnen ist. Dies gilt sowohl für die Ver- als auch für die Entschlüsselung. Weiter ist der Schlüssel leicht zu merken, bzw. der Schlüssel bedarf kaum Speicherplatz.

Das Verfahren ist aber sehr unsicher, da es pro Chiffre nur 26 mögliche Klartexte gibt, von denen wohl nur einer einen Sinn ergibt. Weiter genügt es bei der Caesar-Verschlüsselung, einen einzigen Buchstaben richtig zuzuordnen, und die gesamte Nachricht ist entschlüsselt.

Definition 6.5 Wird bei einer Verschlüsselung jedem Buchstaben ein eindeutiges Symbol zugeordnet, so nennen wir die Verschlüsselung eine *monoalphabetische Substitution*.

Wie solche monoalphabetischen Substitutionen entschlüsselt werden können, kann unter anderem der Kurzgeschichte *Der Goldkäfer* von Edgar Allen Poe (1843; Originaltitel: *The Gold-Bug*) entnommen werden. Wir fassen die wesentlichen Schritte zusammen:

- Haben wir eine Chiffre vorliegen, müssen wir als Erstes erkennen, dass es sich um eine Chiffre handelt. Zweitens müssen wir uns überlegen, wie die Nachricht verschlüsselt wurde. Drittens müssen wir erraten, in welcher Sprache der Klartext verfasst ist.
- Gibt es Leerzeichen? Wenn ja, analysiere die kürzesten Wörter. Häufige Wörter mit drei Buchstaben sind *der, die, ein*. Weiter liefern oft übliche Strukturen, wie Anrede oder Grußformel, starke Hinweise auf die Lösung.
- Vergleiche die Häufigkeiten der Symbole mit den Häufigkeiten, mit denen die Buchstaben in der gewählten Sprache vorkommen. Für Deutsch sind die acht häufigsten Buchstaben mit prozentualem Vorkommen

e	n	i	s	r	a	t	d
17,4 %	9,78 %	7,55 %	7,27 %	7 %	6,51 %	6,15 %	5,08 %

- Ersetzte das vorherrschende Symbol der Chiffre durch ein e und versuche daraus neue Erkenntnisse über den Klartext zu erlangen. Bei langen Texten (oder mehreren abgefangenen Nachrichten) wird dies fast immer die richtige Übersetzung sein. Wurde der Klartext mit der Caesar-Verschlüsselung verschlüsselt, sind wir damit schon fertig.

- Suche Symbole, die oft doppelt vorkommen und vergleiche diese ebenfalls mit den vorherrschenden Doppelbuchstaben der gewählten Sprache. In Deutsch gibt es als Doppelbuchstaben mit Abstand am häufigsten *ss, nn* und *ll.*
- Ist der Anfang gemacht, so kann man durch Ausprobieren schnell auf den Klartext kommen.

Wir kommen nun zu einem ähnlichen, aber deutlich sichererem Kryptosystem.

Definition 6.6 Seien $n, m \in \mathbb{N}$ mit $m \leq n$. Sei weiter $M = C = (\mathbb{Z}/26\mathbb{Z})^n$ und $K = (\mathbb{Z}/26\mathbb{Z})^m$. Wir erweitern $k = ([k_1], \ldots, [k_m]) \in K$ zu einem Element $\tilde{k}$ aus $(\mathbb{Z}/26\mathbb{Z})^n$, sodass der i-te Eintrag von $\tilde{k}$ gleich $[k_j]$ ist, genau dann wenn $i \equiv j \mod m$. Die Funktion e_k sei nun definiert als $e_k(m) = m + \tilde{k}$.

Das System (M, C, K, E, D) heißt *Vigenère-Kryptosystem.* Die Zahl m ist die *Schlüssellänge.*

Biografische Anmerkung: Die Vigenère Verschlüsselung ist benannt nach *Blaise de Vigenère* (1523–1596), einem französischen Diplomaten, der einige Werke zur Kryptographie verfasst hat. Der Ursprung dieses Kryptosystems geht allerdings zurück auf eine Schrift von Johannes Trithemius (1462–1516).

Beispiel 6.7 Wieder verwenden wir die kanonische Zuordnung der Buchstaben des Alphabets mit den Elementen aus $\mathbb{Z}/26\mathbb{Z}$. Die Konstruktion des Schlüssels $\tilde{k}$ ist ganz einfach. Wir schreiben unseren Schlüssel so oft hintereinander über die zu verlüsselnde Nachricht, bis diese genau überdeckt ist. Dann können wir ganz leicht die Verschlüsselung erzeugen.

Als Schlüssel wählen wir *krypt,* was dem Element ([11], [18], [25], [16], [20]) entspricht.

Schlüssel:	k r y	p t k	r y p t k	r y p	t k r y p	t k r y p
Klartext:	i c h	m a g	d i s k r e t e	m a t h e m a t i k

Chiffre: t u g   c u r   v h i e c w s u   g l l g u g l l h a

Erhalten wir nun die Nachricht *tug cur vhiecwsu gllgugllha* und kennen wir den Schlüssel *krypt,* so können wir auf gleiche Weise den Klartext erzeugen: Wir fassen die Buchstabenfolgen *tugcurvhiecwsugllgugllha* und *kryptkryptkryptkryptkryp* als Elemente in $(\mathbb{Z}/26\mathbb{Z})^{24}$ auf und berechnen

$$tugcurvhiecwsugllgugllha - kryptkryptkryptkryptkryp$$
$$= ichmagdiskretemathematik.$$

Einfügen der Leerzeichen liefert den gesuchten Klartext.

Kennen wir den Schlüssel nicht, kommen wir mit einer einfachen Häufigkeitsanalyse der Buchstaben nicht weiter, da es sich nicht um eine Substitution der Buchstaben handelt. Im obigen Beispiel wird das erste i durch ein t dargestellt und und das zweite i durch ein h.

Proposition 6.8 *Ist in der Vigenère-Verschlüsselung die Schlüssellänge so lang wie die Nachricht, so kann jeder Klartext $m \in M$ in jeden beliebigen Chiffretext verschlüsselt werden.*

Beweis Sind $m \in M$ und $c \in C$, so wählen wir als Schlüssel einfach $k = c - m$. Dann ist $\tilde{k} = k$ und $e_k(m) = m + c - m = c$. $\qquad\qquad\qquad\qquad\qquad\qquad\qquad\qquad\qquad\qquad\square$

Bemerkung 6.9 Diese Proposition besagt, dass es unmöglich ist, ohne Kenntnis des Schlüssels eine Vigenère-Verschlüsselung zu knacken, wenn der Schlüssel so lang ist wie die Nachricht. Dies ist natürlich sehr unpraktikabel, da es genauso schwierig ist den Schlüssel zu verschicken, wie die eigentliche Nachricht, und der Schlüssel viel Speicherplatz einnimmt. Generell gilt aber: je länger der Schlüssel, desto sicherer ist das Verfahren.

Zum Entschlüsseln ohne Kenntnis des Schlüssels kann man zunächst versuchen, den Schlüssel zu erraten. Ist dies nicht möglich, da der Schlüssel etwa ein zufälliges Tupel ist, so gehen wir folgendermaßen vor. Wir nehmen an, dass der Schlüssel im Verhältnis zur Nachricht klein ist, oder dass wir viele Nachrichten abgefangen haben, die mit dem selben Schlüssel verschlüsselt wurden.

Die Idee ist ganz einfach:

Kommt ein Buchstabe im Klartext zweimal vor und teilt die Schlüssellänge den Abstand der beiden Buchstaben, so sind auch die entsprechenden Buchstaben in der Chiffre gleich.

Wir suchen nun Buchstabenfolgen, die in der Chiffre mehrfach vorkommen. Die Schlüssellänge sollte dann – bis auf wenige Ausnahmen – die Abstände dieser Buchstabenfolgen teilen. Ist die Nachricht lang genug, erhalten wir so die Schlüsselläge. Ist die Schlüssellänge l bekannt, so können wir wieder eine Häufigkeitsanalyse starten, da wir nun wissen, dass jeder l-te Buchstabe auf die gleiche Weise substituiert wird. Dieses Verfahren heißt *Kasiski-Test*[1] und funktioniert, da es viele Buchstabenfolgen gibt, die oft vorkommen; z. B.: er, ei, ch, ...

Beispiel 6.10 Wir kommen zurück zu Beispiel 6.7. Die Chiffre lautete

tug cur vhiecwsu gllgugllha.

Es sticht sofort die Folge ugllgugll ins Auge. Insbesondere kommt die Folge ugll zweimal vor mit dem Abstand 5. Wir nehmen also an, dass die Schlüssellänge ein Teiler von 5 ist. Da 5 eine Primzahl ist, vermuten wir, dass die Schlüssellänge exakt 5 ist. Dann sind die Folgen

---

[1]Benannt nach Friedrich Wilhelm Kasiski (1805–1881), einem preußischen Major.

trcll, uvwll, ghsgh, ciug, uegg

je mit einer Caesar-Verschlüsselung verschlüsselt (wir haben schließlich die erste Folge mit k, also [11], die zweite Folge mit r, also [18], usw. verschlüsselt). Diese Folgen sind natürlich zu klein, um eine gute Häufigkeitsanalyse zu starten. Wäre die Nachricht jedoch länger, würden wir mit ziemlich großer Wahrscheinlichkeit in jeder der Folgen das Symbol zum Klartextzeichen e finden und damit die ganze Nachricht entschlüsseln können.

Zusammenfassung

- Man kann das Alphabet mit den Elementen aus $\mathbb{Z}/26\mathbb{Z}$ identifizieren (A $=$ [1], B $=$ [2], ...). Dann kann man mit Buchstaben des Alphabetes rechnen.
- Bei der Caesar-Verschlüsselung wird das Alphabet einfach um ein paar Positionen verschoben. Der Schlüssel ist also ein Buchstabe, der an jeden Buchstaben der Nachricht addiert wird.
- Wahrscheinlich repräsentiert der Buchstabe, der in einer Nachricht, die so verschlüsselt wurde, am häufigsten vorkommt, den Buchstaben E. Der Schlüssel ist also wahrscheinlich „E − häufigster Buchstabe der Chiffre".
- Bei der Vigenére-Verschlüsselung ist der Schlüssel ein Wort oder eine Aneinanderreihung von Buchstaben. Zum Verschlüsseln schreibt man den Schlüssel so oft über die Nachricht wie es passt. Dann addiert man alle Buchstaben, die übereinanderstehen.
- Es gilt stets:

$$\text{Schlüssel} + \text{Klartext} = \text{Chiffre} \quad \text{und} \quad \text{Klartext} = \text{Chiffre} - \text{Schlüssel}$$

6.2   Schlüsselwahl und Schlüsseltausch

Wir kommen nun zu etwas ausgefeilteren Krypthosystemen. Im letzten Abschnitt basierte die Sicherheit darauf, dass Sender und Empfänger eine gemeinsame geheime Informationen hatten. Man spricht von *symmetrischen* Kryptosystemen. Wenn Sie aber im Internet neue Mathebücher mit Ihrer (oder Papas) Kreditkarte zahlen wollen, macht es wenig Sinn, erst zu einem Webadministrator der entsprechenden Seite hinzufahren, um sich mit ihm persönlich auf einen Schlüssel zu einigen. Wir brauchen also eine Möglichkeit, sich über eine (potentiell) unsichere Leitung auf einen geheimen Schlüssel zu einigen. Wir benötigen also *asymmetrische* Kryptosysteme.

Definition 6.11 Seien p eine Primzahl und $g \in (\mathbb{Z}/p\mathbb{Z})^*$ ein erzeugendes Element. Sei weiter

$$\log_g : (\mathbb{Z}/p\mathbb{Z})^* \longrightarrow \mathbb{Z}/(p-1)\mathbb{Z} \quad ; \quad g^k \mapsto [k]$$

der Gruppen-Isomorphismus aus Proposition 5.95. Für $h \in (\mathbb{Z}/p\mathbb{Z})^*$ heißt das Element $\log_g(h)$ der *diskrete Logarithmus zur Basis* g von h. Wir werden dieses Element stets als natürliche Zahl in $\{0, 1, \ldots, p-1\}$ angeben. Den diskreten Logarithmus für ein gegebenes h zu berechnen nennen wir *diskretes Logarithmen-Problem* oder kurz *DLP*.

Beispiel 6.12   Seien $p = 7$ und $g = [3]$. Wie berechnen wir $\log_g([4])$ mit $[4] \in (\mathbb{Z}/p\mathbb{Z})^*$?

Das Problem ist, dass wir den gesuchten Wert nicht direkt berechnen können, sondern testen müssen. Wir berechnen also $(3^1 \mod 7) = 3$, $(3^2 \mod 7) = 2$, $(3^3 \mod 7) = 6$, $(3^4 \mod 7) = 4$.

Nach diesen Rechnungen sehen wir, dass $\log_g([4]) = 4$ gilt.

Bemerkung 6.13   Es ist tatsächlich kein sehr viel besseres Verfahren als das Testen aus obigem Beispiel bekannt. Für größere Primzahlen p muss also ein enormer Aufwand betrieben werden, um das DLP zu lösen. Für sehr große Primzahlen ist dieser Aufwand selbst mit sehr guten Computern (nach jetzigem Wissensstand) nicht zu leisten. Das DLP gilt also als sehr schwierig.

Auf der Schwierigkeit von gewissen Problemen basiert die gesamte Kryptographie. Es ist wichtig, darauf hinzuweisen, dass *nicht bekannt* keinesfalls mit *nicht existent* übersetzt werden darf! Man kann immer nur annehmen, dass der Angreifer nicht mehr Wissen hat als der Öffentlichkeit bekannt ist. Möglicherweise kann die NSA oder Kim schon seit Jahren das DLP lösen.

Wir erklären nun ein Verfahren, wie sich Tom und Mia auf einen Schlüssel einigen können, ohne die Möglichkeit einer privaten Konversation.

Diffie-Hellman-Schlüsseltausch 6.14   Tom und Mia möchten sich auf einen geheimen Schlüssel einigen, obwohl ihre Kommunikation abgehört wird.

- Tom und Mia einigen sich auf eine Primzahl p und ein erzeugendes Element g von $(\mathbb{Z}/p\mathbb{Z})^*$. Diese werden ganz öffentlich kommuniziert. Zum Beispiel stellt Tom diese Informationen auf seiner Homepage bereit.
- Nun wählt Tom einen geheimen Schlüssel $a \in \mathbb{N}$ und Mia einen geheimen Schlüssel $b \in \mathbb{N}$. Beide Schlüssel werden niemandem verraten und sind somit nur Tom (a) und Mia (b) selbst bekannt.
- Nun berechnet Tom den Wert $A = (g^a \mod p) \in \mathbb{N}$ und Mia berechnet $B = (g^b \mod p) \in \mathbb{N}$. Tom sendet den Wert A an Mia und Mia sendet den Wert B an Tom.
- Nun berechnet Tom $(B^a \mod p)$ und Mia berechnet $(A^b \mod p)$. Es ist

$$B^a \equiv (g^b)^a \equiv (g^{a \cdot b}) \equiv (g^a)^b \equiv A^b \mod p.$$

Insbesondere ist $(B^a \mod p) = (A^b \mod p)$.
- Der gemeinsame Schlüssel von Tom und Mia ist nun $(B^a \mod p)$ und beiden Parteien bekannt.

Beispiel 6.15 Wir geben ein Beispiel mit sehr kleinen Zahlen an:

Toms geheimes Wissen	öffentliches Wissen	Mias geheimes Wissen
	$p = 17$ und $g = 5$	
$a = 6$		$b = 10$
	$A = (5^6 \bmod 17) = 2$	
	$B = (5^{10} \bmod 17) = 9$	
$k = (9^6 \bmod 17) = 4$		$k = (2^{10} \bmod 17) = 4$

Damit haben sich Tom und Mia auf den Schlüssel $k = 4$ geeinigt. Es ist zu beachten, dass keiner von beiden am Anfang wusste, was der Schlüssel am Ende sein wird.

Beachten Sie, dass die Werte A und B mit dem Verfahren aus Bemerkung 5.85 schnell berechnet werden können. Um zum Beispiel B zu berechnen, schreiben wir $10 = 2^3 + 2^1$ und berechnen $(5^2 \bmod 17) = 8$, $(5^{2^2} \bmod 17) = (8^2 \bmod 17) = 13$ und $(5^{2^3} \bmod 17) = (13^2 \bmod 17) = ((-4)^2 \bmod 17) = 16$. Das setzen wir zusammen und erhalten wie behauptet

$$B \equiv 5^{2^3} \cdot 5^2 \equiv -8 \equiv 9 \quad \bmod 17.$$

Angenommen Kim konnte die gesamte Kommunikation aus 6.14 mithören. Dann kennt Sie p, g, A und B. Aus diesen Daten kann sie aber nur unter extremem Aufwand den Schlüssel ($B^a \bmod p$) generieren.

Jeder der geheimen Schlüssel a und b würde sofort zum Ziel führen, aber um an a zu gelangen muss $\log_g(A)$ berechnet werden. Es muss also DLP gelöst werden.[2] In unserem Beispiel muss Kim also folgende Rechnungen anstellen:

$$5^1 \equiv 5 \not\equiv 2 \quad \bmod 17 \qquad 5^2 \equiv 8 \not\equiv 2 \quad \bmod 17 \qquad 5^3 \equiv 6 \not\equiv 2 \quad \bmod 17$$

$$5^4 \equiv 13 \not\equiv 2 \quad \bmod 17 \qquad 5^5 \equiv 14 \not\equiv 2 \quad \bmod 17 \qquad 5^6 \equiv 2 \quad \bmod 17$$

Erst nach diesen Rechnungen hat Kim den Wert $a = \log_5(2) = 6$ gefunden und kann nun $k = (B^a \bmod p)$ berechnen.

Biografische Anmerkung: Die Amerikaner *Whitfield Diffie* (*1944) und *Martin Hellman* (*1945) haben als erste eine Arbeit zur asymmetrischen Kryptographie veröffentlicht. Ihre Entdeckung basiert auf einer Arbeit von *Ralph Merkle* (Doktorand von Hellman; *1952). Für den eben erlernten Schlüsseltausch erhielten sie 2015 den Turing-Award, die höchste Auszeichnung für Informatiker.

Damit dieses Verfahren sicher ist, muss eine große Primzahl p gefunden werden. Im Rest des Abschnittes besprechen wir ganz kurz, wie dies funktioniert. Natürlich suchen nicht Tom und Mia selbst eine Primzahl, sondern ihre Computer übernehmen das. Um Sicherheit gewährleisten zu können, wird empfohlen eine Primzahl mit 1024 Bits zu wählen; also

---

[2]Auch dies ist nur nach jetzigem Wissensstand richtig. Es ist nicht bekannt, ob es vielleicht noch eine andere Möglichkeit gibt den Wert $g^{a \cdot b}$ aus p, g, A, B zu berechnen.

eine Primzahl deren Dualdarstellung exakt die Länge 1024 hat. Eine solche Primzahl liegt zwischen 2^{1023} und 2^{1024}.

Lemma 6.16 *Sei* $\Omega = \{2^{1023}+1, 2^{1023}+2, \ldots, 2^{1024}\} \subseteq \mathbb{N}$ *und sei P die Gleichverteilung auf* Ω*. Sei weiter*

$$A = \{n \in \Omega \mid n \text{ ist Primzahl}\}.$$

Dann ist $P[A]$ *ungefähr* 0,00141.

Beweis Wir bezeichnen mit π die Primzahlzählfunktion aus dem Primzahlsatz 5.46. Weiter benutzen wir das Symbol $\approx$ für *ungefähr gleich*.[3] Dann ist

$$|A| = \pi(2^{1024}) - \pi(2^{1023}) \overset{5.46}{\approx} \frac{2^{1024}}{\log(2^{1024})} - \frac{2^{1023}}{\log(2^{1023})}.$$

Damit berechnet man leicht $P[A] = \frac{|A|}{|\Omega|} = \frac{|A|}{2^{1024}-2^{1023}} \approx 0,00141.$[4] $\square$

Bemerkung 6.17 Dieses Lemma besagt, dass die Wahrscheinlichkeit dafür, aus Ω mit einem Zug eine Primzahl zu ziehen, ungefähr 0,00141 ist. Damit können wir erwarten (gemeint ist natürlich ein Erwartungswert), dass wir nach etwa $1/0,00141 \approx 709$ Zügen eine Primzahl gefunden haben. Das sind ziemlich wenige, und mit ganz einfachen Methoden kann man den Wert noch deutlich verbessern.

Es bleibt die Frage, wie wir testen, ob eine zufällig gewählte Zahl eine Primzahl ist.

Naiver Primzahltest 6.18 Sei $n \in \mathbb{N}$. Wir teilen n nach und nach durch alle natürlichen Zahlen $\leq \sqrt{n}$. Dann ist n eine Primzahl genau dann, wenn diese Divisionen (außer für 1) keine natürlichen Zahlen liefern (vergleiche 5.42).

Bemerkung 6.19 Um zu klären, ob n eine Primzahl ist, brauchen wir auf diese Art und Weise also ungefähr $\sqrt{n}$ Rechenschritte. Dafür erhalten wir sicher das richtige Resultat. Ist n ungefähr 2^{1024}, brauchen wir allerdings 2^{512} Rechenschritte. Der schnellste Rechner in Deutschland steht in Jülich und heißt JUQUEEN. Er schafft knapp 6 Billiarden ($= 6 \cdot 10^{15}$) Rechenschritte pro Sekunde. Wie lange braucht JUQUEEN dann für unsere benötigten 2^{512} Rechenschritte?

---

[3]Präziser meinen wir das Folgende: Es gilt, $\frac{x}{\log(x)+2} \leq \pi(x) \leq \frac{x}{\log(x)-4}$ für alle $x \geq 55$. Damit bedeutet $\pi(2^{1024}) \approx \frac{2^{1024}}{\log(2^{1024})}$, dass $\pi(2^{1024})$ in dem Intervall $\left[\frac{2^{1024}}{\log(2^{1024})+2}, \frac{2^{1024}}{\log(2^{1024})-4}\right]$ liegt. Es gibt noch deutlich bessere Abschätzungen von π, aber diese hier ist besonders einfach anzuwenden.
[4]Mit den obigen Abschätzungen weicht dieses Ergebnis höchstens 0,000.018.5 vom tatsächlichen Wert ab.

Die Antwort ist $\frac{2^{512}}{6\cdot10^{15}}$ s. Das sind ca. $7\cdot10^{130}$ Jahre. Unsere Sonne stirbt in spätestens $8\cdot10^{9}$ Jahren...

Wir brauchen also etwas Besseres. Die Idee ist, den kleinen Satz von Fermat zu benutzen. Dazu einige Vorüberlegungen.

Beispiel 6.20

(a) Wir betrachten 221 und berechnen 2^{221-1} mod 221: Es ist $220 = 2^7+2^6+2^4+2^3+2^2$, und es gilt 2^2 mod $221 = 4$, 2^{2^2} mod $221 = 16$, 2^{2^3} mod $221 = 16^2$ mod $221 = 35$, 2^{2^4} mod $221 = 35^2$ mod $221 = 120$, 2^{2^5} mod $221 = 35$, 2^{2^6} mod $221 = 120$, 2^{2^7} mod $221 = 35$. Damit erhalten wir

$$2^{221-1} \equiv 35 \cdot 120 \cdot 120 \cdot 35 \cdot 16 \equiv 16 \quad \text{mod } 221.$$

Offensichtlich ist $16 \not\equiv 1$ mod 221, und mit dem kleinen Satz von Fermat 5.83 wissen wir, dass 221 keine Primzahl sein kann.

(b) Wir betrachten $15 = 3 \cdot 5$. Das ist offensichtlich keine Primzahl. Aber es gilt $4^{15-1} \equiv 1$ mod 3 und $4^{15-1} \equiv (-1)^{14} \equiv 1$ mod 5. Damit gilt $3 \mid 4^{14} - 1$ und $5 \mid 4^{14} - 1$. Da $\text{ggT}(3,5) = 1$, folgt mit Korollar 5.33 auch $15 \mid 4^{14} - 1$. Damit ist $4^{15-1} \equiv 1$ mod 15, obwohl 15 keine Primzahl ist.

Proposition 6.21 *Ein $n \in \mathbb{N}$ mit $n \geq 2$ ist genau dann eine Primzahl, wenn gilt*

$$a^{n-1} \equiv 1 \quad \text{mod } n \text{ für alle } a \in \{1, \ldots, n-1\}. \tag{6.1}$$

Beweis Dass jede Primzahl (6.1) erfüllt, ist die Aussage des kleinen Satzes von Fermat 5.83.

Sei nun also (6.1) erfüllt. Dann gilt insbesondere $a^{n-2} \cdot a \equiv 1$ mod n und somit $[a] \in (\mathbb{Z}/n\mathbb{Z})^*$ für alle $a \in \{1, \ldots, n-1\}$. Es ist also $(\mathbb{Z}/n\mathbb{Z})^* = \mathbb{Z}/n\mathbb{Z} \setminus \{[0]\}$. Damit ist $\mathbb{Z}/n\mathbb{Z}$ ein Körper und n eine Primzahl. $\square$

Lemma 6.22 *Sei $n \in \mathbb{N}$. Erfüllt n die Bedingung*

$$es\ existiert\ ein\ a \in \mathbb{N}\ mit\ \text{ggT}(a,n) = 1\ und\ a^{n-1} \not\equiv 1 \quad \text{mod } n, \tag{6.2}$$

dann gilt $b^{n-1} \not\equiv 1$ mod n für mindestens die Hälfte aller Elemente aus $\{1, \ldots, n-1\}$.

Beweis Seien a und n wie gewünscht. Dann ist $[a] \in (\mathbb{Z}/n\mathbb{Z})^*$ nach Lemma 5.62. Sei A die Teilmenge von $\mathbb{Z}/n\mathbb{Z}$, in der genau die Elemente $[b]$ sind mit $[b]^{n-1} = [1]$. Wir betrachten die Abbildung

$$T_{[a]} : A \longrightarrow \mathbb{Z}/n\mathbb{Z} \setminus A \quad ; \quad [b] \mapsto [a] \cdot [b].$$

Diese Abbildung ist wohldefiniert, da für jedes $[b] \in A$ gilt:

$$(T_{[a]}([b]))^{n-1} = ([a] \cdot [b])^{n-1} = [a]^{n-1} \cdot [b]^{n-1} = [a]^{n-1} \cdot [1] \overset{\text{Vor.}}{\neq} [1].$$

Weiter ist $T_{[a]}$ injektiv, denn

$$T_{[a]}([b]) = T_{[a]}([c]) \iff [a] \cdot [b] = [a] \cdot [c] \overset{[a] \in (\mathbb{Z}/n\mathbb{Z})^*}{\iff} [b] = [c].$$

Mit Satz 1.40 ist damit $|A| \leq |\mathbb{Z}/n\mathbb{Z} \setminus A| = n - |A|$. Das bedeutet gerade $|A| \leq \frac{n}{2}$. Dies ist äquivalent zu $|\mathbb{Z}/n\mathbb{Z} \setminus A| \geq \frac{n}{2}$, was den Beweis schließt. $\qquad \square$

Fermat-Test 6.23 Sei $n \in \mathbb{N}$. Wähle zufällig ein $a \in \{1, \ldots, n-1\}$ und teste $a^{n-1} \equiv 1$ mod n. Ist diese Gleichung nicht erfüllt, ist n keine Primzahl, und wir sind fertig. Ist die Gleichung erfüllt, dann wähle ein anderes $a \in \{1, \ldots, n-1\}$ und wiederhole den Test 30-mal, oder bis er abbricht.

Dies testet eigentlich, ob eine Zahl *keine* Primzahl ist und nur dann wird ein gesichertes Ergebnis geliefert. Ist n keine Primzahl und erfüllt n Bedingung (6.2) (d. h., es existiert ein b mit ggT$(b, n) = 1$ und $b^{n-1} \not\equiv 1 \mod n$), so ist die Wahrscheinlichkeit dafür, dass in FT $a^{n-1} \equiv 1 \mod n$ ist (nach Lemma 6.22) $\leq \frac{1}{2}$. Wir wählen die a's zufällig und insbesondere unabhängig voneinander. Liefert der Test also 30-mal hintereinander das Ergebnis $a^{n-1} \equiv 1$ mod n, so ist die Wahrscheinlichkeit dafür $\leq (\frac{1}{2})^{30} < 0{,}000000001$. Es ist also extrem unwahrscheinlich, dass der Fermat-Test im Fall von (6.2) ein falsches Ergebnis liefert.

Die Berechnung von $a^{n-1} \mod n$ ist mit der Dualdarstellung von $n - 1$ sehr schnell möglich. Ist n in etwa so groß wie 2^{1024} so brauchen wir damit lediglich $2 \cdot 1024$ Rechenschritte in $\mathbb{Z}/n\mathbb{Z}$. Der gesamte Test benötigt also höchstens $60 \cdot 1024$ Rechenschritte, wofür ein normales Smartphone keine Sekunde benötigt. JUQUEEN braucht gerade mal 10^{-11} s (in dieser Zeit legt Licht eine Strecke von weniger als 3 mm zurück!).

In der Praxis werden tatsächlich solche Tests benutzt, die nur wahrscheinlich eine Primzahl liefern. Allerdings wird der Fermat-Test etwas filigraner angewendet. Grund dafür sind diese interessanten Spielverderber:

Beispiel 6.24 Es ist $561 = 3 \cdot 11 \cdot 17$. Insbesondere ist 561 keine Primzahl. Sei $a \in \{1, \ldots, 560\}$ mit ggT$(a, 561) = 1$. Dann ist auch ggT$(a, 3) = $ ggT$(a, 11) = $ ggT$(a, 17) = 1$ und mit Korollar 5.84 folgt

- $a^{560} \equiv (a^2)^{280} \equiv 1 \mod 3$,
- $a^{560} \equiv (a^{10})^{56} \equiv 1 \mod 11$,
- $a^{560} \equiv (a^{16})^{35} \equiv 1 \mod 17$.

Das sagt gerade, dass $3 \mid a^{560} - 1$ und $11 \mid a^{560} - 1$ und $3 \mid a^{560} - 1$. Da 3, 11 und 17 teilerfremd sind, ist mit Korollar 5.33 auch $561 = 3 \cdot 11 \cdot 17 \mid a^{560} - 1$, was genau $a^{560} \equiv 1$ mod 561 bedeutet.

Alternativ und etwas eleganter, kann man $a^{560} \equiv 1 \mod 561$ auch mit dem Chinesischen Restsatz 5.74 folgern.

Wir haben gezeigt, dass für alle $a \in \{1, \ldots, 560\}$ mit $\mathrm{ggT}(a, 561) = 1$ die Kongruenz $a^{560} \equiv 1 \mod 561$ gilt. Insbesondere erfüllt 561 nicht die Bedingung (6.2).

Definition 6.25 Eine natürliche Zahl n heißt *Carmichael-Zahl,* wenn n zusammengesetzt ist und für alle $a \in \mathbb{Z}$ mit $\mathrm{ggT}(a, n) = 1$ die Kongruenz $a^{n-1} \equiv 1 \mod n$ gilt.

Bemerkung 6.26 Carmichael-Zahlen sind genau diejenigen, für die der Fermat-Test nicht funktioniert. Es wird n nämlich nur dann als zusammengesetzt erkannt, wenn wir zufällig einen Teiler von n gefunden haben. Damit ist der Fermat-Test für Carmichael-Zahlen nicht effektiver als der naive Primzahltest.

Carmichael-Zahlen sind zwar extrem selten, aber es gibt doch unendlich viele von ihnen. Die ersten sind 561, 1105, 1729, 2465, 2821.[5]

Zusammenhang

- Mit dem Diffie-Hellman-Schlüsseltausch können zwei Parteien einen gemeinsamen geheimen Schlüssel konstruieren, selbst wenn ihre Kommunikation mitgehört wird.
- Dazu braucht man eine große Primzahl p und ein erzeugendes Element $g \in (\mathbb{Z}/p\mathbb{Z})^*$. Wählt nun eine Partei $a \in \mathbb{N}$ und die andere Partei $b \in \mathbb{N}$, so ist $((g^a)^b \mod p) = ((g^b)^a \mod p)$ der gemeinsame Schlüssel.
- Der Schlüssel ist geheim, da es extrem schwierig (zeitaufwendig) ist, aus dem Wert g^a, die Zahl a herauszulesen.
- Um eine große Primzahl p zu finden, wählt ein PC eine zufällige große Zahl aus und testet, ob es eine Primzahl ist. Man kann erwarten, dass der PC nach ca. 700 Versuchen eine Primzahl gefunden hat.
- Ob eine Zahl eine Primzahl ist, kann man mit dem Fermat-Test überprüfen. Der Test funktioniert nur fast immer und gibt nur an, ob eine Zahl höchst wahrscheinlich eine Primzahl ist.

6.3 RSA-Kryptosystem

Wir haben bereits gelernt, wie man sich über eine unsichere Leitung auf einen sicheren Schlüssel einigen kann. In diesem Abschnitt beschreiben wir ein sehr gängiges (asymmetrisches) Kryptosystem: das RSA-Kryprosystem. Dieses wird zum Beispiel immer dann benutzt, wenn Sie im Adressfeld Ihres Browsers den Anfang `https:` sehen. Meistens

---

[5] Die erste Carmichael-Zahl wurde von *Robert Carmichael* (1879–1967) gefunden. Dass es unendlich viele dieser Zahlen gibt, wurde 1994 von W. R. Alford, A. Granville und C. Pomerance in [2] bewiesen.

um einen Schlüssel zu tauschen, mit dem dann ein schnelleres (symmetrisches) Verfahren benutzt werden kann.

Wir benutzen die folgende Form des Satzes von Euler.

Satz 6.27 *Seien p und q zwei verschiedene Primzahlen, und sei $k \in \mathbb{N}$ beliebig. Dann gilt für alle $m \in \{1, \ldots, p \cdot q - 1\}$ die Kongruenz $m^{k \cdot \varphi(p \cdot q)+1} \equiv m \mod p \cdot q$.*

Beweis Falls m teilerfremd zu $p \cdot q$ ist, so ist dies die Aussage des Satzes von Euler 5.86, denn

$$m^{k \cdot \varphi(p \cdot q)+1} \equiv (m^{\varphi(p \cdot q)})^k \cdot m \equiv 1^k \cdot m \equiv m \mod p \cdot q.$$

Wir nehmen also ohne Einschränkung an, dass $p \mid m$ gilt. Da $m \leq p \cdot q - 1$, kann nicht gleichzeitig $q \mid m$ gelten. Es ist also m teilerfremd zu q, und es folgt mit Fermats kleinem Satz 5.83

$$m^{k \cdot \varphi(p \cdot q)+1} \equiv \underbrace{(m^{q-1})^{k \cdot (p-1)}}_{\equiv 1 \mod q} \cdot m \equiv m \mod q. \tag{6.3}$$

Da aber $p \mid m$ gilt, ist auch trivialerweise $m^{k \cdot \varphi(p \cdot q)+1} \equiv 0 \equiv m \mod p$. Zusammen mit (6.3) folgt wie oben (oder mit dem Chinesischen Restsatz 5.74) die postulierte Aussage $m^{k \cdot \varphi(p \cdot q)+1} \equiv m \mod p \cdot q$. $\square$

Biografische Anmerkung: Das RSA-Verfahren ist benannt nach *Ronald Rivest* (*1947), *Adi Shamir* (*1952) und *Leonard Adleman* (*1945), die dieses Verfahren 1977 als erste veröffentlichten. Alle drei wurden dafür mit dem Turing-Award ausgezeichnet. Bereits 1973 (also sogar vor der Veröffentlichung des Diffie-Hellman-Schlüsseltausches) wurde ein äquivalentes Verfahren von *C. Cocks* (*1950), einem Mitarbeiter des britischen Nachrichtendienstes, erfunden. Dies wurde erst 1997 bekannt, da seine Entdeckung bis dahin unter Geheimhaltung stand (und trotzdem nie genutzt wurde). In der Zwischenzeit hatten Rivest, Shamir und Adleman basierend auf RSA eine Sicherheitsfirma gegründet und diese für über $2{,}5 \cdot 10^8$ US\$ verkauft.

RSA-Verfahren 6.28 Kommen wir nun zum Ablauf des RSA-Verfahrens. Wie immer möchte Mia eine Nachricht an Tom schicken.

- Tom wählt ganz geheim zwei verschiedene Primzahlen p und q. Diese werden nicht verraten und bilden Toms *privaten Schlüssel*. Dann bildet Tom $N = p \cdot q$ und wählt ein $e \in \{2, \ldots, N\}$ mit $\mathrm{ggT}(\varphi(N), e) = 1$. Hier ist es wichtig zu beachten, dass Tom natürlich $\varphi(N) = (p-1) \cdot (q-1)$ kennt!
- Die Werte N und e werden nun ganz öffentlich bereitgestellt. Sie bilden Toms *öffentlichen Schlüssel*. Zum Beispiel stellt er diese Werte auf seine Homepage.
- Mia transferiert nun ihre Nachricht in ein Element $m \in \{1, \ldots, N-1\}$. Zum Beispiel kann sie ihren Text in einen ASCII-Code übersetzen. Sollte ihre Nachricht zu lang sein, so unterteilt sie sie einfach in mehrere Nachrichten von geeigneter Länge.

- Nun berechnet Mia $c = (m^e \mod N)$ und schickt diesen Wert an Tom.
- Tom weiß, dass $\varphi(N) = (p-1) \cdot (q-1)$ ist. Damit kann er ganz einfach ein Element $d \in \mathbb{Z}$ berechnen mit $d \cdot e \equiv 1 \mod \varphi(N)$. Dieses d nennen wir Toms *Dechiffrierzahl*.
- Mit diesem d ist die Entschlüsselung so gut wie fertig. Es gilt nämlich $e \cdot d = k \cdot \varphi(N) + 1$ für ein $k \in \mathbb{N}$. Damit kann Tom mit der Rechnung

$$c^d \equiv m^{e \cdot d} \equiv m^{k \cdot \varphi(N)+1} \overset{6.27}{\equiv} m \mod N$$

leicht Mias Nachricht rekonstruieren. Denn es ist nun offensichtlich $(c^d \mod N) = m$.

Beispiel 6.29 Wir geben zwei Beispiele mit sehr kleinen Zahlen an.

(a) Tom wählt
  - den privaten Schlüssel $p = 7$ und $q = 11$,
  - den öffentlichen Schlüssel $N = 77$ und $e = 11$.

  Es ist tatsächlich $N = p \cdot q$ und $e = 11$ ist teilerfremd zu $\varphi(77) = 60$.
  Als Nächstes berechnet Tom die Dechiffrierzahl d. Dies macht er natürlich mit dem euklidischen Algorithmus 5.24:

$$60 = 5 \cdot 11 + 5$$
$$11 = 2 \cdot 5 + 1$$
$$5 = 5 \cdot 1 + 0$$

  Damit folgt nämlich $1 = 11 - 2 \cdot 5 = 11 - 2 \cdot (60 - 5 \cdot 11) = 11 \cdot 11 - 2 \cdot 60$. Betrachten wir diese Gleichung modulo $\varphi(77) = 60$, erhalten wir $11 \cdot 11 \equiv 1 \mod 60$.

  $$\text{Es ist somit auch } d = 11.$$

  Mia möchte $m = 30$ an Tom schicken. Zur Verschlüsselung berechnet sie die Chiffre $c = (m^e \mod N) = (30^{11} \mod 77) = 74$. Mia schickt also $c = 74$ an Tom.
  Tom erhält $c = 74$ und möchte Mias Nachricht m rekonstruieren. Er berechnet also $m = (c^d \mod N) = (74^{11} \mod 77) = 30$. Sie können dieses Ergebnis gerne selbst überprüfen.
  Bei diesem Beispiel kann man sich noch fragen, warum das Ganze sicher sein soll. Es sind doch gefühlt alle Informationen für jeden verfügbar. Wenn wir die Zahlen jedoch nur ganz leicht vergrößern, sieht es schon anders aus.

(b) Tom wählt die Primzahlen 157 und 211. Dann ist $N = 33.127$ und $\varphi(N) = 156 \cdot 210 = 32.760$. Weiter wählt er $e = 11$ und macht seinen

  $$\text{öffentlichen Schlüssel } (N, e) = (33127, 11)$$

  bekannt. Es ist

$$32.760 = 2978 \cdot 11 + 2$$
$$11 = 5 \cdot 2 + 1$$
$$2 = 2 \cdot 1 + 0.$$

Damit folgt $1 = 11 - 5 \cdot 2 = 11 - 5 \cdot (32.760 - 2978 \cdot 11) = 14.891 \cdot 11 - 5 \cdot \underbrace{32.760}_{=\varphi(N)}$.

Insbesondere weiß Tom nun $14.891 \cdot 11 \equiv 1 \mod \varphi(N)$.

Er setzt daher $d = 14.891$.

Mia möchte nun ihre Handy-PIN $m = 7353$ an Tom schicken. Dazu berechnet sie

$$c = (m^e \mod N) = (7353^{11} \mod 33.127) = (7353^{2^3+2+1} \mod 33.127)$$
$$= 10.289.$$

Dieses c sendet sie an Tom. Tom berechnet dann

$$m = (c^d \mod N) = (10.289^{14.891} \mod 33.127) = 7353.$$

Bemerkung 6.30 Angenommen Kim hätte die Nachricht c erhalten. Sie kennt außerdem die Werte N und e, da diese öffentlich sind. Damit weiß sie, dass Mias Nachricht m die Kongruenz $m^e \equiv c \mod N$ erfüllt. Dies wäre ganz einfach zu lösen, wenn sie das Element d mit $d \cdot e \equiv 1 \mod \varphi(N)$ kennen würde. Aber sie kennt nicht einmal $\varphi(N)$ – sie weiß also gar nicht, in welchem Ring überhaupt gerechnet wird!

Können Sie nur aus $N = 33.127$ aus obigem Beispiel den Wert $\varphi(N)$ ablesen?

Wir werden gleich sehen, dass man um $\varphi(N)$ zu berechnen die Faktorisierung von N in Primzahlen $p \cdot q$ kennen muss. Üblicherweise sind p und q beides 1024-Bit-Primzahlen, also von der Größenordnung 2^{1024}. Durch Ausprobieren ist die Faktorisierung von $N = p \cdot q$ also nichtmal für JUQUEEN zu schaffen.

Ohne die Kenntnis von p und q scheint es also sehr schwierig zu sein, die RSA-Verschlüsselung zu knacken. Es ist allerdings nicht bekannt, ob man tatsächlich N faktorisieren können muss, um das RSA-Verfahren zu knacken.

Proposition 6.31 *Wir benutzen die Notation aus dem RSA-Verfahren. Ist N bekannt, so ist es genauso schwierig die Primzahlen p und q zu berechnen wie den Wert $\varphi(N)$ zu berechnen.*

Beweis Sei also $N = p \cdot q$ bekannt. Haben wir p und q herausgefunden, so kennen wir auch $\varphi(N) = (p-1) \cdot (q-1)$. Haben wir andererseits $\varphi(N)$, so kennen wir auch den Wert

$$\varphi(N) - 1 - N = (p-1) \cdot (q-1) - 1 - N = -p - q.$$

Dann sind aber p und q die Nullstellen des Polynoms $x^2 + (-p-q) \cdot x + N$. Diese sind natürlich (mit pq-Formel oder quadratischer Ergänzung) leicht zu berechnen. $\qquad\square$

Bemerkung 6.32 Wir können in diesem Buch nicht viel zu Angriffsmöglichkeiten gegen das Verfahrens sagen. Eine Möglichkeit, die Faktorisierung von N zu erhalten, ist nicht zu versuchen, durch kleine Zahlen zu teilen, sondern durch große. Dabei starten wir in der Nähe von $\sqrt{N}$ abwärts. Liegen die Primzahlen p und q sehr nah beieinander, so finden wir schnell die kleinere der beiden Zahlen. In der Praxis sollte man also Primzahlen wählen, die weit genug auseinanderliegen.

Abschließend zeigen wir, dass es manche Primzahlen gibt, die schlechter für das RSA-Verfahren geeignet sind als andere.

Proposition 6.33 *Sei $N = p \cdot q$ mit Primzahlen $p \neq 2 \neq q$. Sei weiter $\varphi(p) = p - 1 = p_1^{e_1} \cdot \ldots \cdot p_r^{e_r}$ die Primfaktorisierung von $\varphi(p)$. Sei $n \in \mathbb{N}$, sodass $n \geq e_i \cdot p_i$ für alle $i \in \{1, \ldots, r\}$ gilt. Dann ist p ein Teiler von $2^{n!} - 1$.*

Beweis Mit dem kleinen Satz von Fermat gilt $2^{n!} \equiv 1 \mod p$ genau dann, wenn $p - 1 \mid n!$ gilt. Wir müssen also nur zeigen, dass wir unter unseren Voraussetzungen an n tatsächlich

$$p - 1 = p_1^{e_1} \cdot \ldots \cdot p_r^{e_r} \mid n! \tag{6.4}$$

haben. Dazu genügt es – aufgrund der Teilerfremdheit der vorkommenden Primzahlpotenzen – zu zeigen, dass $p_i^{e_i} \mid n!$ für alle $i \in \{1, \ldots, r\}$. Es ist aber $p_i, 2 \cdot p_i, \ldots, e_r \cdot p_r \leq n$. Damit ist $p_i \cdot (2 \cdot p_i) \cdot \ldots \cdot (e_i \cdot p_i) = e_i! \cdot p_i^{e_i} \mid n!$, was (6.4) impliziert. $\square$

Wählen wir beim RSA-Verfahren also eine Primzahl p, sodass $p - 1$ in ein Produkt von vielen kleinen Primzahlpotenzen faktorisiert, so ist p ein Teiler von $2^{n!} - 1$ für ein vergleichsweise kleines $n \in \mathbb{N}$. Insbesondere gilt dann $\text{ggT}(2^{n!} - 1, N) = p$. Da der euklidische Algorithmus 5.24 sehr schnell ist, kann man so die Faktorisierung finden. Dieses Verfahren funktioniert in der Praxis aber nur in Ausnahmefällen.

Beispiel 6.34 In Beispiel 6.29 war $N = 33.127$. Wir berechnen nun

- $2^{2!} \mod 33.127 = 4$
  $\text{ggT}(4 - 1, 33.127) = 1$
- $2^{3!} \mod 33.127 = 4^3 \mod 33.127 = 64$
  $\text{ggT}(64 - 1, 33.127) = 1$
- $2^{4!} \mod 33.127 = 64^4 \mod 33.127 = 14.954$
  $\text{ggT}(14.954 - 1, 33.127) = 1$
- $2^{5!} \mod 33.127 = 14.954^5 \mod 33.127 = 16.395$
  $\text{ggT}(16.395 - 1, 33.127) = 1$
- $2^{6!} \mod 33.127 = 16.395^6 \mod 33.127 = 988$
  $\text{ggT}(988 - 1, 33.127) = 1$

- $2^{7!} \mod 33.127 = 988^7 \mod 33.127 = 26.798$
  $\mathrm{ggT}(26.798 - 1, 33.127) = 211$

Wir haben also die Faktorisierung $N = 211 \cdot 157$ gefunden!

Zusammenfassung

- Beim RSA-Verfahren, muss der Empfänger einer Nachricht den ersten Schritt machen.
- Schickt Mia eine Nachricht an Tom, so wird diese folgendermaßen ver- und entschlüsselt:

Mias Wissen	Öffentliches Wissen	Toms Wissen
Klartext $m \in \{1, \dots, N\}$		p und q (privater Schlüssel) versch. Primzahlen
	N und e (öffentlicher Schlüssel) mit $N = p \cdot q$ und $\mathrm{ggT}(e, \varphi(N)) = 1$	$d \in \mathbb{N}$ mit $d \cdot e \equiv 1 \mod \varphi(N)$
Chiffre $c = (m^e \mod N)$	$\xrightarrow{\ c \text{ wird an Tom geschickt}\ }$	$m = (c^d \mod N)$

- Dieses Verfahren ist sicher, da nur Tom den Wert $\varphi(N)$ kennt. Dieser lässt sich nicht aus N ablesen, sofern die Primzahlen groß genug sind.

Aufgaben

Aufgabe 92 KTZYINRAKYYKRT YOK JOK FCKOZK GALMGHK JOK SOZ KOTKX BOMKTKXK BKXYINRAKYYKRATM SOZ YINRAKYYKR „ATO" INOLLXOKXZ CAXJK

Aufgabe 93 RWN QWNGS VJBXVZYCOKZHRNQQZ GDWGCDHDOWXISW BWKO SB YWN ESMZA KPQQNHJWSW YSB VZYCOKZHB BSWVI NDBNI PDXVBOOKZB IPCAYBNI? PND KRZ JRZZNI RRZGNM GDWGCDHDOWXISW RWAY YNDB KPQ-QNHJWS BDQQ NSUWGC UIPZCAYBNO?

Aufgabe 94 Die folgende Chiffre wurde mit einer Vigenère-Verschlüsselung verschlüsselt. Wie lautet der Klartext? Versuchen Sie als Erstes die Schlüssellänge herauszufinden.

> OXOF YMAXHWG IAGUWK GDBFYXO XEJWZFF
> YMAXHWG GDBFYXO XEJWZFF AJFMFJAFJ

Aufgabe • 95 Seien $p = 23$ und $g = [7] \in (\mathbb{Z}/23\mathbb{Z})^*$. Bestimmen Sie den diskreten Logarithmus zur Basis g von $[17]$.

Aufgabe • 96 Sie möchten mit Diffie-Hellmann einen Schlüssel erzeugen und wählen öffentlich $p = 29$ und $g = [11]$. Ihr privater Schlüssel ist $a = 4$, und Sie erhalten von Ihrem Gesprächspartner den Wert $B = [13]$. Welchen Schlüssel erzeugen Sie damit?

Aufgabe 97 Sei Ω' die Teilmenge von $\Omega = \{2^{1023}, \ldots, 2^{1024}\}$, die aus genau den Elementen besteht, deren letzte Ziffer 1, 3, 7 oder 9 ist. Geben Sie die (ungefähre) Wahrscheinlichkeit dafür an, dass eine zufällig gewählte Zahl aus Ω' eine Primzahl ist.
   Hinweis: Wie viele Primzahlen gibt es in $\Omega \setminus \Omega'$?

Aufgabe 98

(a) Sei $n \in \mathbb{N}$ mit Primfaktorisierung $n = p_1 \cdot \ldots \cdot p_r$, wobei $r \geq 2$ und $p_1, \ldots, p_r$ paarweise verschiedene ungerade Primzahlen sind. Weiter gelte $p_i - 1 \mid n - 1$ für alle $i \in \{1, \ldots, r\}$. Zeigen Sie, dass n eine Carmichael-Zahl ist.
   Hinweis: Folgen Sie dem Beweis der Aussage, dass 561 eine Carmichael-Zahl ist.

(b) Zeigen Sie, dass jede Carmichael-Zahl ungerade ist.
   Hinweis: Geben Sie für jede gerade Zahl $n > 3$ explizit ein Element a an mit $\mathrm{ggT}(a, n) = 1$ und $a^{n-1} \not\equiv 1 \mod n$.

Aufgabe • 99 Ihr privater Schlüssel ist $p = 443$ und $q = 467$. Weiter wählen Sie als Teil des öffentlichen Schlüssels $e = 100001$. Wie lautet Ihre Dechiffrierzahl d?

Aufgabe • 100 Berechnen Sie ohne Taschenrechner $(74^{11} \mod 77)$.

Aufgabe 101 Geben Sie eine Lösung der folgenden Kongruenz an

$$x^{77} \equiv 4 \mod 97.$$

Aufgabe • 102 Eine dubiose Internetseite wählt für ihr RSA-Verfahren den öffentlichen Schlüssel $N = 221$ und $e = 55$. Mia kauf trotzdem dort ein und schickt den verschlüsselten Secure-Code ihrer Kreditkarte $c = 94$.
   Wie lautet der tatsächliche Secure-Code von Mias Kreditkarte?

Aufgabe 103

(a) Es ist $N = 53.929$ ein Produkt zweier Primzahlen, und es gilt $\varphi(N) = 53.460$. Bestimmen Sie die beiden Faktoren von N.

(b) Die Zahl $N = 79.523$ ist ein Produkt zweier Primzahlen. Bestimmen Sie die beiden Faktoren von N.

Lateinische Quadrate

7

Einfache Rätsel haben oft Verallgemeinerungen, die über die menschlichen Fähigkeiten hinausgehen und dadurch unsere Neugier wecken.

Donald Knuth

In diesem Kapitel studieren wir wieder Objekte, die jede(r) von Ihnen aus dem Alltag kennt (ähnlich zur Graphentheorie). Deshalb starten wir auch mit einer anschaulichen (informellen) Definition der Objekte, die uns in diesem Kapitel beschäftigen werden. Sei M irgendeine endliche Menge mit n Elementen. Wir betrachten quadratische Tabellen mit n Zeilen und n Spalten, sodass in jeder Zeile und in jeder Spalte jedes Element aus M genau einmal vorkommt. Solche Tabellen sind nicht erst seit der Popularität von Sudokus bekannt und werden *lateinische Quadrate der Ordnung n mit Einträgen aus M* genannt. Nachdem wir einige Beispiele betrachtet haben, geben wir auch eine mathematische Formulierung für solche Tabellen. Es wird bald deutlich, dass das Studium dieser Objekte auf leicht verständliche Fragen führt, deren Antworten noch immer nicht bekannt sind.

Unterwegs werden wir noch einen großen Satz der Kombinatorik beweisen – den Hochzeitssatz.

7.1 Erste Beispiele

Beispiel 7.1 Seien $n = 1$ und $M = \{A\}$. Dann ist offensichtlich $\boxed{\text{A}}$ das einzige lateinische Quadrat der Ordnung 1 mit Einträgen aus M.

Seien $n = 2$ und $M = \{A, B\}$. Dann gibt es zwei lateinische Quadrate der Ordnung 2 mit Einträgen aus M. Nämlich $\begin{array}{|c|c|} \hline A & B \\ \hline B & A \\ \hline \end{array}$ und $\begin{array}{|c|c|} \hline B & A \\ \hline A & B \\ \hline \end{array}$.

© Springer-Verlag GmbH Deutschland, ein Teil von Springer Nature 2019
L. Pottmeyer, *Diskrete Mathematik*,
https://doi.org/10.1007/978-3-662-59663-0_7

Ein lateinisches Quadrat der Ordnung 3 mit Einträgen aus $\{A, B, C\}$ ist zum Beispiel

$$
\begin{array}{|c|c|c|}
\hline
A & B & C \\
\hline
B & C & A \\
\hline
C & A & B \\
\hline
\end{array}
$$

Beispiel 7.2

(a) Jedes (korrekt) ausgefüllte Sudoku liefert ein lateinisches Quadrat der Ordnung 9 mit Einträgen aus $\{1, 2, \ldots, 9\}$.

(b) Damit es in der Fußball-Bundesliga nach 17 Spieltagen jede Spielpaarung genau einmal gegeben hat, braucht man ein lateinisches Quadrat der Ordnung 18. Für eine Saison mit sechs Mannschaften ist das in Abb. 7.1 skizziert.

(c) Sei $G = \{h_1, \ldots, h_n\}$ eine endliche Gruppe. Dann erhalten wir ein lateinisches Quadrat der Ordnung n mit Einträgen aus G, in dem die i-te Zeile gegeben ist durch

$$
h_i \cdot h_1 \quad h_i \cdot h_2 \quad \cdots \quad h_i \cdot h_n
$$

(dieses lateinische Quadrat wird auch Verknüpfungstafel von G genannt). Wir zeigen kurz, dass dies tatsächlich ein lateinisches Quadrat liefert. Ist $h_i \cdot h_s = h_i \cdot h_t$, so ist $h_s = h_i^{-1} \cdot h_i \cdot h_t = h_t$, was $s = t$ bedeutet. Es sind also alle n Einträge der Zeile paarweise verschieden, was nichts anderes bedeutet, als dass jedes der Elemente aus G genau einmal in der Zeile vorkommt. Die entsprechende Aussage für die Spalten folgt genauso.

Abb. 7.1 Grün spielt am 1. Spieltag gegen Schwarz, am zweiten gegen Gelb, ...Dies ergibt ein lateinisches Quadrat der Ordnung 6 mit Einträgen aus der Menge aller teilnehmenden Mannschaften (Grün, Blau, Gelb, Weiß, Schwarz und Rot)

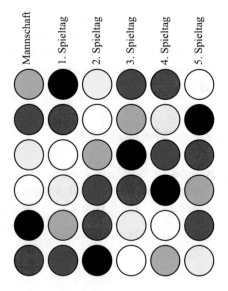

Wir kommen nun endlich zur tatsächlichen Definition von lateinischen Quadraten, die nur bekannte mathematische Objekte benutzt. Wie immer können wir uns auf Mengen und Abbildungen beschränken.

Definition 7.3 Sei M eine endliche Menge mit n Elementen. Ein *lateinisches Quadrat der Ordnung n mit Einträgen aus M* ist eine Abbildung

$$L : \{1, \dots, n\} \times \{1, \dots, n\} \longrightarrow M,$$

mit den Eigenschaften

- für alle $i \in \{1, \dots, n\}$ gilt: $L(i, j) = L(i, j') \implies j = j'$ und
- für alle $j \in \{1, \dots, n\}$ gilt: $L(i, j) = L(i', j) \implies i = i'$.

Für $i \in \{1, \dots, n\}$ nennen wir das Element $(L(i, 1), L(i, 2), \dots, L(1, n)) \in M^n$ die *i-te Zeile* von L und das Element $(L(1, i), \dots, L(n, i)) \in M^n$ die *i-te Spalte* von L.

Bemerkung 7.4 Sei L wie in der Definition 7.3. Ordnen wir die Elemente $L(i, j)$ in einer $(n \times n)$-Tabelle so an, dass $L(i, j)$ in dem Feld der i-ten Zeile und der j-ten Spalte steht, so erhalten wir eine quadratische Tabelle in der in jeder Zeile und jeder Spalte jedes Element aus M genau einmal vorkommt. Die Tabelle

$L(1, 1)$	$L(1, 2)$	$\cdots$	$L(1, n)$
$L(2, 1)$	$L(2, 2)$	$\cdots$	$L(2, n)$
$\vdots$	$\vdots$	$\ddots$	$\vdots$
$L(n, 1)$	$L(n, 2)$	$\cdots$	$L(n, n)$

ist also ein lateinisches Quadrat nach unserer informellen Definition. Ist andererseits ein lateinisches Quadrat

a_{11}	a_{12}	$\cdots$	a_{1n}
a_{21}	a_{22}	$\cdots$	a_{2n}
$\vdots$	$\vdots$	$\ddots$	$\vdots$
a_{n1}	a_{n2}	$\cdots$	a_{nn}

nach der informellen Definition gegeben mit $M = \{a_{11}, a_{12}, \dots, a_{1n}\}$, so ist natürlich die Abbildung

$$L : \{1, \dots, n\} \times \{1, \dots, n\} \longrightarrow M; \quad (i, j) \mapsto a_{ij}$$

ein lateinisches Quadrat der Ordnung n mit Einträgen aus M nach 7.3. Denn ist $L(i, j) = L(i, j')$, so ist $a_{ij} = a_{ij'}$. Die Elemente aus der i-ten Zeile sind aber paarweise verschieden. Daher ist $j = j'$. Die zweite Bedingung an L folgt analog.

7.2 Anzahl von lateinischen Quadraten

In jedem lateinischen Quadrat ist die Menge M der Einträge kein wirklich entscheidender
Faktor. Daher werden wir im Folgenden $M = \{1, \ldots, n\}$ annehmen. Wir wollen in diesem Abschnitt eine Abschätzung für die Anzahl von lateinischen Quadraten der Ordnung
n finden. Dabei benutzen wir bereits, dass die Menge der Einträge als $\{1, \ldots, n\}$
festgesetzt ist.

Definition 7.5 Seien S eine Menge und $A_1, \ldots, A_n$ Teilmengen von S. Ein *System verschiedener Repräsentanten (SvR) von* $A_1, \ldots, A_n$ ist ein Element $(a_1, \ldots, a_n) \in S^n$ mit

 (i) $a_i \in A_i$ für alle $i \in \{1, \ldots, n\}$ und
(ii) $a_1, \ldots, a_n$ sind paarweise verschieden.

Beispiel 7.6 Solche SvR existieren natürlich nicht für alle Familien von endlichen Mengen.
Weiter sind sie, wenn sie existieren, nicht unbedingt eindeutig.

(a) Betrachte $A_1 = \{1, 2, 3, 4, 5\}$, $A_2 = \{3, 4\}$, $A_3 = \{1, 4\}$, $A_4 = \{5\}$. Dann sind
     $(1, 3, 4, 5)$, $(2, 3, 4, 5)$, $(2, 3, 1, 5)$, $(4, 3, 1, 5)$, $(2, 4, 1, 5)$, $(3, 4, 1, 5)$ alle SvR der
     Mengen A_1, A_2, A_3, A_4.
(b) Betrachte $A_1 = \{1, 2, 3, 4, 5\}$, $A_2 = \{3, 4\}$, $A_3 = \{4\}$, $A_4 = \{3\}$. Dann gibt es
     kein SvR der Mengen. Denn es müsste ein Element der Form $(a_1, a_2, 4, 3)$ sein mit
     $a_2 \in A_2 \setminus \{3, 4\} = \emptyset$, was offensichtlich nicht existieren kann.

Das folgende Theorem ist der entscheidende Schritt dafür, die Anzahl von lateinischen
Quadraten abzuschätzen, auch wenn es auf den ersten Blick nicht danach aussieht. Dieses
Resultat ist recht stark und dementsprechend aufwendig zu beweisen.

Theorem 7.7 *Seien $r, n \in \mathbb{N}$ und sei S eine Menge. Setze*

$$\Psi(n, r) = \begin{cases} r! & \text{falls } r \leq n, \\ \dfrac{r!}{(r-n)!} & \text{falls } r \geq n, \end{cases}$$

*Seien weiter $A_1, \ldots, A_n$ Teilmengen von S mit $|A_i| \geq r$ für alle $i \in \{1, \ldots, n\}$. Wenn
für jede Teilmenge $I \subseteq \{1, \ldots, n\}$ die Ungleichung $|\cup_{i \in I} A_i| \geq |I|$ gilt, so existieren
mindestens $\Psi(n, r)$ verschiedene SvR der Mengen $A_1, \ldots, A_n$.*

Bevor wir das Theorem beweisen, präsentieren wir ein wichtiges Korollar und ein Beispiel.

Korollar 7.8 (Hochzeitssatz) *Seien S eine Menge, $n \in \mathbb{N}$ und $A_1, \ldots, A_n$ Teilmengen von S ungleich $\emptyset$. Dann sind die folgenden Aussagen äquivalent:*

(i) Es gibt ein SvR von $A_1, \ldots, A_n$.
(ii) Für alle Teilmengen $I \subseteq \{1, \ldots, n\}$ gilt $|\bigcup_{i \in I} A_i| \geq |I|$.

Beweis Wir beweisen die beiden Implikationen.

(i)$\Rightarrow$(ii) Seien also $(a_1, \ldots, a_n)$ ein SvR von $A_1, \ldots, A_n$ und $I \subseteq \{1, \ldots, n\}$. Dann gilt $\{a_i | i \in I\} \subseteq \bigcup_{i \in I} A_i$. Da $a_1, \ldots, a_n$ paarweise verschieden sind, folgt (ii) sofort.

(ii)$\Rightarrow$(i) Seien nun $A_1, \ldots, A_n$ mit $|A_i| \geq 1$ für alle $i \in \{1, \ldots, n\}$, sodass die Bedingung aus (ii) erfüllt ist. Nach Theorem 7.7 existieren damit mindestens $\Psi(n, 1) = 1$ SvR von $A_1, \ldots, A_n$. $\qquad\square$

Der Name dieses Korollars erklärt sich durch folgendes Beispiel.

Beispiel 7.9 Bei einer Partnervermittlung sind n Frauen angemeldet. Um die Anonymität zu wahren, nennen wir diese $f_1, \ldots, f_n$. Sei nun S die Menge aller Männer, die bei der Partnervermittlung angemeldet sind. Für jede Frau f_i sei $A_i \subseteq S$ die Menge aller potenziellen Partner. Es ist natürlich möglich, dass manche Männer sowohl potenzielle Partner für f_1 als auch für f_2 sind.

Die Vermittlung möchte nun jeder Frau f_i einen passenden Partner zuordnen (d. h. $a_i \in A_i$), sodass keine zwei Frauen den gleichen Mann zugeordnet bekommen (d. h. $a_1, \ldots, a_n$ sind paarweise verschieden). Der Heiratssatz besagt nun, dass das genau dann möglich ist, wenn je $k \leq n$ der Frauen zusammen mindestens zu k Männern passen.[1]

Nun wagen wir es Theorem 7.7 zu beweisen.

Beweis (Beweis von Theorem 7.7) Als Erstes bemerken wir eine hilfreiche Rechenregel für die Funktion Ψ. Für $r, n \in \mathbb{N}$ mit $r \geq 2$ gilt nämlich

$$r \cdot \Psi(n, r-1) = \Psi(n+1, r). \tag{7.1}$$

---

[1] Der Satz stammt aus dem Jahr 1935, was den konservativen Standpunkt erklärt. Um es einfach zu halten, wurde dieser Standpunkt hier beibehalten.

Dies sehen wir durch die Rechnung

$$
r \cdot \Psi(n, r-1) =
\begin{cases}
r \cdot (r-1)! & \text{falls } r - 1 \leq n \\
r \cdot \dfrac{(r-1)!}{(r-1-n)!} & \text{falls } r - 1 \geq n
\end{cases}
$$

$$
=
\begin{cases}
r! & \text{falls } r \leq n + 1 \\
\dfrac{r!}{(r-(n+1))!} & \text{falls } r \geq n + 1
\end{cases}
$$

$$
= \Psi(n + 1, r).
$$

Wir führen nun eine Induktion über n.

Induktionsanfang: Für $n = 1$ gibt es nur eine Menge A_1. Weiter ist jedes Element $a_1 \in A_1 \subseteq S$ ein SvR. Es gibt also mindestens $|A_1| \geq r$ solcher Elemente. Aus $\Psi(1, r) = r$ folgt die Behauptung.

Induktionsvoraussetzung: Für beliebiges, aber festes $n \in \mathbb{N}$ gelte für alle $k \leq n$ und alle $r \in \mathbb{N}$: Sind $A_1, \ldots, A_k$ Mengen mit $|A_i| \geq r$ für alle $i \in \{1, \ldots, k\}$, sodass $|\cup_{i \in I} A_i| \geq |I|$ für alle $I \subseteq \{1, \ldots, k\}$ gilt, dann existieren mindestens $\Psi(k, r)$ verschiedene SvR von $A_1, \ldots, A_k$.

Induktionsschritt: Seien nun $n + 1$ Mengen $A_1, \ldots, A_{n+1}$ gegeben, die die Ungleichung $|\cup_{i \in I} A_i| \geq |I|$ für alle Teilmengen $I \subseteq \{1, \ldots, n+1\}$ erfüllen und für die $|A_i| \geq r$ für alle $i \in \{1, \ldots, n+1\}$ gilt. Wir führen eine Fallunterscheidung durch.

1. Fall: Es gilt $|\cup_{i \in I} A_i| \geq |I| + 1$ für alle Teilmengen $I \subseteq \{1, \ldots, n+1\}$ mit $\emptyset \neq I \neq \{1, \ldots, n+1\}$.

Diese Bedingung garantiert insbesondere $|A_i| \geq 2$ für alle $i \in \{1, \ldots, n+1\}$, da $A_i = \bigcup_{i \in \{i\}} A_i$ ist und somit $|A_i| \geq |\{i\}| + 1 = 2$ gilt. Damit können wir insbesondere $r \geq 2$ annehmen.

Wir wählen ein beliebiges $a_{n+1} \in A_{n+1}$. Für jede Teilmenge $I \subseteq \{1, \ldots, n\} \subseteq \{1, \ldots, n+1\}$ ist nun

$$
\left| \bigcup_{i \in I} (A_i \setminus \{a_{n+1}\}) \right| = \left| \left(\bigcup_{i \in I} A_i \right) \setminus \{a_{n+1}\} \right|
$$

$$
\geq \left| \bigcup_{i \in I} A_i \right| - 1 \overset{\text{Voraussetzung}}{\geq} |I| + 1 - 1 = |I|.
$$

Wir dürfen also die Induktionsvoraussetzung auf die Mengen $A_1 \setminus \{a_{n+1}\}, \ldots, A_n \setminus \{a_{n+1}\}$, die alle mindestens $r - 1$ Elemente besitzen, anwenden. Das liefert uns mindestens $\Psi(n, r-1)$ verschiedene SvR der Mengen $A_1 \setminus \{a_{n+1}\}, \ldots, A_n \setminus \{a_{n+1}\}$. Ist $(a_1, \ldots, a_n)$ so ein SvR, so ist nach Konstruktion auch $(a_1, \ldots, a_{n+1})$ ein SvR von $A_1, \ldots, A_n$.

Jedes Element aus A_{n+1} liefert also mindestens $\Psi(n, r-1)$ verschiedene SvR von $A_1, \ldots, A_{n+1}$. Da $|A_{n+1}| \geq r$ ist, folgt, dass es insgesamt mindestens $r \cdot \Psi(n, r-1) \overset{(7.1)}{=}$

$\Psi(n + 1, r)$ verschiedene SvR der Mengen $A_1, \ldots, A_n$ gibt (beachten Sie, dass wir ganz am Anfang $r \geq 2$ festgestellt haben).

2. Fall: Es gibt eine Teilmenge $I \subseteq \{1, \ldots, n + 1\}$ mit $\emptyset \neq I \neq \{1, \ldots, n + 1\}$ und $|\cup_{i \in I} A_i| = |I|$.

Nach Umnummerierung der Mengen dürfen wir annehmen, dass $I = \{1, \ldots, k\}$ für ein $k \leq n$ ist. Dann ist $r \leq |A_i| \leq k \leq n$ für alle $i \in \{1, \ldots, k\}$. Nach Induktionsvoraussetzung existieren somit (mindestens) $\Psi(k, r) = r!$ SvR von $A_1, \ldots, A_k$. Sei nun $(a_1, \ldots, a_k)$ eines dieser SvR. Wir müssen noch zeigen, dass wir dieses $(a_1, \ldots, a_k)$ zu einem SvR der Mengen $A_1, \ldots, A_{n+1}$ erweitern können. Es ist nach Annahme

$$\{a_1, \ldots, a_k\} \subseteq \cup_{i \in I} A_i \quad \text{und} \quad |\{a_1, \ldots, a_k\}| = k = |\cup_{i \in I} A_i|.$$

Das bedeutet gerade

$$\{a_1, \ldots, a_k\} = \cup_{i \in I} A_i. \tag{7.2}$$

Sei nun $J \subseteq \{1, \ldots, n + 1\} \setminus \{1, \ldots, k\} = \{k + 1, \ldots, n + 1\}$ beliebig. Dann ist

$$|\bigcup_{j \in J} (A_j \setminus \{a_1, \ldots, a_k\})| \overset{(7.2)}{=} |\left(\bigcup_{j \in I \cup J} A_j\right) \setminus \{a_1, \ldots, a_k\}|$$

$$\geq |J \cup I| - k \overset{J \cap I = \emptyset}{=} |J| + |I| - k = |J|.$$

Wir haben gezeigt, dass wir die Induktionsvoraussetzung auch auf die $n + 1 - k \leq n$ Mengen $A_{k+1} \setminus \{a_1, \ldots, a_k\}, \ldots, A_{n+1} \setminus \{a_1, \ldots, a_k\}$ anwenden dürfen und dass keine dieser Mengen leer ist.

Damit existiert mindestens ein SvR $(a_{k+1}, a_{k+2}, \ldots, a_{n+1})$ der Mengen $A_{k+1} \setminus \{a_1, \ldots, a_k\}, \ldots, A_{n+1} \setminus \{a_1, \ldots, a_k\}$. Nach Konstruktion ist somit das Element $(a_1, \ldots, a_{n+1})$ ein SvR von $A_1, \ldots, A_{n+1}$. Wir können also jedes der mindestens $r!$ SvR der Mengen $A_1, \ldots, A_k$ zu einem SvR der Mengen $A_1, \ldots, A_{n+1}$ erweitern. Damit gibt es auch im 2. Fall mindestens $r! = \Psi(n, r)$ verschiedene SvR der Mengen $A_1, \ldots, A_{n+1}$. $\square$

Korollar 7.10 *Für jedes $n \in \mathbb{N}$ gibt es mindestens $\prod_{i=1}^{n} i!$ verschiedene lateinische Quadrate der Ordnung n mit Einträgen aus $\{1, \ldots, n\}$.*

Beweis Wir führen den Beweis, indem wir sukzessive Zeilen eines lateinischen Quadrates konstruieren. Jede Zeile eines lateinischen Quadrates ist eine Permutation der Elemente aus $\{1, \ldots, n\}$. Damit haben wir $n!$ verschiedene Möglichkeiten, die erste Zeile eines lateinischen Quadrates zu wählen.

Seien nun die ersten k Zeilen eines lateinischen Quadrates L bereits konstruiert. Wir definieren die Mengen $A_i = \{L(1, i), \ldots, L(k, i)\}$ und $B_i = \{1, \ldots, n\} \setminus A_i$ für alle $i \in \{1, \ldots, n\}$. Dann ist

$$|B_i| = n - k < n \quad \text{für alle } i \in \{1, \ldots, n\}. \tag{7.3}$$

Die $(k + 1)$-te Zeile von L muss nun ein Element $(L(k + 1, 1), \ldots, L(k + 1, n))$ sein mit $L(k + 1, i) \in B_i$ für alle $i \in \{1, \ldots, n\}$, sodass alle Elemente $L(k + 1, 1), \ldots, L(k + 1, n)$ paarweise verschieden sind. Das heißt, jedes SvR von $B_1, \ldots, B_n$ kann als $(k + 1)$-te Zeile gewählt werden. Um diese Anzahl abzuschätzen, wollen wir natürlich Theorem 7.7 benutzen.

Jedes $a \in \{1, \ldots, n\}$ kommt in den ersten k Zeilen von L genau k-mal vor. Damit muss a in exakt $n - k$ der Mengen $B_1, \ldots, B_n$ enthalten sein. Sei nun $I \subseteq \{1, \ldots, n\}$ beliebig. Dann gilt

$$\Big| \bigcup_{i \in I} B_i \Big| \cdot (n - k) \geq \sum_{a \in \cup_{i \in I} B_i} |\{j \in I \,|\, a \in B_j\}| = \sum_{i \in I} |B_i| = |I| \cdot (n - k),$$

was sofort

$$\Big| \bigcup_{i \in I} B_i \Big| \geq |I|$$

impliziert. Wir dürfen also Theorem 7.7 anwenden. Dies liefert mit (7.3), dass es mindestens $\Psi(n, n-k) = (n-k)!$ verschiedene SvR von $B_1, \ldots, B_n$ gibt. Mit unseren Vorüberlegungen existieren also mindestens $(n - k)!$ verschiedene Möglichkeiten, die $(k + 1)$-te Zeile von L zu wählen.

Mit Theorem 1.47 folgt sofort, dass wir mindestens $n! \cdot (n-1)! \cdot \ldots \cdot (n-(n-1))! = \prod_{i=1}^{n} i!$ verschiedene lateinische Quadrate konstruieren können. Das war zu zeigen. $\qquad \square$

Bemerkung 7.11 Wir haben im letzten Korollar zusätzlich bewiesen, dass für $k < n$ jede Abbildung

$$L : \{1, \ldots, k\} \times \{1, \ldots, n\} \longrightarrow \{1, \ldots, n\}$$

mit $L(i, j) \neq L(i', j)$ für alle $i \neq i'$ und $L(i, j) \neq L(i, j')$ für alle $j \neq j'$ zu einem lateinischen Quadrat erweitert werden kann.

Bemerkung 7.12 Bereits für kleine n gibt es somit unglaublich viele verschiedene lateinische Quadrate der Ordnung n. Zum Beispiel gibt es mindestens $6! \cdot 5! \cdot 4! \cdot 3! \cdot 2! \cdot 1! = 24.883.200$ lateinische Quadrate der Ordnung 6. In Wahrheit gibt es sogar noch viel mehr, nämlich $812.851.200$, aber das können wir in diesem Buch nicht beweisen.

Die exakte Berechnung der Anzahl von lateinischen Quadraten der Ordnung n ist so komplex, dass die genauen Werte nur für $n \leq 11$ bekannt sind. Der Wert $\prod_{i=1}^{16} i!$ ist bereits größer als die erwartete Anzahl von Atomen in unserem Universum!

Zusammenfassung

- Sind k Mengen gegeben, deren Vereinigung weniger als k Elemente besitzt, ist es unmöglich aus jeder der Mengen ein Element zu wählen und am Ende k verschiedene Elemente zu haben (das ist offensichtlich!).
- Sind n Mengen gegeben, sodass die Vereinigung von je $k \leq n$ dieser Mengen mindestens k Elemente enthält, so kann man aus jeder der Mengen ein Element wählen und am Ende n verschiedene Elemete haben (das ist nicht offensichtlich!).
- Zusammengefasst ergeben diese beiden Aussagen den Hochzeitssatz.
- Es gibt auch eine quantitative Version des Hochzeitssatzes.
- Benutzt man diese quantitative Version, kann man zeigen, dass es mindestens $\prod_{i=1}^{n} i!$ verschiedene lateinische Quadrate der Ordnung n gibt.
- Ist ein „lateinisches Rechteck" gegeben, kann man das immer zu einem lateinischen Quadrat ergänzen.

7.3 Orthogonale lateinische Quadrate

Manchmal haben Objekte mehr als eine Eigenschaft, die von Interesse ist. In einem Kartenspiel haben wir zum Beispiel vier Farben und 13 Werte. Wir betrachten nur die Werte Bube, Dame, König und Ass. Ist es möglich, die 16 Karten mit diesen Werten aller vier Farben so in ein Quadrat zu legen, dass jeder Wert und jede Farbe in jeder Spalte und jeder Zeile genau einmal vorkommt? Ein bisschen Ausprobieren beantwortet die Frage: Ja!

$$D\heartsuit \ K\spadesuit \ A\diamondsuit \ B\clubsuit$$
$$B\spadesuit \ A\heartsuit \ K\clubsuit \ D\diamondsuit$$
$$K\diamondsuit \ D\clubsuit \ B\heartsuit \ A\spadesuit$$
$$A\clubsuit \ B\diamondsuit \ D\spadesuit \ K\heartsuit$$

Diese Anordnung liefert zwei lateinische Quadrate der Ordnung vier, nämlich:

$$
\begin{array}{cccc}
\heartsuit & \spadesuit & \diamondsuit & \clubsuit \\
\spadesuit & \heartsuit & \clubsuit & \diamondsuit \\
\diamondsuit & \clubsuit & \heartsuit & \spadesuit \\
\clubsuit & \diamondsuit & \spadesuit & \heartsuit
\end{array}
\quad \text{und} \quad
\begin{array}{cccc}
D & K & A & B \\
B & A & K & D \\
K & D & B & A \\
A & B & D & K
\end{array}
$$

Diese zwei lateinischen Quadrate haben die Eigenschaft, dass wir ein Quadrat in dem alle Einträge verschieden sind erhalten, wenn wir sie „übereinanderlegen", beziehungsweise „vereinigen". Dazu sagen wir, dass die beiden lateinischen Quadrate *orthogonal* sind. Wir gehen noch einen Schritt weiter und färben unsere Spielkarten ein:

$$D\heartsuit \quad K\spadesuit \quad \quad B\clubsuit$$
$$ \quad A\heartsuit \quad K\clubsuit \quad D\diamondsuit$$
$$K\diamondsuit \quad \quad B\heartsuit \quad A\spadesuit$$
$$A\clubsuit \quad B\diamondsuit \quad D\spadesuit \quad $$

Dies liefert bereits drei lateinische Quadrate, nämlich:

$$
\begin{array}{cccc}
\heartsuit & \spadesuit & \diamondsuit & \clubsuit \\
\spadesuit & \heartsuit & \clubsuit & \diamondsuit \\
\diamondsuit & \clubsuit & \heartsuit & \spadesuit \\
\clubsuit & \diamondsuit & \spadesuit & \heartsuit
\end{array}
\qquad \text{und} \qquad
\begin{array}{cccc}
D & K & A & B \\
B & A & K & D \\
K & D & B & A \\
A & B & D & K
\end{array}
\qquad \text{und}
$$

Wieder sehen wir, dass die „Vereinigung" zweier dieser lateinischen Quadrate ein Quadrat ergibt, in dem alle 16 Einträge unterschiedlich sind. Die drei lateinischen Quadrate sind somit *paarweise orthogonal*. Kommen wir nun zur formalen Definition dieser Begriffe.

Definition 7.13 Seien L_1, L_2 lateinische Qaudrate der Ordnung $n \geq 2$ mit Einträgen aus den Mengen M_1, bzw. M_2, wobei $|M_1| = |M_2| = n$ gilt. Die *Vereinigung* von L_1 und L_2 ist die Abbildung

$$L_1 \cup L_2 : \{1, \ldots, n\} \times \{1, \ldots, n\} \longrightarrow M_1 \times M_2 \quad ; \quad (i, j) \mapsto (L_1(i, j), L_2(i, j)).$$

Die lateinischen Quadrate L_1 und L_2 heißen *orthogonal*, wenn $L_1 \cup L_2$ bijektiv ist.

Für jedes $n \in \mathbb{N} \setminus \{1\}$ bezeichnen wir in diesem Abschnitt mit $A(n)$ die maximale Anzahl von paarweise orthogonalen lateinischen Quadraten der Ordnung $n \geq 2$.

Bemerkung 7.14 Die Mengen $\{1, \ldots, n\} \times \{1, \ldots, n\}$ und $M_1 \times M_2$ haben beide die Kardninaliät n^2. Damit ist eine Abbildung zwischen diesen Mengen bijektiv genau dann, wenn sie injektiv ist, was wiederum genau dann der Fall ist, wenn sie surjektiv ist.

Beispiel 7.15 Wir betrachten zwei Beispiele mit sehr kleinem n.

(a) Für $n = 2$ seien

$$L_1 \mathrel{\widehat{=}} \begin{array}{|c|c|} \hline a & b \\ \hline b & a \\ \hline \end{array} \qquad \text{und} \qquad L_2 \mathrel{\widehat{=}} \begin{array}{|c|c|} \hline \alpha & \beta \\ \hline \beta & \alpha \\ \hline \end{array}$$

zwei beliebige lateinische Quadrate mit Einträgen aus $\{a, b\}$ beziehungsweise $\{\alpha, \beta\}$. Die Vereinigung dieser beiden Quadrate lässt sich darstellen als

$$L_1 \cup L_2 \mathrel{\widehat{=}} \begin{array}{|c|c|} \hline L_1 \cup L_2(1, 1) & L_1 \cup L_2(1, 2) \\ \hline L_1 \cup L_2(2, 1) & L_1 \cup L_2(2, 2) \\ \hline \end{array} = \begin{array}{|c|c|} \hline (a, \alpha) & (b, \beta) \\ \hline (b, \beta) & (a, \alpha) \\ \hline \end{array}.$$

Da (α, β) kein Eintrag in dieser Tabelle ist, ist $L_1 \cup L_2$ nicht surjektiv, und somit sind die beiden lateinischen Quadrate nicht orthogonal. Es gibt also keine zwei orthogonalen lateinischen Quadrate, was genau $A(2) = 1$ bedeutet.

(b) Wir betrachten nun den Fall $n = 4$. Das Beispiel mit den gefärbten Spielkarten aus der Einleitung gibt uns drei paarweise orthogonale lateinische Quadrate. Das bedeutet gerade $A(4) \geq 3$.

Lemma 7.16 *Seien L_1, L_2 lateinische Quadrate der Ordnung n mit Einträgen aus M_1 beziehungsweise M_2. Wie immer ist $|M_1| = |M_2| = n$. Sei weiter $\sigma : M_2 \longrightarrow \{1, \ldots, n\}$ bijektiv. Wir definieren*

$$L_2^\sigma : \{1, \ldots, n\} \times \{1, \ldots, n\} \longrightarrow \{1, \ldots, n\} \; ; \quad (i, j) \mapsto \sigma(L_2(i, j)).$$

Dann gilt

(a) L_2^σ ist ein lateinisches Quadrat,
(b) L_1 und L_2 sind genau dann orthogonal, wenn L_1 und L_2^σ orthogonal sind.

Beweis Die Aussage (a) können Sie leicht selber überprüfen. Wir beweisen hier also nur (b). Da σ bijektiv ist, ist auch die Abbildung

$$\hat{\sigma} : M_1 \times M_2 \longrightarrow M_1 \times \{1, \ldots, n\}; \quad (a, b) \mapsto (a, \sigma(b))$$

bijektiv. Damit folgt nun

$$L_1 \cup L_2^\sigma = \hat{\sigma} \circ (L_1 \cup L_2) \text{ ist bijektiv} \iff L_1 \cup L_2 \text{ ist bijektiv.}$$

Per Definition sind also L_1 und L_2^σ genau dann orthogonal, wenn L_1 und L_2 orthogonal sind. $\qquad \square$

Proposition 7.17 *Für jedes $n \in \mathbb{N} \setminus \{1\}$ ist $A(n) \leq n - 1$.*

Beweis Nach Lemma 7.16 genügt es, lateinische Quadrate mit Einträgen aus $\{1, \ldots, n\}$ zu betrachten. Weiter dürfen wir nach demselben Lemma die Elemente beliebig permutieren (da dies eine bijektive Abbildung darstellt). Es genügt also, nur lateinische Quadrate zu betrachten, deren erste Zeile gegeben ist durch $(1, 2, \ldots, n)$. Ein solches lateinisches Quadrat L erfüllt sicher $L(2, 1) \neq 1$. Seien nun L_1 und L_2 zwei solcher orthogonaler lateinischer Quadrate. Dann ist

$$\underbrace{(L_1(2, 1), L_2(2, 1))}_{= L_1 \cup L_2(2,1)} \notin \underbrace{\{(L_1(1, k), L_2(1, k))}_{= L_1 \cup L_2(1,k)} | k \in \{1, \ldots, n\}\} = \{(1, 1), (2, 2), \ldots, (n, n)\}.$$

Damit ist $L_1(2, 1) \neq L_2(2, 1)$. Haben wir nun k paarweise orthogonale lateinische Quadrate $L_1, \ldots, L_k$, so müssen die Elemente $1, L_1(2, 1), \ldots, L_k(2, 1)$ paarweise verschieden sein. Da diese Elemente alle aus der Menge $\{1, \ldots, n\}$ stammen, muss $k \leq n - 1$ gelten. Das war zu zeigen. $\square$

Theorem 7.18 *Für jede Primzahl p gilt $A(p) = p - 1$.*

Beweis Wir wissen bereits, dass $A(p) \leq p - 1$ gilt. Wir müssen also noch $p - 1$ paarweise orthogonale lateinische Quadrate der Ordnung p konstruieren. Als Menge der Einträge unserer lateinischen Quadrate wählen wir $\mathbb{Z}/p\mathbb{Z} = \{[0], [1], \ldots, [p - 1]\}$. Für jedes $k \in \{1, \ldots, p - 1\}$ definieren wir

$$L_k : \{1, \ldots, p\} \times \{1, \ldots, p\} \longrightarrow \mathbb{Z}/p\mathbb{Z} \; ; \quad (i, j) \mapsto [k] \cdot [i] + [j].$$

Als Erstes müssen wir zeigen, dass dies tatsächlich lateinische Quadrate der Ordnung p sind. Dass die Ordnung gleich p ist, ist offensichtlich. Seien nun $i, i', j, j' \in \{1, \ldots, p\}$. Dann gilt $L_k(i, j) = L_k(i', j)$ genau dann, wenn $[k] \cdot [i] = [k] \cdot [i']$. Da $[k] \in (\mathbb{Z}/p\mathbb{Z})^* = \mathbb{Z}/p\mathbb{Z} \setminus \{[0]\}$, ist dies genau dann der Fall, wenn $[i] = [i']$, also genau dann, wenn $i = i'$ (beachten Sie, dass $i, i' \in \{1, \ldots, p\}$). Weiter ist $L_k(i, j) = L_k(i, j')$ genau dann, wenn $[j] = [j']$, also genau dann, wenn $j = j'$. Damit ist jede dieser Abbildungen L_k ein lateinisches Quadrat der Ordnung p. In dieser Argumentation haben wir benutzt, dass $\mathbb{Z}/p\mathbb{Z}$ ein Körper ist.

Wir beweisen nun, dass je zwei dieser lateinischen Quadrate orthogonal sind. Seien also $l, k \in \{1, \ldots, p - 1\}$ mit $l \neq k$. Dann sind L_k und L_l genau dann orthogonal, wenn $L_k \cup L_l$ surjektiv ist. Dies ist genau dann der Fall, wenn es für alle $(\beta, \gamma) \in \mathbb{Z}/p\mathbb{Z} \times \mathbb{Z}/p\mathbb{Z}$ Elemente $i, j \in \{1, \ldots, p\}$ gibt mit

$$([i] \cdot [k] + [j], [i] \cdot [l] + [j]) = (L_k(i, j), L_k(i, j)) = L_k \cup L_l(i, j) = (\beta, \gamma).$$

Dies wiederum ist genau dann der Fall, wenn für alle $(\beta, \gamma) \in \mathbb{Z}/p\mathbb{Z} \times \mathbb{Z}/p\mathbb{Z}$ das lineare Gleichungssystem

$$x \cdot [k] + y = \beta$$
$$x \cdot [l] + y = \gamma$$

lösbar ist in $\mathbb{Z}/p\mathbb{Z}$.[2] Ziehen wir die erste Gleichung von der zweiten ab, erhalten wir $x \cdot ([l] - [k]) = \gamma - \beta$. Da $[l] - [k] \neq [0]$ ist im Körper $\mathbb{Z}/p\mathbb{Z}$, existiert $([k] - [l])^{-1}$. Es ist also $x = ([l] - [k])^{-1} \cdot (\gamma - \beta)$. Durch Einsetzen in eine der beiden Gleichungen des Gleichungssystems erhalten wir auch y, und das Gleichungssystem ist tatsächlich lösbar.

---

[2]Wenn Sie Determinanten kennen, ist das schnell eingesehen. Es ist $\det \begin{pmatrix} [k] & [1] \\ [l] & [1] \end{pmatrix} = [k] - [l] \neq [0]$ im Körper $\mathbb{Z}/p\mathbb{Z}$.

Wir haben nun gezeigt, dass L_k und L_l orthogonal sind. Insbesondere sind $L_1, \ldots, L_{p-1}$ paarweise orthogonal, was genau $A(p) \geq p - 1$ bedeutet. Mit Proposition 7.17 folgt sofort $A(p) = p - 1$. $\qquad\square$

Bemerkung 7.19 Wir haben im Beweis gerade nur benutzt, dass es einen Körper mit p Elementen gibt. Möglicherweise wissen Sie bereits – wenn nicht, dann lernen Sie es bald in der Algebra – dass es zu jeder Primzahlpotenz p^k einen Körper K gibt mit p^k Elementen. Der gleiche Beweis wie eben liefert damit auch

$$A(p^k) = p^k - 1 \text{ für alle Primzahlen } p \text{ und alle } k \in \mathbb{N}. \tag{7.4}$$

Theorem 7.20 *Seien $n, k \in \mathbb{N} \setminus \{1\}$, dann ist $A(n \cdot k) \geq \min\{A(n), A(k)\}$.*

Beweis Seien also $n, k \in \mathbb{N} \setminus \{1\}$ und ohne Einschränkung sei $r = A(n) \leq A(k)$. Dann gibt es paarweise orthogonale lateinische Quadrate $L_1, \ldots, L_r$ der Ordnung n und paarweise orthogonale lateinische Quadrate $Q_1, \ldots, Q_r$ der Ordnung k. Wir wollen daraus r paarweise orthogonale lateinische Quadrate der Ordnung $n \cdot k$ zusammenbasteln. Dazu definieren wir für jedes $s \in \{1, \ldots, r\}$ das Quadrat LQ_s folgendermaßen

$(L_s(1,1), Q_s)$	$(L_s(1,2), Q_s)$	$\cdots$	$(L_s(1,n), Q_s)$
$(L_s(2,1), Q_s)$	$(L_s(2,2), Q_s)$	$\cdots$	$(L_s(2,n), Q_s)$
$\vdots$	$\vdots$	$\ddots$	$\vdots$
$(L_s(n,1), Q_s)$	$(L_s(n,2), Q_s)$	$\cdots$	$(L_s(n,n), Q_s)$

wobei für alle $i, j \in \{1, \ldots, n\}$ das Quadrat $(L_s(i,j), Q_s)$ gegeben ist durch

$(L_s(i,j), Q_s(1,1))$	$(L_s(i,j), Q_s(1,2))$	$\cdots$	$(L_s(i,j), Q_s(1,k))$
$(L_s(i,j), Q_s(2,1))$	$(L_s(i,j), Q_s(2,2))$	$\cdots$	$(L_s(i,j), Q_s(2,k))$
$\vdots$	$\vdots$	$\ddots$	$\vdots$
$(L_s(i,j), Q_s(k,1))$	$(L_s(i,j), Q_s(k,2))$	$\cdots$	$(L_s(i,j), Q_s(k,k))$

Man sieht ganz leicht, dass LQ_s ein lateinisches Quadrat der Ordnung $n \cdot k$ mit Einträgen aus $\{1, \ldots, n\} \times \{1, \ldots, k\}$ ist. Sind nun $s, t \in \{1, \ldots, r\}$ beliebig, so gilt für zwei Einträge aus $LQ_s \cup LQ_t$:

$$((L_s(i,j), Q_s(e,f)), (L_t(i,j), Q_t(e,f))) = ((L_s(\alpha,\beta), Q_s(\gamma,\delta)), (L_t(\alpha,\beta), Q_t(\gamma,\delta)))$$
$$\Longleftrightarrow (L_s(i,j), L_t(i,j)) = (L_s(\alpha,\beta), L_t(\alpha,\beta)) \text{ und } (Q_s(e,f), Q_t(e,f)) = (Q_s(\gamma,\delta), Q_t(\gamma,\delta))$$
$$\Longleftrightarrow (i,j) = (\alpha,\beta) \text{ und } (e,f) = (\gamma,\delta).$$

Damit sind die Einträge in $LQ_s \cup LQ_t$ paarweise verschieden und LQ_s und LQ_t sind orthogonal. Insbesondere sind die $r = A(n)$ lateinischen Quadrate $LQ_1, \ldots, LQ_r$ paarweise orthogonal und somit ist $A(n \cdot k) \geq A(n)$. $\qquad\qquad\square$

Zusammen mit $A(p^k) = p^k - 1$ aus (7.4) erhalten wir das folgende Resultat.

Korollar 7.21 *Für alle $n \in \mathbb{N} \setminus \{1\}$ mit $n \not\equiv 2 \mod 4$ ist $A(n) \geq 2$.*

Beweis Wir schreiben $n = p_1^{e_1} \cdot \ldots \cdot p_r^{e_r}$ in der Primfaktorisierung. Dann ist mit Theorem 7.20

$$A(n) \geq \min\{A(p_1^{e_1} \cdot \ldots \cdot p_{r-1}^{e_{r-1}}), A(p_r^{e_r})\}$$
$$\geq \ldots \geq \min\{A(p_1^{e_1}), \ldots, A(p_r^{e_r})\}$$
$$\overset{(7.4)}{=} \min\{p_1^{e_1} - 1, \ldots, p_1^{e_1} - 1\}.$$

Damit ist das Korollar weitgehend bewiesen. Denn $p_i^{e_i} - 1$ ist nur dann gleich 1, wenn $p_i = 2$ und $e_i = 1$ ist. Insbesondere ist also $A(n) \geq 2$, falls n ungerade ist ($n \equiv \pm 1 \mod 4$) oder falls n durch 4 teilbar ist ($n \equiv 0 \mod 4$). Der einzige Fall, in dem wir $A(n) = 1$ nicht ausschließen können, ist daher $n \equiv 2 \mod 4$. $\qquad\qquad\square$

Bemerkung 7.22 Die offensichtliche Frage ist nun: Ist $A(n) = 1$, wenn $n \equiv 2 \mod 4$ ist? Leonard Euler hat 1782 vermutet, dass dies tatsächlich stimmt. Wir wissen bereits $A(2) = 1$. Für $n = 6$ gibt es bereits mehr als $6! \cdot 5! \cdot 4! \cdot 3! \cdot 2!$ verschiedene lateinische Quadrate der Ordnung 6. Es ist auf ganz naive Weise sicher nicht zu schaffen, alle möglichen Paare per Hand zu testen. Dennoch gelang es 1900 dem Hobby-Mathematiker Gaston Tarry, auch $A(6) = 1$ zu beweisen.

Auch wenn dies darauf hindeutete, dass Eulers Vermutung richtig ist, wurde sie 1960 durch folgendes Theorem von Bose, Shrikhande und Parker [4] gänzlich widerlegt:

Theorem 7.23 *Es ist $A(n) = 1$ genau dann, wenn $n \in \{2, 6\}$ ist.*

Zusammenfassung

- Sind zwei lateinische Quadrate gleicher Ordnung gegeben – sagen wir mit Einträgen aus einer Menge M – so kann man diese übereinanderlegen und erhält ein Quadrat (*kein* lateinisches Quadrat) mit Einträgen aus $M \times M$.
- Die beiden lateinischen Quadrate heißen orthogonal, wenn nach dem Übereinanderlegen alle Einträge in dem Quadrat unterschiedlich sind.
- Ist p eine Primzahl, so gibt es $p - 1$ paarweise orthogonale lateinische Quadrate der Ordnung p. Andererseits findet man unter p lateinischen Quadraten der Ordnung p immer zwei, die nicht orthogonal sind.

- Gleiches gilt für lateinische Quadrate deren Ordnung eine Primzahlpotenz (p^k) ist. Das kann man benutzen, um zu zeigen, dass es für alle $n \not\equiv 2 \mod 4$ (und $n \neq 1$) mindestens zwei orthogonale lateinische Quadrate der Ordnung n gibt. (Das gilt sogar für alle $n \notin \{1, 2, 6\}$, aber das kann hier nicht bewiesen werden.)

Aufgaben

Aufgabe • 104 Seien M_1 und M_2 zwei endliche Mengen mit $|M_1| = n = |M_2|$, und sei $\sigma : M_1 \longrightarrow M_2$ eine bijektive Abbildung. Sei weiter L ein lateinisches Quadrat der Ordnung n mit Einträgen aus M_1. Zeigen Sie, dass

$$L^\sigma : \{1, \dots, n\} \times \{1, \dots, n\} \longrightarrow M_2 \quad ; \quad (i, j) \mapsto \sigma(L(i, j))$$

ein lateinisches Quadrat der Ordnung n mit Einträgen aus M_2 ist.

Aufgabe 105

(a) Bestimmen Sie exakt, wie viele lateinische Quadrate der Ordnung 3 mit Einträgen aus $\{1, 2, 3\}$ es gibt.

(b) Finden Sie alle Möglichkeiten, die folgende Tabelle zu einem lateinischen Quadrat zu vervollständigen.

(c) Bestimmen Sie die exakte Anzahl von lateinischen Quadraten der Ordnung 4 mit Einträgen aus $\{1, 2, 3, 4\}$.

Aufgabe • 106 Geben Sie – falls dies möglich ist – in den folgenden Fällen ein System verschiedener Repräsentanten der Mengen an:

(i) $A_1 = \{1, 2, 3, 4, 5\}$, $A_2 = \{2, 4\}$, $A_3 = \{1, 2, 4\}$, $A_4 = \{2, 3, 4\}$

(ii) $A_1 = \{\spadesuit, \heartsuit, \clubsuit, \diamondsuit\}$, $A_2 = \{\heartsuit, \clubsuit, \diamondsuit\}$, $A_3 = \{\spadesuit, \heartsuit\}$, $A_4 = \{\spadesuit, \heartsuit, \diamondsuit\}$, $A_5 = \{\clubsuit, \diamondsuit\}$

(iii) $A_1 = \{A, B, C, D, E\}$, $A_2 = \{A, C, E\}$, $A_3 = \{A, E\}$, $A_4 = \{A, B, C\}$, $A_5 = \{E\}$

Aufgabe 107 Wir nehmen ein Standard-Kartenspiel mit 52 Karten (jeder der Werte 2, 3, 4, 5, 6, 7, 8, 9, 10, Bube, Dame, König, Ass kommt genau viermal vor) und legen willkürlich 13 Stapel á vier Karten auf den Tisch. Beweisen Sie, dass wir aus jedem Stapel eine Karte wählen können, sodass unter den 13 gewählten Karten jeder Wert genau einmal vorkommt.

Hinweis: Hochzeitssatz! Probieren Sie es ruhig mal aus!

Aufgabe 108 Zehn überaus motivierte Studierende teilen sich in zwei Gruppen auf. Die erste Gruppe besteht aus Anna, Boris, Chloë, David, Elke und die zweite Gruppe aus Felix, Gabi, Horst, Ida, Jürgen. Sie wollen zusammen die Fächer Analysis 2, lineare Algebra 2, diskrete Mathematik 2, Numerik 2, Relaxen 2 lernen und zwar unter den folgenden Randbedingungen:

 (i) Es soll immer in Zweiergruppen gelernt werden, wobei eine Person aus der ersten und eine Person aus der zweiten Gruppe kommt.
 (ii) Jede Person lernt jedes Fach an genau einem der Wochentage Montag bis Freitag.
(iii) Keine Person lernt zwei verschiedene Fächer mit der gleichen Person.

(a) Erstellen Sie einen Lernplan, der diese Bedingungen erfüllt. Sie können dafür folgende Tabelle benutzen:

	Ana 2	LinA 2	DM 2	Num 2	Rel 2
Montag					
Dienstag					
Mittwoch					
Donnerstag					
Freitag					

(b) Das Konzept ist so erfolgreich, dass noch eine Gruppe von Studierenden (Kate, Lionel, Mia, Nick, Ottilie) kommt und mitmachen möchte. Nun soll in Dreiergruppen gelernt werden, sodass (ii) und (iii) erfüllt sind. Erstellen Sie auch hierfür einen Lernplan.
(c) Es wollen noch zwei Gruppen von je fünf Studierenden mitmachen, sodass in Fünfergruppen gelernt werden soll und immer noch (ii) und (iii) erfüllt sind. Finden Sie auch dafür einen Lernplan?

Aufgabe • 109 Erstellen Sie zwei orthogonale lateinische Quadrate L_1 und L_2 der Ordnung 4 mit Einträgen in $\{0, 1, 2, 3\}$. Stellen Sie die Vereinigung $L_1 \cup L_2$ wie üblich als Quadrat dar:

$L_1 \cup L_2(1, 1)$	$L_1 \cup L_2(1, 2)$	$L_1 \cup L_2(1, 3)$	$L_1 \cup L_2(1, 4)$
$L_1 \cup L_2(2, 1)$	$L_1 \cup L_2(2, 2)$	$L_1 \cup L_2(2, 3)$	$L_1 \cup L_2(2, 4)$
$L_1 \cup L_2(3, 1)$	$L_1 \cup L_2(3, 2)$	$L_1 \cup L_2(3, 3)$	$L_1 \cup L_2(3, 4)$
$L_1 \cup L_2(4, 1)$	$L_1 \cup L_2(4, 2)$	$L_1 \cup L_2(4, 3)$	$L_1 \cup L_2(4, 4)$

Ersetzen Sie in jeder Zelle (i, j) durch $4 \cdot i + j$. Sie erhalten ein Quadrat in dem jedes Element aus $\{0 \ldots, 15\}$ genau einmal vorkommt. Berechnen Sie nun für jede Zeile die Summe der Elemente der Zeile und für jede Spalte die Summe der Elemente aus der Spalte. Erklären Sie, was Sie sehen.

Hinweis: Glückwunsch, Sie haben gerade ein *magisches Quadrat* konstruiert!

Erzeugende Funktionen

Ich habe Ihnen ja schon einmal erklärt, dass das Ungewöhnliche
eher eine Hilfe statt eines Hindernisses ist.

Sherlock Holmes

Viele Fragen in der diskreten Mathematik haben uns (unendliche) Folgen von natürlichen Zahlen geliefert. Wir wollen hier solche Folgen in einem einzigen algebraischen Objekt zusammenfassen und dadurch neue Erkenntnisse über diese Folge gewinnen.

8.1 Formale Potenzreihen

Sollten Ihnen Potenzreihen bereits aus der Analysis bekannt sein, vergessen Sie für den Augenblick alles, was Sie darüber gelernt haben!

Für den ganzen Abschnitt sei K ein beliebiger Körper.

Definition 8.1 Eine *formale Potenzreihe* über K (in der Variablen x) ist ein formaler Ausdruck der Form

$$f(x) = a_0 + a_1 \cdot x + a_2 \cdot x^2 + \ldots$$

mit $a_n \in K$ für alle $n \in \mathbb{N}_0$. Das Element a_n heißt *n-ter Koeffizient* von f. Die Menge aller Potenzreihen über K bezeichnen wir mit $K[\![x]\!]$.

Diese Definition bedarf sicher einiger Bemerkungen.

Bemerkung 8.2 Wir betrachten hier etwas, das wir als unendliche Summen schreiben. Aber dies ist nur eine Schreibweise! Wir wollen und können diese Summen nicht berechnen. Insbesondere machen wir uns keinerlei Gedanken über einen Konvergenzbegriff. Diese formalen Potenzreihen studieren wir als abstrakte Objekte – sie sind *keine Abbildungen*.

© Springer-Verlag GmbH Deutschland, ein Teil von Springer Nature 2019
L. Pottmeyer, *Diskrete Mathematik*,
https://doi.org/10.1007/978-3-662-59663-0_8

Wir werden eine Potenzreihe $f(x)$ oft mit dem üblichen Summenzeichen als $\sum_{n \in \mathbb{N}_0} a_n \cdot x^n$ oder $\sum_{n \geq 0} a_n \cdot x^n$ schreiben. Dabei gilt wie immer die Konvention $x^0 = 1$. Wissen wir bereits, dass $a_0 = a_1 = \ldots = a_{k-1} = 0$ ist, so schreiben wir auch $\sum_{n \geq k} a_n \cdot x^n$.

Zwei formale Potenzreihen $\sum_{n \in \mathbb{N}_0} a_n \cdot x^n$ und $\sum_{n \in \mathbb{N}_0} b_n \cdot x^n$ werden genau dann als gleich betrachtet, wenn $a_n = b_n$ für alle $n \in \mathbb{N}_0$ gilt.

Jedes Polynom über K kann als eine formale Potenzreihe aufgefasst werden, in der nur endlich viele Koeffizienten ungleich null sind. Insbesondere kann auch jedes Element aus K als eine formale Potenzreihe aufgefasst werden.

Satz 8.3 *Seien $f(x) = \sum_{n \in \mathbb{N}_0} a_n \cdot x^n$ und $g(x) = \sum_{n \in \mathbb{N}_0} b_n \cdot x^n$ beliebige Elemente aus $K[\![x]\!]$. Wir definieren auf $K[\![x]\!]$ die folgenden Verknüpfungen:*

- $f(x) + g(x) = \sum_{n \in \mathbb{N}_0} (a_n + b_n) x^n$ *und*
- $f(x) \cdot g(x) = \sum_{n \in \mathbb{N}_0} \left(\sum_{i=0}^{n} a_i \cdot b_{n-i} \right) \cdot x^n.$

Bezüglich dieser Verknüpfungen ist $K[\![x]\!]$ ein kommutativer nullteilerfreier Ring. Das Einselement ist gegeben durch die $1 \in K \subseteq K[\![x]\!]$ und das Nullelement durch $0 \in K \subseteq K[\![x]\!]$.

Bemerkung 8.4 Bevor wir den Beweis beginnen, stellen wir noch fest, dass die Koeffizienten von $f(x) \cdot g(x)$ endliche Summen sind. Diese können also ganz explizit berechnet werden. In einer etwas sperrig wirkenden, aber sehr hilfreichen Notation ist der n-te Koeffizient von $f(x) \cdot g(x)$ gleich

$$\sum_{\{(r,s) \in \mathbb{N}_0^2 | r+s=n\}} a_r \cdot b_s = \sum_{r+s=n} a_r \cdot b_s.$$

Dieses letzte Gleichheitszeichen ist als Definition der Summe $\sum_{r+s=n}$ zu verstehen. Diese Notation verallgemeinern wir und benutzen $\sum_{r_1 + \ldots + r_k = n}$ als Kurzschreibweise für $\sum_{\{(r_1, \ldots, r_k) \in \mathbb{N}_0^k | r_1 + \ldots + r_k = n\}}$.

Beweis (Beweis von Satz 8.3) Wir müssen die Ringeigenschaften überprüfen. Seien dazu $f(x) = \sum_{n \geq 0} a_n \cdot x^n$, $g(x) = \sum_{n \geq 0} b_n \cdot x^n$, $h(x) = \sum_{n \geq 0} c_n \cdot x^n$ aus $K[\![x]\!]$ beliebig. Aus den Eigenschaften der Verknüpfung $+$ auf K folgt leicht

- $f + (g + h) = (f + g) + h$,
- $f + 0 = 0 + f = 0$,
- $f + g = g + f$.

Setzen wir $-f = \sum_{n \geq 0} (-a_n) \cdot x^n$, so erhalten wir auch $f + (-f) = \sum_{n \geq 0} (a_n - a_n) x^n = 0$. Damit ist $K[\![x]\!]$ bezüglich $+$ eine kommutative Gruppe.

Das Element $1 \in K[\![x]\!]$ erfüllt, dass der 0-te Koeffizient gleich 1 ist und alle anderen gleich 0 sind. Damit folgt

$$f(x) \cdot 1 = \sum_{n \geq 0}(a_n \cdot 1) \cdot x^n = \sum_{n \geq 0} a_n \cdot x^n = f(x).$$

Die Kommutativität ($f(x) \cdot g(x) = g(x) \cdot f(x)$) und das Distributivgesetz ($f(x) \cdot (g(x) + h(x)) = f(x) \cdot g(x) + f(x) \cdot h(x)$) folgen wieder schnell aus den entsprechenden Eigenschaften auf K. Es bleibt die Assoziativität bezüglich $\cdot$ nachzuprüfen:

$$
\begin{aligned}
(f(x) \cdot g(x)) \cdot h(x) &= \left(\left(\sum_{n \geq 0} a_n \cdot x^n \right) \cdot \left(\sum_{n \geq 0} b_n \cdot x^n \right) \right) \cdot \left(\sum_{n \geq 0} c_n \cdot x^n \right) \\
&= \left(\sum_{n \geq 0} \left(\sum_{r+s=n} a_r \cdot b_s \right) \cdot x^n \right) \cdot \left(\sum_{n \geq 0} c_n \cdot x^n \right) \\
&= \sum_{n \geq 0} \left(\sum_{p+q=n} \left(\sum_{r+s=p} a_r \cdot b_s \right) \cdot c_q \right) \cdot x^n \\
&= \sum_{n \geq 0} \left(\sum_{r+s+q=n} a_r \cdot b_s \cdot c_q \right) \cdot x^n \\
&= f(x) \cdot (g(x) \cdot h(x)).
\end{aligned}
$$

Damit ist gezeigt, dass $K[\![x]\!]$ ein kommutativer Ring ist. Als Letztes müssen wir zeigen, dass $K[\![x]\!]$ auch nullteilerfrei ist. Seien dazu $f(x)$ und $g(x)$ verschieden von null. Dann existieren $l, k \in \mathbb{N}_0$ mit $f(x) = \sum_{n \geq l} a_n \cdot x^n$ und $g(x) = \sum_{n \geq k} b_n \cdot x^n$, sodass $a_l \neq 0 \neq b_k$ gilt. Der $(l+k)$-te Koeffizient von $f(x) \cdot g(x)$ ist damit gleich $\sum_{i=0}^{k+l} a_i \cdot b_{n+k-i} = a_l \cdot b_k \neq 0$. Damit ist auch $f(x) \cdot g(x) \neq 0$. Das war zu zeigen. □

Korollar 8.5 *Sei $k \in \mathbb{N}$ und sei für jedes $i \in \{0, \dots, k\}$ eine formale Potenzreihe $f_i(x) = \sum_{n \geq 0} a_n^{(i)} \cdot x^n \in K[\![x]\!]$ gegeben. Dann ist der n-te Koeffizient vom Produkt $f_1(x) \cdot \dots \cdot f_k(x)$ gegeben durch*

$$\sum_{r_1+\dots+r_k=n} a_{r_1}^{(1)} \cdot a_{r_2}^{(2)} \cdot \dots \cdot a_{r_k}^{(k)}.$$

Beweis Das folgt per Induktion über k genau wie im Beweis der Assoziativität von $K[\![x]\!]$ bezüglich $\cdot$. □

Beispiel 8.6 Im Polynomring $K[x]$ kann man leicht (mithilfe des Grades) zeigen, dass die einzigen Einheiten in $K[x]$ die Elemente aus K^* sind. Der Ring $K[\![x]\!]$ verhält sich diesbezüglich ganz anders.

(a) Sei $g(x) = \sum_{n \geq 0} n \cdot x^n = 0 + x + 2 \cdot x^2 + 3 \cdot x^3 + \ldots \in \mathbb{Q}[\![x]\!]$. Ist $g(x)$ eine Einheit in $\mathbb{Q}[\![x]\!]$?
Sei $f(x) = \sum_{n \geq 0} a_n \cdot x^n \in K[\![x]\!]$ beliebig. Dann ist

$$g(x) \cdot f(x) = \sum_{n \geq 0} \left(\sum_{r+s=n} r \cdot a_s \right) \cdot x^n$$

$$= \underbrace{0 \cdot a_0}_{=0} + (0 \cdot a_1 + 1 \cdot a_0) \cdot x + \ldots$$

Insbesondere ist der 0-te Koeffizient von $g(x) \cdot f(x)$ gleich 0 für alle $f(x) \in \mathbb{Q}[\![x]\!]$. Da das Einselement gegeben ist durch $1 + 0 \cdot x + 0 \cdot x^2 + \ldots$, kann $g(x)$ damit keine Einheit sein.

(b) Sei nun $g(x) = 1 + x + x^2 + x^3 + \ldots$ Ist $g(x)$ eine Einheit in $K[\![x]\!]$?
Wir berechnen:

$$g(x) \cdot (1 - x) = 1 \cdot \sum_{n \geq 0} x^n - x \cdot \sum_{n \geq 0} x^n = \underbrace{\sum_{n \geq 0} x^n}_{=1 + \sum_{n \geq 0} x^{n+1}} - \sum_{n \geq 0} x^{n+1} = 1.$$

Damit ist $g(x)$ tatsächlich eine Einheit, und $1 - x$ ist das multiplikative Inverse von $g(x)$.

Allgemein gilt der folgende, möglicherweise überraschende, Satz.

Satz 8.7 *Sei $f(x) = \sum_{n \geq 0} a_n \cdot x^n \in K[\![x]\!]$ beliebig. Dann ist $f(x)$ genau dann eine Einheit in $K[\![x]\!]$, wenn $a_0 \neq 0$ gilt.*

Beweis Der Beweis, dass $f(x)$ keine Einheit ist, falls $a_0 = 0$ gilt, folgt ganz genau wie in Beispiel 8.6 (a). Wir zeigen daher nur die andere Richtung.
Sei also $f(x) = \sum_{n \geq 0} a_n \cdot x^n$ mit $a_0 \neq 0$. Wir müssen zeigen, dass eine Folge $b_0, b_1, b_2, \ldots \in K$ existiert, sodass $f(x) \cdot \left(\sum_{n \geq 0} b_n \cdot x^n \right) = 1$ gilt. Das bedeutet aber gerade, dass gelten muss

- $a_0 \cdot b_0 = 1$ und
- $\sum_{i=0}^{n} a_i \cdot b_{n-i} = 0$ für alle $n \in \mathbb{N}$.

Da K ein Körper ist, wählen wir $b_0 = a_0^{-1}$ und erhalten die Gültigkeit der ersten Bedingung. Die Existenz der anderen b_n, sodass die zweite Bedingung erfüllt ist, beweisen wir per Induktion über n.
Induktionsanfang: Sei $n = 1$. Es muss gelten $a_0 \cdot b_1 + b_0 \cdot a_1 = 0$. Da $a_0 \neq 0$ gilt, erfüllt das Element $b_1 = -a_0^{-1} \cdot (b_0 \cdot a_1)$ die gewünschte Gleichung.

Induktionsschritt: Seien die Elemente $b_0, \ldots, b_n$ bereits konstruiert. Wir setzen $b_{n+1} = -a_0^{-1} \cdot \left(\sum_{i=1}^{n+1} a_i \cdot b_{n+1-i} \right)$. Damit gilt dann offensichtlich

$$\sum_{i=0}^{n+1} a_i \cdot b_{n+1-i} = a_0 \cdot b_{n+1} + \sum_{i=1}^{n+1} a_i \cdot b_{n+1-i} = 0.$$

Konstruieren wir alle b_n auf diese Art, so gilt $f(x) \cdot \left(\sum_{n \geq 0} b_n \cdot x^n \right) = 1$, und $f(x)$ ist eine Einheit. $\square$

Notation 8.8 Sei $f(x) \cdot g(x) = 1$ mit $f(x), g(x) \in K[\![x]\!]$. Dann schreiben wir für $g(x)$ auch $\frac{1}{f(x)}$.

Beispiel 8.9 Wir betrachten die formale Potenzreihe $\sum_{n \geq 0} (2 \cdot n + 1) \cdot x^n$. Diese besitzt ein multiplikatives Inverses $\sum_{n \geq 0} a_n \cdot x^n$. Der Beweis liefert ein Verfahren, wie wir die ersten Koeffizienten berechnen können:

$$1 \cdot a_0 = 1 \Longrightarrow a_0 = 1$$
$$1 \cdot a_1 + 3 \cdot a_0 = 0 \Longrightarrow a_1 = -3$$
$$1 \cdot a_2 + 3 \cdot a_1 + 5 \cdot a_0 = 0 \Longrightarrow a_2 = 4$$
$$1 \cdot a_3 + 3 \cdot a_2 + 5 \cdot a_1 + 7 \cdot a_0 = 0 \Longrightarrow a_3 = -4$$
$$\vdots$$

Damit ist das gesuchte Inverse eine formale Potenzreihe beginnend mit

$$\frac{1}{\sum_{n \geq 0} (2 \cdot n + 1) \cdot x^n} = 1 - 3 \cdot x + 4 \cdot x^2 - 4 \cdot x^3 + \ldots$$

Definition 8.10 Seien $a_0, a_1, a_2, \ldots$ in einem Körper K. Dann ist die *erzeugende Funktion* der Folge $\{a_n\}_{n \in \mathbb{N}}$ die formale Potenzreihe $a_0 + a_1 \cdot x + a_2 \cdot x^2 + \ldots = \sum_{n \geq 0} a_n \cdot x^n \in K[\![x]\!]$.

Bemerkung 8.11 An dieser Stelle sollten wir verraten, was das alles soll. Die Idee ist die folgende: Wir haben eine Folge von Zahlen $a_0, a_1, a_2, \ldots$ Diese wollen wir genauer studieren. Zum Beispiel könnte diese Folge durch eine Rekursion gegeben sein, oder durch Kardinalitäten von gewissen Mengen.

Die erzeugende Funktion dieser Folge fasst nun alle Elemente a_n, $n \in \mathbb{N}_0$, zu einem einzigen Element $f(x) \in \mathbb{C}[\![x]\!]$ zusammen. Dann wollen wir die Ringstruktur von $\mathbb{C}[\![x]\!]$ und andere Tricks benutzen, um Informationen über $f(x)$ zu erhalten. Diese liefern uns dann hoffentlich Informationen über die Folge $a_0, a_1, \ldots$, mit der wir gestartet sind.

Dass dies funktionieren kann, haben wir schon zu Beginn des Buches eingesehen, als wir gelernt haben, dass $(x + 1)^n = \sum_{i=0}^{n} \binom{n}{i} \cdot x^i$ ist. Unter anderem haben wir aus dieser

Tatsache (per Koeffizientenvergleich) die Gleichung $\sum_{i=0}^{n} \binom{n}{i}^2 = \binom{2 \cdot n}{n}$ hergeleitet (siehe Korollar 2.27).

Neben der Ringstruktur von $K[\![x]\!]$ ist auch die folgende Operation sehr hilfreich für das Studium von formalen Potenzreihen.

Definition 8.12 Sei $f(x) = \sum_{n \geq 0} a_n \cdot x^n \in K[\![x]\!]$ beliebig. Die *formale Ableitung* von $f(x)$ ist die formale Potenzreihe

$$D(f(x)) = \sum_{n \geq 0}(n + 1) \cdot a_{n+1} \cdot x^n = a_1 + 2 \cdot a_2 \cdot x + 3 \cdot a_3 \cdot x^2 + 4 \cdot a_4 \cdot x^3 + \ldots$$

Hier bedeutet $(n + 1) \cdot a_{n+1} = \underbrace{a_{n+1} + \ldots + a_{n+1}}_{(n+1)\text{-mal}}$. Damit ist die Multiplikation mit $(n + 1)$ in jedem Körper K definiert.

Bemerkung 8.13 Wieder wollen wir darauf hinweisen, dass dies eine rein formale Operation ist. Wir brauchen hier keine Begriffe der Differenzierbarkeit oder Steigung oder Ähnlichem. Zum Glück gehorcht diese D-Operation aber den gewohnten Ableitungsregeln.

Lemma 8.14 *Seien* $f(x), g(x) \in K[\![x]\!]$ *beliebig. Für die formale Ableitung gilt:*

(a) $D(f(x) + g(x)) = D(f(x)) + D(g(x))$.
(b) $D(f(x) \cdot g(x)) = D(f(x)) \cdot g(x) + f(x) \cdot D(g(x))$.
(c) *Ist* $f(x) = \frac{1}{g(x)}$, *so ist* $D(f(x)) = -D(g(x)) \cdot \left(\frac{1}{g(x)}\right)^2$.

Beweis Seien im Folgenden $f(x) = \sum_{n \geq 0} a_n \cdot x^n$ und $g(x) = \sum_{n \geq 0} b_n \cdot x^n$.

Zu (a): Es ist

$$\begin{aligned} D(f(x) + g(x)) &= D(\sum_{n \geq 0}(a_n + b_n) \cdot x^n) \\ &= \sum_{n \geq 0}(n + 1) \cdot (a_{n+1} + b_{n+1}) \cdot x^n \\ &= \sum_{n \geq 0}(n + 1) \cdot a_{n+1} \cdot x^n + \sum_{n \geq 0}(n + 1) \cdot b_{n+1} \cdot x^n \\ &= D(f(x)) + D(g(x)). \end{aligned}$$

Zu (b): Es ist $f(x) \cdot g(x) = \sum_{n \geq 0} \left(\sum_{i=0}^{n} a_i \cdot b_{n-i} \right) \cdot x^n$ und daher gilt

$$D(f(x) \cdot g(x)) = \sum_{n \geq 0} \left(\sum_{i=0}^{n+1} (n+1) a_i \cdot b_{n+1-i} \right) \cdot x^n. \qquad (8.1)$$

Weiter ist

$$D(f(x)) \cdot g(x) + f(x) \cdot D(g(x))$$

$$= \left(\sum_{n \geq 0} (n+1) \cdot a_{n+1} \cdot x^n \right) \cdot \left(\sum_{n \geq 0} b_n \cdot x^n \right) + \left(\sum_{n \geq 0} a_n \cdot x^n \right) \cdot \left(\sum_{n \geq 0} (n+1) \cdot b_{n+1} \cdot x^n \right)$$

$$= \sum_{n \geq 0} \left(\sum_{i=0}^{n} (i+1) \cdot a_{i+1} \cdot b_{n-i} \right) \cdot x^n + \sum_{n \geq 0} \left(\sum_{i=0}^{n} (n-i+1) \cdot a_i \cdot b_{n-i+1} \right) \cdot x^n$$

$$= \sum_{n \geq 0} \left(\sum_{i=0}^{n} (i+1) \cdot a_{i+1} \cdot b_{n-i} + \sum_{i=0}^{n} (n-i+1) \cdot a_i \cdot b_{n-i+1} \right) \cdot x^n$$

$$= \sum_{n \geq 0} \left(\sum_{i=1}^{n+1} i \cdot a_i \cdot b_{n+1-i} + \sum_{i=0}^{n} (n-i+1) \cdot a_i \cdot b_{n-i+1} \right) \cdot x^n$$

$$= \sum_{n \geq 0} \left((n+1) \cdot b_{n+1} \cdot a_0 + \sum_{i=1}^{n} (n+1) \cdot a_i \cdot b_{n+1-i} + (n+1) \cdot a_{n+1} \cdot b_0 \right) \cdot x^n$$

$$= \sum_{n \geq 0} \left(\sum_{i=0}^{n+1} (n+1) a_i \cdot b_{n+1-i} \right) \cdot x^n \overset{(8.1)}{=} D(f(x) \cdot g(x)).$$

Das war zu zeigen.

Zu (c): Es gilt also $f(x) \cdot g(x) = 1$. Nehmen wir auf beiden Seiten die formale Ableitung so erhalten wir

$$D(f(x)) \cdot g(x) + f(x) \cdot D(g(x)) \overset{(b)}{=} D(f(x) \cdot g(x)) = D(1) = 0.$$

Umstellen liefert nun wie gewünscht

$$D(f(x)) = -\frac{D(g) \cdot f(x)}{g(x)} = -D(g(x)) \cdot \left(\frac{1}{g(x)} \right)^2.$$

Beispiel 8.15 Wir suchen ein $f(x) \in \mathbb{C}[\![x]\!] \setminus \{0\}$, sodass $D(f) = f(x)$ gilt. Dazu schreiben wir wie üblich $f(x) = \sum_{n \geq 0} a_n \cdot x^n$. Es muss nun gelten

$$\sum_{n \geq 0} (n+1) \cdot a_{n+1} \cdot x^n = D \left(\sum_{n \geq 0} a_n \cdot x^n \right) = \sum_{n \geq 0} a_n \cdot x^n.$$

Das ist äquivalent zu $(n + 1) \cdot a_{n+1} = a_n$ für alle $n \in \mathbb{N}$. Anders formuliert muss gelten $a_{n+1} = \frac{1}{n+1} \cdot a_n$. Per Definition ist $(n + 1)! = (n + 1) \cdot n!$ mit $0! = 1$. Somit ist die gewünschte Gleichung für $a_n = \frac{1}{n!}$ erfüllt. Es gilt also

$$D\left(\sum_{n\geq 0} \frac{1}{n!} \cdot x^n\right) = \sum_{n\geq 0} \frac{1}{n!} \cdot x^n.$$

Proposition 8.16 *Es gelten die folgenden Gleichungen:*

(a) $\sum_{n\geq 0} x^n = \frac{1}{1-x}$.
(b) $\sum_{n\geq 0} \binom{k+n}{n} \cdot x^n = \frac{1}{(1-x)^{k+1}}$ *für alle* $k \in \mathbb{N}_0$.

Beweis Die Aussage (a) ist ein Spezialfall von Aussage (b) wenn wir $k = 0$ setzen. Diesen Fall haben wir bereits in Beispiel 8.6 eingesehen. Wir beweisen also nur noch Aussage (b).

Wir führen eine Induktion über k, wobei der Induktionsanfang $k = 0$ durch die bekannte Aussage (a) bereits erledigt ist. Als Induktionsvoraussetzung sei nun für beliebiges, aber festes $k \in \mathbb{N}_0$ die Gleichung $\sum_{n\geq 0} \binom{k+n}{n} \cdot x^n = \frac{1}{(1-x)^{k+1}}$ erfüllt. Wir nehmen auf beiden Seiten die formale Ableitung und erhalten

$$D\left(\sum_{n\geq 0} \binom{k+n}{n} \cdot x^n\right) = D\left(\frac{1}{(1-x)^{k+1}}\right) \overset{8.14}{=} -\frac{1}{(1-x)^{2k+2}} D((1-x)^{k+1}).$$

Da die formale Ableitung bei Polynomen das Gleiche ist wie die aus der Schule bekannte Ableitung, dürfen wir bei Polynomen alle bekannten Ableitungsgesetze benutzen. Daher erhalten wir aus der letzten Gleichung

$$\sum_{n\geq 0} \frac{(n+k+1)!}{n! \cdot k!} \cdot x^n = \sum_{n\geq 0} (n+1) \cdot \binom{n+1+k}{n+1} \cdot x^n = \frac{k+1}{(1-x)^{(k+1)+1}},$$

was sofort $\sum_{n\geq 0} \binom{n+(k+1)}{n} \cdot x^n = \frac{1}{(1-x)^{(k+1)+1}}$ impliziert. Damit ist der Induktionsschritt und somit die Aussage gezeigt. $\qquad\square$

Bemerkung 8.17 Die gerade kennengelernte Gleichung wurde rein formal bewiesen. Der Vorteil ist nun, dass wir dieses formale Studium der Potenzreihen benutzen können, um kombinatorische Aussagen zu beweisen! Es folgt nämlich

$$\sum_{n\geq 0} |\{(r_1, \ldots, r_{k+1}) \in \mathbb{N}_0^{k+1} | r_1 + \ldots + r_{k+1} = n\}| \cdot x^n$$

$$= \sum_{n\geq 0} \left(\sum_{r_1 + \ldots + r_{k+1}} 1^{k+1} \right) \cdot x^n = \left(\sum_{n\geq 0} x^n \right)^{k+1}$$

$$\overset{8.16}{=} \frac{1}{(1-x)^{k+1}} \overset{8.16}{=} \sum_{n\geq 0} \binom{n+k}{k} \cdot x^n.$$

Koeffizientenvergleich liefert nun sofort $|\{(r_1, \ldots, r_{k+1}) \in \mathbb{N}_0^{k+1} | r_1 + \ldots + r_{k+1} = n\}| = \binom{n+k}{k}$. Wir haben also die Aussage aus Korollar 2.31 bewiesen, ohne dass wir dabei Zählen mussten. Das einzige, was wir ausgenutzt haben, sind die Verknüpfungen auf $\mathbb{C}[\![x]\!]$ sowie die formale Ableitung.

Korollar 8.18 *Für $c \in K$ und $l, k \in \mathbb{N}$ beliebig, gilt*

$$\sum_{n\geq 0} \binom{k+n-1}{n} \cdot c^n \cdot x^{l\cdot n} = \frac{1}{(1-c\cdot x^l)^k}.$$

Insbesondere gilt $\sum_{n\geq 0}(-1)^n \cdot x^n = \frac{1}{1+x}$ und $\sum_{n\geq 0}\binom{k+n-1}{n} \cdot (-1)^n \cdot x^n = \frac{1}{(1+x)^k}$.

Beweis Wir ersetzen in Proposition 8.16 einfach x durch $c \cdot x^l$. $\qquad\square$

Korollar 8.19 *Es gilt*

(a) $\sum_{n\geq 0} n \cdot x^n = \frac{x}{(1-x)^2}$.

(b) $\sum_{n\geq 0} n^2 \cdot x^n = \frac{x^2+x}{(1-x)^3}$.

Beweis Beide Formeln können wir direkt ausrechnen.

Zu (a): Da der 0-te Koeffizient von $\sum_{n\geq 0} n \cdot x^n$ gleich null ist, ist $\sum_{n\geq 0} n \cdot x^n = \sum_{n\geq 1} n \cdot x^n$. Wir klammern ein x aus und erhalten $\sum_{n\geq 0} n \cdot x^n = x \cdot \sum_{n\geq 1} n \cdot x^{n-1}$. Der kleinste Exponent, der in dieser Summe auftaucht, ist $1 - 1 = 0$. Damit können wir die Summe auch wieder bei 0 starten lassen, müssen dann aber natürlich überall $n - 1$ durch n ersetzen (dies nennen wir auch *Indexshift*). Wir erhalten $x \cdot \sum_{n\geq 1} n \cdot x^{n-1} = x \cdot \sum_{n\geq 0}(n+1) \cdot x^n = x \cdot \sum_{n\geq 0} \binom{n+1}{n} \cdot x^n$ und können nun endlich alles zusammensetzen und Korollar 8.18 benutzen. Dies liefert die gewünschte Formel.

Zu (b): Der Anfang funktioniert genau wie eben, und wir erhalten $\sum_{n\geq 0} n^2 \cdot x^n = x \cdot \sum_{n\geq 0}(n+1)^2 \cdot x^n$. Diese formale Potenzreihe sollte Sie an eine formale Ableitung erinnern. Tatsächlich ist

$$\sum_{n\geq 0}(n+1)^2 \cdot x^n = D\left(\sum_{n\geq 0}n\cdot x^n\right) \overset{(i)}{=} D\left(\frac{x}{(1-x)^2}\right).$$

Wir setzen unsere bisherigen Überlegungen wieder zusammen und erhalten

$$\sum_{n\geq 0}n^2 \cdot x^n = x\cdot D\left(\frac{x}{(1-x)^2}\right) = x\cdot \frac{x+1}{(1-x)^3}.$$

Damit ist das Korollar bewiesen.   □

Proposition 8.20 *Seien* $p(x), q(x) \in K[x]\backslash\{0\}$ *Polynome, deren konstanter Term ungleich null ist, sodass kein* $r(x) \in K[x] \backslash K$ *existiert mit* $r(x) \mid p(x)$ *und* $r(x) \mid q(x)$. *Dann existieren* $A(x), B(x) \in K[x]$ *mit* $\mathrm{grad}(A) < \mathrm{grad}(p)$ *und* $\mathrm{grad}(B) < \mathrm{grad}(q)$, *sodass gilt*

$$\frac{1}{p(x)\cdot q(x)} = \frac{A(x)}{p(x)} + \frac{B(x)}{q(x)}. \tag{8.2}$$

Hier fassen wir $\frac{1}{p(x)}$ als formale Potenzreihe auf. Da wir $\frac{1}{p(x)}$ nur definiert haben für den Fall, dass $p(x)$ eine Einheit in $K[\![x]\!]$ ist, brauchen wir den Zusatz, dass die konstanten Terme verschieden sind von null. In einem weiter gefassten algebraischen Sinn ist die Proposition für alle Polynome gültig, aber wir beschränken uns hier auf den bekannten Formalismus.

Beweis Es sind $p(x)$ und $q(x)$ teilerfremd, und auf $K[x]$ gibt es Division mit Rest 5.100, also auch ein Lemma von Bézout. Damit existieren $A'(x), B'(x) \in K[x]$ mit

$$A'(x)\cdot q(x) + B'(x)\cdot p(x) = \mathrm{ggT}(p,q) = 1. \tag{8.3}$$

Es folgt sofort

$$\frac{A'(x)}{p(x)} + \frac{B'(x)}{q(x)} = \frac{A'(x)\cdot q(x) + B'(x)\cdot p(x)}{p(x)\cdot q(x)} = \frac{1}{p(x)\cdot q(x)}.$$

Damit ist (8.2) erfüllt, und es bleibt nur die Aussage über die Grade zu beweisen. Wir benutzen wieder Division mit Rest. Es existieren $k(x), A(x) \in K[x]$ mit

$$A'(x) = k(x)\cdot p(x) + A(x) \quad \text{und} \quad \mathrm{grad}(A) < \mathrm{grad}(p).$$

Umstellen und in (8.3) Einsetzen liefert

$$\underbrace{(A'(x) - k(x)\cdot p(x))}_{=A(x)}\cdot q(x) + \underbrace{(B'(x) + k(x)\cdot q(x))}_{=B(x)}\cdot p(x) = 1,$$

und es ist wie gewünscht $\mathrm{grad}(A) < \mathrm{grad}(p)$. In der Summe $A(x) \cdot q(x) + B(x) \cdot p(x)$ heben sich alle Terme, bis auf den konstanten, auf. Insbesondere muss also gelten

$$\mathrm{grad}(A) + \mathrm{grad}(q) = \mathrm{grad}(A \cdot q) = \mathrm{grad}(B \cdot p) = \mathrm{grad}(B) + \mathrm{grad}(p).$$

Da $\mathrm{grad}(A) < \mathrm{grad}(p)$, impliziert diese Gleichung sofort $\mathrm{grad}(B) < \mathrm{grad}(q)$. Damit ist die Proposition bewiesen. □

Lemma 8.21 *Seien $a, b \in K^*$ mit $a \neq b$. Dann gilt*

$$\frac{1}{(1 - a \cdot x) \cdot (1 - b \cdot x)} = \frac{\frac{a}{a-b}}{(1 - a \cdot x)} + \frac{\frac{b}{b-a}}{(1 - b \cdot x)}.$$

Beweis Das darf gerne als Übung gemacht werden. □

Bemerkung 8.22 Jedes Polynom $f(x) \in \mathbb{C}[x]$, mit konstantem Term verschieden von null, lässt sich durch den Fundamentalsatz der Algebra 3.4 schreiben als

$$f(x) = a \cdot (1 - \alpha_1 \cdot x)^{k_1} \cdot \ldots \cdot (1 - \alpha_n \cdot x)^{k_n}$$

für paarweise verschiedene Elemente $\alpha_1, \ldots, \alpha_n \in \mathbb{C}$, gewisse $k_1, \ldots, k_n \in \mathbb{N}$ und ein $a \in \mathbb{C}^*$. Damit existieren Polynome $A_1(x), \ldots, A_n(x) \in \mathbb{C}[x]$ mit

$$\frac{1}{f(x)} = \frac{1}{a} \cdot \left(\frac{A_1}{(1 - \alpha_1 \cdot x)^{k_1}} + \ldots + \frac{A_n}{(1 - \alpha_n \cdot x)^{k_n}} \right).$$

Die formalen Potenzreihen aus Korollar 8.18 genügen also, um die Koeffizienten der formalen Potenzreihe $\frac{1}{f(x)}$ explizit zu berechnen.

In den folgenden Abschnitten werden wir ein paar Anwendungen von erzeugenden Funktionen betrachten.

Zusammenfassung

- Eine formale Potenzreihe sieht aus wie ein Polynom von unendlichem Grad. Damit kann man unendlich (abzählbar) viele Zahlen in einem einzigen Objekt zusammenfassen. Es gibt auch eine formale Ableitung, die genauso funktioniert wie die Ableitung von Polynomen.
- Mit formalen Potenzreihen kann man sinnvoll (und so wie man es gewohnt ist) + und · rechnen.

- Jedes Polynom $a_0 + a_1 \cdot x^1 + \ldots + a_k \cdot x^k$ kann als formale Potenzreihe aufgefasst werden. Es sind dann einfach alle Koeffizienten $a_{k+1}, a_{k+2}, \ldots$ gleich null. Dieses Polynom ist invertierbar (als formale Potenzreihe), falls $a_0 \neq 0$ ist.
- Es gilt das folgende Vokabelheft

Formale Potenzreihe	Quotient von Polynomen
$\sum_{n \geq 0} x^n$	$\frac{1}{(1-x)}$
$\sum_{n \geq 0} (-1)^n \cdot x^n$	$\frac{1}{(1+x)}$
$\sum_{n \geq 0} \binom{n+k}{n} \cdot x^n$	$\frac{1}{(1-x)^{k+1}}$
$\sum_{n \geq 0} \binom{n+k}{n} \cdot c^n \cdot x^{ln}$	$\frac{1}{(1-c \cdot x^l)^{k+1}}$
$\sum_{n \geq 0} n \cdot x^n$	$\frac{x}{(1-x)^2}$
$\sum_{n \geq 0} n^2 \cdot x^n$	$\frac{x^2+x}{(1-x)^3}$

- Sind $p(x)$ und $q(x)$ Polynome, dann kann man das Produkt $\frac{1}{p(x)} \cdot \frac{1}{q(x)}$ von formalen Potenzreihen als Summe $\frac{a(x)}{p(x)} + \frac{b(x)}{q(x)}$ von formalen Potenzreihen schreiben. Dabei sind $a(x)$ und $b(x)$ Polynome, deren Grad kleiner ist als der von $p(x)$ bzw. $q(x)$.

8.2　Rekursionen II

Um die Idee zu verdeutlichen, wie wir erzeugende Funktionen benutzen können um Rekursionen zu lösen, starten wir mit einem ganz einfachen Beispiel (das wir bereits ohne erzeugende Funktionen lösen können).

Beispiel 8.23 Die *Türme von Hanoi* sind ein Spiel, das aus drei senkrechten Stäben und n Kreisscheiben unterschiedlicher Größe besteht. Zu Beginn sind alle Kreisscheiben der Größe nach sortiert auf einem der Stäbe aufgespießt. Ziel ist es, diesen Turm aus Kreisscheiben mit möglicht wenigen Zügen auf einen anderen Stab zu setzen. Dabei gilt:

- pro Zug darf nur eine Kreisscheibe versetzt werden,
- es darf nie eine Kreisscheibe auf eine kleinere Kreisscheibe gelegt werden.

Eine anschauliche Erklärung für den Fall $n = 4$ ist in Abb. 8.1 zu sehen.

Was ist nun die minimale Anzahl von benötigten Zügen?

Wir setzen a_n als minimale Anzahl von Zügen für n Kreisscheiben. Es ist offensichtlich $a_1 = 1$ und $a_2 = 3$. Allgemein gilt Folgendes:

$$a_{n+1} = 2 \cdot a_n + 1,$$

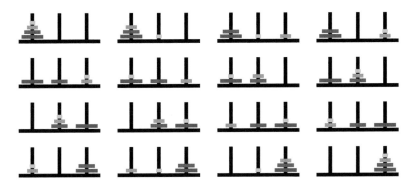

Abb. 8.1 Eine Anleitung, wie man *die Türme von Hanoi* mit 4 Scheiben schnellstmöglich lösen kann. Wir brauchen dazu 15 Züge

denn wir müssen die ersten n Kreisscheiben auf einen Stab überführen, dann legen wir die größte $(n + 1)$-te Kreisscheibe auf den dritten Stab und dann überführen wir die ersten n Kreisscheiben auf die größte Kreisscheibe.

Wir setzen $a_0 = 0$, dann gilt

$$a_n = 2 \cdot a_{n-1} + 1 \quad \text{für alle} \quad n \in \mathbb{N}. \tag{8.4}$$

Uns interessiert die Folge $\{a_n\}_{n \in \mathbb{N}_0}$. Wir betrachten also die zugehörige erzeugende Funktion:

$$H(x) = \sum_{n \geq 0} a_n \cdot x^n = 0 + \sum_{n \geq 1} a_n \cdot x^n \overset{(8.4)}{=} \sum_{n \geq 1} (2 \cdot a_{n-1} + 1) \cdot x^n$$

$$= 2 \cdot \sum_{n \geq 1} a_{n-1} \cdot x^n + \sum_{n \geq 1} x^n = 2x \cdot \sum_{n \geq 1} a_{n-1} \cdot x^{n-1} + x \cdot \sum_{n \geq 1} x^{n-1}$$

$$= 2x \cdot \sum_{n \geq 0} a_n \cdot x^n + x \cdot \sum_{n \geq 0} x^n = 2x \cdot H(x) + \frac{x}{1 - x}.$$

Dies impliziert sofort

$$H(x) = \frac{x}{(1 - x) \cdot (1 - 2x)} \overset{8.21}{=} -\frac{x}{1 - x} + \frac{2x}{1 - 2x}$$

$$= -x \cdot \sum_{n \geq 0} x^n + 2x \cdot \sum_{n \geq 0} (2x)^n = -\sum_{n \geq 1} x^n + \sum_{n \geq 1} (2x)^n$$

$$= \sum_{n \geq 1} (2^n - 1) \cdot x^n.$$

Nun können wir die Koeffizienten beider Potenzreihen vergleichen. Per Definition ist $H(x) = \sum_{n \geq 0} a_n \cdot x^n$. Damit gilt $a_n = 2^n - 1$.

Wir sollten nun eine Idee davon bekommen haben, wie wir erzeugende Funktionen benutzen können, um Rekursionen zu lösen.

Im Kapitel über Rekursionen haben wir gelernt, wie wir lineare homogene Rekursionen lösen können; das heißt Rekursionen vom Typ

$$a_n = c_1 \cdot a_{n-1} + \ldots + c_k \cdot a_{n-k} \text{ mit } c_1, \ldots, c_k \in \mathbb{C},$$

wobei die Startwerte $a_0, \ldots, a_{k-1}$ ebenfalls fest gewählte komplexe Zahlen sind. Hier bedeutet *lösen*, dass wir eine geschlossene Formel für die Rekursion finden wollen. Wir beschreiben kurz das allgemeine Vorgehen, welches wir bereits bei den Türmen von Hanoi angewendet haben. Sei dazu also eine Folge $\{a_n\}_{n \in \mathbb{N}_0}$ von komplexen Zahlen durch eine Rekursion gegeben.

1. Schritt: Betrachte die erzeugende Funktion $\sum_{n \geq 0} a_n \cdot x^n$.
2. Schritt: Benutze die Definition der Rekursion, um eine Gleichung $\sum_{n \geq 0} a_n \cdot x^n = \frac{p(x)}{q(x)}$
              für gewisse Polynome $p(x), q(x) \in \mathbb{C}[x]$ zu finden.
3. Schritt: Benutze die Formeln aus dem letzten Abschnitt, um den Quotienten $\frac{p(x)}{q(x)}$ wieder
              als formale Potenzreihe $\sum_{n \geq 0} f(n) \cdot x^n$ zu schreiben mit expliziten Koeffizienten
              $f(n)$.
4. Schritt: Koeffizientenvergleich liefert dann $a_n = f(n)$ für alle $n \in \mathbb{N}_0$.

Beispiel 8.24 Wir folgen dieser Beschreibung, um nochmal die Fibonacci-Zahlen ($f_0 = 0$, $f_1 = 1$, $f_n = f_{n-1} + f_{n-2}$ für alle $n \geq 2$) zu studieren.

Wir studieren also $F(x) = \sum_{n \geq 0} f_n \cdot x^n$. Für f_0 und f_1 können wir nicht die rekursive Definition benutzen. Diese Werte müssen wir also separat behandeln. Wir berechnen nun

$$F(x) = 0 + 1 \cdot x + \sum_{n \geq 2} f_n \cdot x^n = x + \sum_{n \geq 2} (f_{n-1} + f_{n-2}) \cdot x^n$$

$$= x + \sum_{n \geq 2} f_{n-1} \cdot x^n + \sum_{n \geq 2} f_{n-2} \cdot x^n = x + \sum_{n \geq 1} f_n \cdot x^{n+1} + \sum_{n \geq 0} f_n \cdot x^{n+2}$$

$$= x + x \cdot F(x) + x^2 \cdot F(x).$$

Damit ist $(1 - x - x^2) \cdot F(x) = x$ und

$$F(x) = \frac{x}{1 - x - x^2}. \tag{8.5}$$

Wir haben also $F(x)$ als Quotient von zwei Polynomen geschrieben und damit den 2. Schritt erledigt.

Als Nächstes wollen wir die Koeffizienten der zugehörigen formalen Potenzreihe von $\frac{x}{1-x-x^2}$ berechnen. Dazu berechnen wir als Erstes

$$1 - x - x^2 = (1 - a \cdot x) \cdot (1 - b \cdot x) = a \cdot b \cdot \left(x - \frac{1}{a} \right) \cdot \left(x - \frac{1}{b} \right).$$

Damit sind a und b genau die multiplikativen Inversen der Nullstellen von $1 - x - x^2$. Es folgt sofort $a = \frac{1+\sqrt{5}}{2}$ und $b = \frac{1-\sqrt{5}}{2}$. Eine kurze Rechnung später wissen wir auch $\frac{a}{a-b} = \frac{1+\sqrt{5}}{2\cdot\sqrt{5}}$ und $\frac{b}{b-a} = -\frac{1-\sqrt{5}}{2\cdot\sqrt{5}}$. Für die erzeugenden Funktion $F(x)$ gilt somit

$$F(x) = \frac{x}{1-x-x^2} \overset{8.21}{=} x \cdot \left(\frac{1+\sqrt{5}}{2\cdot\sqrt{5}} \cdot \frac{1}{1 - \frac{1+\sqrt{5}}{2} \cdot x} - \frac{1-\sqrt{5}}{2\cdot\sqrt{5}} \cdot \frac{1}{1 - \frac{1-\sqrt{5}}{2} \cdot x} \right)$$

$$\overset{8.16}{=} \frac{x}{\sqrt{5}} \cdot \left(\frac{1+\sqrt{5}}{2} \cdot \sum_{n\geq 0} \left(\frac{1+\sqrt{5}}{2} \right)^n \cdot x^n - \frac{1-\sqrt{5}}{2} \cdot \sum_{n\geq 0} \left(\frac{1-\sqrt{5}}{2} \right)^n \cdot x^n \right)$$

$$= \frac{x}{\sqrt{5}} \cdot \left(\sum_{n\geq 0} \left(\frac{1+\sqrt{5}}{2} \right)^{n+1} \cdot x^n - \sum_{n\geq 0} \left(\frac{1-\sqrt{5}}{2} \right)^{n+1} \cdot x^n \right)$$

$$= \sum_{n\geq 0} \frac{1}{\sqrt{5}} \cdot \left(\left(\frac{1+\sqrt{5}}{2} \right)^{n+1} - \left(\frac{1-\sqrt{5}}{2} \right)^{n+1} \right) \cdot x^{n+1}$$

$$= 0 + \sum_{n\geq 1} \frac{1}{\sqrt{5}} \cdot \left(\left(\frac{1+\sqrt{5}}{2} \right)^n - \left(\frac{1-\sqrt{5}}{2} \right)^n \right) \cdot x^n$$

$$= \sum_{n\geq 0} \frac{1}{\sqrt{5}} \cdot \left(\left(\frac{1+\sqrt{5}}{2} \right)^n - \left(\frac{1-\sqrt{5}}{2} \right)^n \right) \cdot x^n.$$

Jetzt vergleichen wir die Koeffizienten und erhalten wie erwartet die bekannte Formel (vergleiche Proposition 3.12)

$$f_n = \frac{1}{\sqrt{5}} \cdot \left(\left(\frac{1+\sqrt{5}}{2} \right)^n - \left(\frac{1-\sqrt{5}}{2} \right)^n \right).$$

Lemma 8.25 *Sei $a_0, a_1, a_2, \ldots$ eine Folge von Elementen aus $\mathbb{C}$. Wir definieren $b_n = \sum_{i=0}^{n} a_i$ für alle $n \in \mathbb{N}_0$. Sei $A(x)$ die erzeugende Funktion von $a_0, a_1, a_2, \ldots$ Dann ist die erzeugende Funktion von $b_0, b_1, b_2, \ldots$ gegeben durch $\frac{A(x)}{(1-x)}$.*

Beweis Das sieht kompliziert aus, ist aber einfach nur eine simple Multiplikation in $\mathbb{C}[\![x]\!]$. Wir nutzen aus, dass jeder Koeffizient von $\frac{1}{(1-x)} = \sum_{n\geq 0} x^n$ gleich 1 ist und erhalten

$$\frac{A(x)}{(1-x)} = \left(\sum_{n\geq 0} a_n \cdot x^n\right) \cdot \left(\sum_{n\geq 0} x^n\right) \stackrel{\text{Def}}{=} \sum_{n\geq 0} \underbrace{\left(\sum_{i=0}^{n} a_i \cdot 1\right)}_{=b_n} \cdot x^n.$$

Das wollten wir zeigen. $\qquad\qquad\qquad\qquad\qquad\qquad\qquad\qquad\qquad\qquad\qquad\qquad\qquad$ $\square$

Beispiel 8.26 Wir berechnen zwei Anwendungen von Lemma 8.25:

(a) Wir berechnen eine Formel für die Summe der ersten n Quadratzahlen. Es ist nach Korollar 8.19 $\sum_{n\geq 0} n^2 \cdot x^n = \frac{x^2+x}{(1-x)^3}$. Mit Lemma 8.25 folgt

$$\sum_{n\geq 0}\left(\sum_{i=0}^{n} i^2\right) \cdot x^n = \frac{x^2+x}{(1-x)^4} = x^2 \cdot \frac{1}{(1-x)^4} + x \cdot \frac{1}{(1-x)^4}$$

$$\stackrel{8.18}{=} x^2 \cdot \sum_{n\geq 0}\binom{n+3}{n} \cdot x^n + x \cdot \sum_{n\geq 0}\binom{n+3}{n} \cdot x^n$$

$$= \sum_{n\geq 2}\binom{n+1}{n-2} \cdot x^n + x + \sum_{n\geq 2}\binom{n+2}{n-1} \cdot x^n$$

$$= x + \sum_{n\geq 2}\left(\binom{n+1}{n-2} + \binom{n+2}{n-1}\right) \cdot x^n$$

$$= \sum_{n\geq 0}\frac{n\cdot(n+1)\cdot(2n+1)}{6} \cdot x^n.$$

Für das letzte Gleichheitszeichen haben wir nur die Binomialkoeffizienten als Bruch geschrieben und dann die Summe berechnet. Koeffizientenvergleich liefert nun

$$\sum_{i=0}^{n} i^2 = \frac{n\cdot(n+1)\cdot(2n+1)}{6} \quad \text{für alle } n \in \mathbb{N}_0.$$

(b) Sei wieder f_n die n-te Fibonacci-Zahl. Wir wollen eine geschlossene Formel für $\sum_{i=0}^{n} f_i$ finden. Dazu berechnen wir

$$\sum_{n\geq 0}\left(\sum_{i=0}^{n} f_i\right) \cdot x^n \stackrel{(8.5)\&8.25}{=} \frac{x}{(1-x-x^2)(1-x)} \stackrel{8.21}{=} x \cdot \left(\frac{x+2}{1-x-x^2} - \frac{1}{1-x}\right)$$

$$= (x+2)\cdot\frac{x}{1-x-x^2} - \frac{x}{1-x} \stackrel{(8.5)}{=} (x+2)\cdot\sum_{n\geq 0} f_n \cdot x^n - \sum_{n\geq 1} x^n$$

$$= \sum_{n \geq 0} f_n \cdot x^{n+1} + 2 \cdot \sum_{n \geq 0} f_n \cdot x^n - \sum_{n \geq 1} x^n$$

$$= \sum_{n \geq 1} f_{n-1} \cdot x^n + \sum_{n \geq 1} 2 \cdot f_n \cdot x^n - \sum_{n \geq 1} x^n = \sum_{n \geq 1} (f_{n-1} + 2f_n - 1) \cdot x^n.$$

Koeffizientenvergleich liefert nun $\sum_{i=0}^{n} f_i = f_{n-1} + 2f_n - 1 = f_{n+1} + f_n - 1 = f_{n+2} - 1$ für alle $n \in \mathbb{N}$. Für die letzten beiden Gleichheitszeichen haben wir nur die rekursive Definition der Fibonacci-Zahlen benutzt.

Zusammenfassung

- Ist eine Folge von Zahlen $a_0, a_1, a_2, \ldots$ durch eine Rekursion gegeben, kann man durch Herumspielen mit der formalen Potenzreihe $\sum_{n \geq 0} a_n \cdot x^n$ eine geschlossene Formel für die Rekursion finden.
- Dazu nutzt man als Erstes die Rekursionsvorschrift, um die formale Potenzreihe als Quotienten von Polynomen $\frac{p(x)}{q(x)}$ zu schreiben.
- Dann benutzt man das Vokabelheft des letzten Abschnittes, um diesen Quotienten wieder als formale Potenzreihe zu schreiben. Dabei müssen die Koeffizienten explizit berechnet werden können (meistens als Summe von gewissen Binomialkoeffizienten).
- Koeffizientenvergleich mit $\sum_{n \geq 0} a_n \cdot x^n$ liefert die gesuchte geschlossene Formel.
- Man kann formale Potenzreihen auch benutzen, um Zusammenhänge zwischen den Elementen $a_0, a_1, \ldots$ herzuleiten. Zum Beispiel ist die Summe der ersten n Fibonacci-Zahlen gleich der $(n + 2)$-ten Fibonacci-Zahl minus 1.

8.3 Kombinatorik II

Wir wollen erzeugende Funktionen auch benutzen, um eine paar schwierigere Probleme der Kombinatorik zu lösen, die wir bisher noch nicht behandelt haben.

Lemma 8.27 *Für $n \in \mathbb{N}$ ist das Produkt der ersten n ungeraden Zahlen gleich $\frac{(2 \cdot n)!}{2^n \cdot n!}$.*

Beweis Für $n = 1$ ist die Aussage korrekt. Dies stellt unseren Induktionsanfang dar. Sei die Aussage also für beliebiges, aber festes n gezeigt. Dann ist das Produkt der ersten $n + 1$ ungeraden Zahlen gleich $\frac{(2 \cdot n)!}{2^n \cdot n!} \cdot (2 \cdot n + 1)$, denn die $(n + 1)$-te ungerade Zahl ist $2 \cdot (n + 1) - 1 = 2 \cdot n + 1$. Damit ergibt sich, dass das Produkt der ersten $n + 1$ ungeraden Zahlen gleich

$$\frac{(2 \cdot n)!}{2^n \cdot n!} \cdot (2 \cdot n + 1) = \frac{(2 \cdot n + 1)!}{2^n \cdot n!} \cdot \frac{2 \cdot (n + 1)}{2 \cdot (n + 1)} = \frac{(2 \cdot (n + 1))!}{2^{n+1} \cdot (n + 1)!}$$

ist. Das war zu zeigen. □

Satz 8.28 *Sei* $f(x) = \sum_{n\geq 0} a_n \cdot x^n \in \mathbb{C}[\![x]\!]$ *eine formale Potenzreihe mit* $a_0 \neq 0$, *und sei* $b_0 \in \mathbb{C}$ *mit* $b_0^2 = a_0$. *Dann existiert genau ein* $g(x) = \sum_{n\geq 0} b_n \cdot x^n \in \mathbb{C}[\![x]\!]$ *mit* $g(x)^2 = f(x)$. *So ein* $g(x)$ *nennen wir eine* Wurzel *von* $f(x)$.

Es gibt genau zwei verschiedene Wurzeln von $f(x)$.

Beweis Es ist $\left(\sum_{n\geq 0} b_n \cdot x^n\right)^2 = \sum_{n\geq 0} \left(\sum_{i=0}^{n} b_i \cdot b_{n-i}\right) \cdot x^n$. Damit also $g(x)^2 = f(x)$ gilt, müssen alle Koeffizienten übereinstimmen: $b_0^2 = a_0$, $b_1 \cdot b_0 + b_0 \cdot b_1 = a_1$, ...

b_0 erfüllt die erste Bedingung nach Voraussetzung. Da $a_0 \neq 0$ ist, ist auch $b_0 \neq 0$. Seien nun die Elemente $b_0, b_1, \ldots, b_{n-1}$ schon konstruiert. Es soll ein b_n konstruiert werden mit

$$a_n = \sum_{i=0}^{n} b_i \cdot b_{n-i} = b_0 \cdot b_n + \sum_{i=1}^{n-1} b_i \cdot b_{n-i} + b_n \cdot b_0$$

$$= 2 \cdot b_0 \cdot b_n + \underbrace{\sum_{i=1}^{n-1} b_i \cdot b_{n-i}}_{\text{bereits konstruiert}} .$$

Dies ist nur für $b_n = \frac{1}{2b_0} \cdot \left(a_n - \sum_{i=1}^{n-1} b_i \cdot b_{n-i}\right)$ erfüllt (hierfür haben wir $a_0 \neq 0$ benötigt).

Insbesondere existieren die gesuchten b_n und sind eindeutig bestimmt durch b_0. Damit ist der erste Teil des Satzes bewiesen.

Ist nun $h(x) = \sum_{n\geq 0} c_n \cdot x^n \in \mathbb{C}[\![x]\!]$ mit $h(x)^2 = f(x)$, so muss $c_0^2 = a_0$ gelten. Es gibt also genauso viele Wurzeln von $f(x)$ wie es komplexe Zahlen c_0 gibt mit $c_0^2 = a_0$. Anders ausgedrückt gibt es genauso viele Wurzeln von $f(x)$ wie es Nullstellen von $x^2 - a_0 \in \mathbb{C}[x]$ gibt. Mit dem Fundamentalsatz der Algebra und Proposition 5.103 sehen wir, dass es davon genau zwei gibt.   □

Beispiel 8.29 Wir wollen eine Wurzel der formalen Potenzreihe $1 - x \in \mathbb{C}[\![x]\!]$ bestimmen. Der obige Beweis gibt uns genau an, wie wir die Koeffizienten finden. Zunächst setzen wir $b_0 = 1$ und nennen die Koeffizienten der zugehörigen Wurzel wieder b_n. Diese Wurzel nennen wir im Folgenden schlicht $\sqrt{1 - x}$. Da $a_1 = -1$, folgt $b_1 = -\frac{1}{2}$, $b_2 = -\frac{1}{2} \cdot b_1^2 = -\frac{1}{8}$ und so weiter. Um eine Formel für die Koeffizienten zu finden, wollen wir für einen kurzen Moment Anarchie walten lassen. Die folgenden Argumente sollen uns also nur eine Idee liefern.

Da $(\sqrt{1 - x})^2 = 1 - x$ gilt, können wir sagen

$$\sqrt{1 - x} = (1 - x)^{\frac{1}{2}} = (1 - x)^{(-1)\cdot(-\frac{3}{2}+1)} = \frac{1}{(1-x)^{-\frac{3}{2}+1}} \overset{8.16}{=} \sum_{n\geq 0} \binom{-\frac{3}{2}+n}{n} \cdot x^n.$$

Für ein $k \in \mathbb{N}$ gilt $\binom{k+n}{n} = \frac{(k+n)!}{n! \cdot k!} = \frac{(k+n) \cdot (k+n-1) \cdots (k+1)}{n!}$. Damit setzen wir auch

$$\binom{-\frac{3}{2}+n}{n} = \frac{(-\frac{3}{2}+n) \cdot (-\frac{3}{2}+n-1) \cdots (-\frac{3}{2}+1)}{n!}.$$

Multiplizieren wir Zähler und Nenner mit 2^n, so erhalten wir

$$\binom{-\frac{3}{2}+n}{n} = (2-3) \cdot \frac{(2 \cdot n - 3) \cdot (2 \cdot n - 5) \cdots 3 \cdot 1}{2^n \cdot n!} = -\frac{1 \cdot 3 \cdot 5 \cdots (2 \cdot n - 3)}{2^n \cdot n!}.$$

Der Zähler ist also genau das Produkt aller ungerader Zahlen kleiner gleich $2 \cdot n - 3$. Da $2 \cdot n - 3$ die $(n-1)$-te ungerade Zahl ist, ist dies gleich dem Produkt der ersten $n-1$ ungeraden Zahlen. Wenn überhaupt, ergibt das nur Sinn für $n \geq 2$, aber die ersten beiden Koeffizienten haben wir ja schon explizit (und korrekt) berechnet. Wir erhalten

$$\sqrt{1-x} = 1 - \frac{1}{2} \cdot x - \sum_{n \geq 2} -\frac{1 \cdot 3 \cdot 5 \cdots (2 \cdot n - 3)}{2^n \cdot n!} \cdot x^n$$

$$\overset{8.27}{=} 1 - \frac{1}{2} \cdot x - \sum_{n \geq 2} \frac{(2 \cdot (n-1))!}{2^{2 \cdot n - 1} \cdot (n-1)! \cdot n!} \cdot x^n. \tag{8.6}$$

Für die Herleitung haben wir Binomialkoeffizienten mit nicht ganzzahligen Einträgen benutzt. Dies führen wir ganz kurz aus, um die Formel aus (8.6) zu bestätigen.

Definition 8.30 Seien $\alpha \in \mathbb{C}$ und $n \in \mathbb{N}_0$. Dann ist die *fallende Fakultät von α mit n Faktoren* gegeben durch

$$\alpha^{[n]} = \prod_{i=0}^{n-1} (\alpha - i).$$

Weiter setzen wir $\binom{\alpha}{n} = \frac{\alpha^{[n]}}{n!}$.

Dies ist genau das, was wir in Beispiel 8.29 bereits benutzt haben. Da das leere Produkt stets gleich 1 ist, ist $\alpha^{[0]} = 1$ und $\binom{\alpha}{0} = 1$ für alle $\alpha \in \mathbb{C}$.

Satz 8.31 *Seien $\alpha, \beta \in \mathbb{C}$, dann gilt für alle $n \in \mathbb{N}_0$ die Gleichung*

$$\sum_{i=0}^{n} \binom{\alpha}{i} \cdot \binom{\beta}{n-i} = \binom{\alpha + \beta}{n}.$$

Beweis Man zeigt recht leicht, dass für alle $\alpha \in \mathbb{C}$ und alle $n \in \mathbb{N}$ die folgende Verallgemeinerung von Proposition 2.25 gilt

$$\binom{\alpha}{n} = \binom{\alpha - 1}{n-1} + \binom{\alpha - 1}{n}. \tag{8.7}$$

Weiter gilt $\sum_{i=0}^{n} \binom{\alpha}{i} \cdot \binom{\beta}{n-i} = \binom{\alpha+\beta}{n}$ genau dann wenn

$$\sum_{i=0}^{n} \frac{\alpha^{[i]}}{i!} \cdot \frac{\beta^{[n-i]}}{(n-i)!} = \frac{(\alpha + \beta)^{[n]}}{n!}.$$

Multiplizieren wir beide Seiten mit $n!$ und benutzen die bekannte Formel $\binom{n}{i} = \frac{n!}{i! \cdot (n-i)!}$, so ist dies äquivalent zu

$$\sum_{i=0}^{n} \binom{n}{i} \alpha^{[i]} \beta^{[n-i]} = (\alpha + \beta)^{[n]}.$$

Dies sieht genauso aus wie die binomische Formel aus Proposition 2.26. Dank (8.7) lässt sich diese Formel auch ganz genauso beweisen, wie Proposition 2.26. Die fehlenden Details können Sie gerne als Übung einfügen. $\square$

Wir kommen zurück zu Beispiel 8.29. Es ist $\sqrt{1-x}$ gesucht. Mit Satz 8.31 erhalten wir

$$\left(\sum_{n \geq 0} (-1)^n \binom{\frac{1}{2}}{n} \cdot x^n \right)^2 = \sum_{n \geq 0} \left(\sum_{i=0}^{n} (-1)^i \binom{\frac{1}{2}}{i} \cdot (-1)^{n-i} \binom{\frac{1}{2}}{n-i} \right) \cdot x^n$$

$$\stackrel{8.31}{=} \sum_{n \geq 0} (-1)^n \binom{1}{n} \cdot x^n = 1 - 1 \cdot x.$$

Damit ist $\sqrt{1-x} = \sum_{n \geq 0} (-1)^n \binom{\frac{1}{2}}{n} \cdot x^n$. Man überprüft schnell, dass $(-1)^n \binom{\frac{1}{2}}{n} = \binom{-\frac{3}{2}+n}{n}$ gilt. Damit ist die Formel aus (8.6) tatsächlich korrekt.

Wir wollen nun endlich erzeugende Funktionen zum Zählen benutzen.

Beispiel 8.32 Sei $n \in \mathbb{N}_0$. Wir betrachten ein $(n \times n)$-Gitter (oder Straßennetz). Wieviele Wege von links-unten $(0, 0)$ nach rechts-oben (n, n) gibt es mit folgenden Eigenschaften:

 (i) In jedem Schritt geht der Weg entweder nach rechts oder nach oben.
(ii) Kein Punkt oberhalb der Diagonale liegt auf dem Weg.

Einen Weg von $(0, 0)$ nach (n, n) mit den Eigenschaften (i) und (ii) nennen wir einen *guten* Weg. Eine Skizze mit $n = 6$ ist in Abb. 8.2 dargestellt.

Ohne die Bedingung (ii) können wir diese Frage bereits beantworten. Dann gibt es genau $\binom{2 \cdot n}{n}$ Wege (vergleiche Beispiel 2.17).

Sei die Anzahl von guten Wegen in einem $(n \times n)$-Gitter gegeben durch p_n. Wir sehen sofort $p_0 = p_1 = 1$ und $p_2 = 2$. Jeder gute Weg berührt die Diagonale im Punkt $(0, 0)$ und im Punkt (n, n). Sei $m \in \{0, \dots, n-1\}$ beliebig. Dann gibt es genau p_m gute Wege von $(0, 0)$ nach (m, m) und p_{n-m-1} gute Wege von (m, m) nach (n, n), die die Diagonale in keinem der Punkte (k, k), $k \in \{m+1, \dots, n-1\}$, berühren (siehe Abb. 8.2). Mit dem

Abb. 8.2 Beispiel eines guten
Weges (blau) für $n = 6$

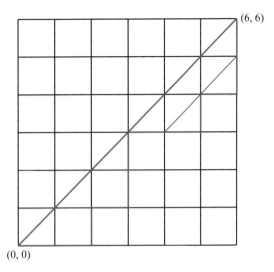

$(6, 6)$

$(0, 0)$

Multiplikationsprinzip gibt es also genau $p_m \cdot p_{n-m-1}$ gute Wege, die die Diagonale in (m, m), aber nicht in einem der Punkte (k, k), $k \in \{m + 1, \ldots, n - 1\}$, berühren.

Da jeder gute Weg diese Voraussetzung für genau ein $m \in \{0, \ldots, n - 1\}$ erfüllt, folgt aus dem Additionsprinzip die Gleichung

$$p_n = \sum_{m=0}^{n-1} p_m \cdot p_{n-m-1}. \tag{8.8}$$

Wir betrachten nun die erzeugende Funktion $P(x)$ der Folge $p_0, p_1, p_2, \ldots$. Es gilt

$$P(x)^2 = \left(\sum_{n \geq 0} p_n \cdot x^n \right)^2 = \sum_{n \geq 0} \left(\sum_{m=0}^{n} p_m \cdot p_{n-m} \right) \cdot x^n \overset{(8.8)}{=} \sum_{n \geq 0} p_{n+1} \cdot x^n.$$

Insbesondere erhalten wir

$$x \cdot P(x)^2 = \sum_{n \geq 0} p_{n+1} \cdot x^{n+1} = \sum_{n \geq 1} p_n \cdot x^n = P(x) - 1$$

bzw. $x \cdot P(x)^2 - P(x) + 1 = 0$. Lösen der quadratischen Gleichung sagt uns, dass $2 \cdot x \cdot P(x) = \pm h(x) + 1$ gilt, wobei $h(x)^2 = 1 - 4x$ ist. Der 0-te Koeffizient a_0 von $h(x)$ muss $a_0^2 = 1$ erfüllen. Wir dürfen also ohne Weiteres $a_0 = 1$ annehmen. Da der 0-te Koeffizient auf der linken Seite gleich 0 ist, muss dies auch auf der rechten Seite gelten. Damit ist

$$2 \cdot x \cdot P(x) = -h(x) + 1 \overset{(8.6)}{=} \frac{4}{2} \cdot x + \sum_{n \geq 2} \frac{(2 \cdot (n - 1))!}{2^{2 \cdot n - 1} \cdot (n - 1)! \cdot n!} \cdot 4^n \cdot x^n.$$

Hier haben wir in (8.6) lediglich x durch $4 \cdot x$ ersetzt. Kürzen wir das x und teilen wir durch 2 so liefert dies

$$P(x) = 1 + \sum_{n \geq 2} \frac{(2 \cdot (n-1))!}{\underbrace{2^{2 \cdot n}}_{=4^n} \cdot (n-1)! \cdot n!} \cdot 4^n \cdot x^{n-1} = 1 + \sum_{n \geq 1} \frac{(2 \cdot n)!}{n! \cdot (n+1)!} \cdot x^n. \tag{8.9}$$

Es ist $\frac{(2 \cdot n)!}{n! \cdot (n+1)!} = \frac{1}{n+1} \cdot \binom{2 \cdot n}{n}$. Für $n = 0$ erhalten wir auch $1 = \frac{1}{0+1} \cdot \binom{2 \cdot 0}{0}$. Damit folgt aus (8.9)

$$P(x) = \sum_{n \geq 0} \frac{1}{n+1} \cdot \binom{2 \cdot n}{n} \cdot x^n.$$

Per Koeffizientenvergleich sehen wir nun, dass für alle $n \in \mathbb{N}$ gilt $p_n = \frac{1}{n+1} \cdot \binom{2 \cdot n}{n}$. Somit gibt es genau $\frac{1}{n+1} \cdot \binom{2 \cdot n}{n}$ gute Wege in einem $(n \times n)$-Gitter.

Definition 8.33 Die Zahl $\frac{1}{n+1} \cdot \binom{2 \cdot n}{n}$ heißt n-te *Catalan-Zahl*.

Biografische Anmerkung: Ähnlich wie Fermat ist auch der belgische Mathematiker *Eugène Charles Catalan* (1814–1894) besonders bekannt durch eine aufgestellte Vermutung. Die Catalan-Vermutung besagt, dass es außer 8 und 9 keine zwei aufeinanderfolgende natürliche Zahlen gibt, die beide echte Potenzen sind ($8 = 2^3$ und $9 = 3^2$). Diese Vermutung wurde 2002 von Preda Mihailescu (*1955) bewiesen [12].

Beispiel 8.34 Zu einer Semesterabschlussfeier kommen genau $2 \cdot n$ Studierende. Ein Bier kostet genau einen Euro. Jeder der $2 \cdot n$ Anwesenden möchte ein Bier kaufen und ist sehr knapp bei Kasse. Wir haben folgendes Problem:

Genau n Studierende haben genau ein 1 €-Stück dabei und die anderen n Studierenden haben genau ein 2 €-Stück dabei. Zu Beginn der Feier ist die Fachschaftskasse leer.

Frage Wie viele Möglichkeiten gibt es, die Studierenden so in eine Schlange zu stellen, dass es stets genug Wechselgeld gibt?

Die erste Person, die sich ein Bier kauft, muss also ein 1 €-Stück haben (sonst bekäme sie kein Wechselgeld zurück). Am Ende sind in der Kasse n 2 €-Stücke. Allgemein gilt, dass zu keinem Zeitpunkt mehr Studierende mit einem 2 €-Stück, als Studierende mit einem 1 €-Stück ein Bier gekauft haben können.

Wir betrachten zunächst nur die Möglichkeiten, wie sich die Kasse füllen kann. Wir zeichnen einen Weg in ein $(n \times n)$-Gitter, sodass wir im i-ten Schritt nach rechts gehen, wenn die i-te Person mit einem 1 €-Stück bezahlt und nach oben wenn die i-te Person mit einem 2 €-Stück bezahlt. Dieser Weg kann nie die Diagonale schneiden – ist also ein guter Weg. Umgekehrt liefert jeder gute Weg auf genau dieselbe Variante eine Möglichkeit die Kasse zu füllen. Damit gibt es genau $\frac{1}{n+1} \cdot \binom{2 \cdot n}{n}$ Möglichkeiten die Kasse zu füllen.

Bei jeder dieser Möglichkeiten können wir natürlich alle Studierenden mit gleichem Geld in der Tasche in der Schlange vertauschen. Damit gibt es genau $n! \cdot n! \cdot \frac{1}{n+1} \cdot \binom{2 \cdot n}{n} = \frac{(2 \cdot n)!}{n+1}$ Möglichkeiten, die Studierenden in eine Schlange zu stellen, sodass jeder passendes Wechselgeld bekommt.

Am Ende dieses Buches sind wir in der Lage, folgende wahnwitzige Aufgabe zu lösen.

Beispiel 8.35 Für die Semesterabschlussfeier sollen Getränke gekauft werden. Wie viele verschiedene Möglichkeiten gibt es insgesamt n Flaschen (Apfelsaft, Bier, Cola, Doppelkorn) zu kaufen mit folgenden Einschränkungen:

- es werden maximal 23 Flaschen Apfelsaft gekauft,
- die Anzahl von Bierflaschen muss durch 24 teilbar sein,
- die Anzahl von Colaflaschen muss durch 6 teilbar sein,
- es werden 2 bis 7 Flaschen Doppelkorn gekauft.

Wir bezeichnen mit g_n die Anzahl der Möglichkeiten genau n Flaschen zu kaufen, die die obigen Bedingungen respektieren. Wir sagen kurz: g_n ist die Anzahl *gültiger* Möglichkeiten.

Wir betrachten die Bedingungen erst einmal unabhängig voneinander. Sei a_n (bzw. b_n, c_n, d_n) die Anzahl von Möglichkeiten genau n Flaschen Apfelsaft (bzw. Bier, Cola, Doppelkorn) auszuwählen, sodass die obigen Bedingungen erfüllt sind. Dann ist

- $a_0 = 1, a_1 = 1, a_2 = 1, a_3 = 1, \ldots, a_{23} = 1, a_{24} = 0, a_{25} = 0, \ldots$
- $b_0 = 1, b_1 = 0, b_2 = 0, \ldots, b_{23} = 0, b_{24} = 1, b_{25} = 0, \ldots$
- $c_0 = 1, c_1 = 0, c_2 = 0, \ldots, c_5 = 0, c_6 = 1, c_7 = 0, \ldots$
- $d_0 = 0, d_1 = 0, d_2 = 1, \ldots, d_7 = 1, d_8 = 0, \ldots$

Die entsprechenden erzeugenden Funktionen dieser Folgen seien $A(x)$, $B(x)$, $C(x)$ und $D(x)$. Es gilt

- $A(x) = 1 + x + x^2 + x^3 + \ldots + x^{23} = \frac{1-x^{24}}{1-x}$,
- $B(x) = 1 + x^{24} + x^{48} + \ldots = \sum_{n \geq 0} x^{24 \cdot n} \overset{8.18}{=} \frac{1}{1-x^{24}}$,
- $C(x) = 1 + x^6 + x^{12} + x^{18} + \ldots = \sum_{n \geq 0} x^{6 \cdot n} \overset{8.18}{=} \frac{1}{1-x^6}$,
- $D(x) = x^2 + x^3 + x^4 + x^5 + x^6 + x^7 = x^2 \cdot \frac{1-x^6}{1-x}$.

Seien $r, s, t, u \in \mathbb{N}_0$ beliebig. Wir sehen, dass stets $a_r \cdot b_s \cdot c_t \cdot d_u \in \{0, 1\}$ ist. Weiter gilt:

$$a_r \cdot b_s \cdot c_t \cdot d_u = 1$$
$$\Longleftrightarrow \quad a_r = b_s = c_t = d_u = 1$$
$$\Longleftrightarrow \quad r \leq 23 \text{ und } 24 \mid s \text{ und } 6 \mid t \text{ und } u \in \{2, \dots, 7\}$$
$$\Longleftrightarrow \quad \text{es ist eine gültige Möglichkeit genau } r \text{ Apfelsaftflaschen,}$$
$$s \text{ Bierflaschen, } t \text{ Colaflaschen und } u \text{ Doppelkornflaschen auszuwählen.}$$

Wir möchten g_n berechnen. Da g_n genau die Anzahl von gültigen Möglichkeiten genau n Flaschen auszuwählen ist, ist g_n gegeben durch die Summe aller gültiger Möglichkeiten aus r Apfelsaftflaschen, s Bierflaschen, t Colaflaschen und u Doppelkornflaschen mit $r + s + t + u = n$. Damit erhalten wir

$$g_n = \sum_{r+s+t+u=n} a_r \cdot b_s \cdot c_t \cdot d_u,$$

was unmittelbar die Gleichung

$$\sum_{n \geq 0} g_n x^n = A(x) \cdot B(x) \cdot C(x) \cdot D(x)$$
$$= \frac{1 - x^{24}}{1 - x} \cdot \frac{1}{1 - x^{24}} \cdot \frac{1}{1 - x^6} \cdot x^2 \cdot \frac{1 - x^6}{1 - x}$$
$$= \frac{x^2}{(1 - x)^2} \stackrel{8.18}{=} x^2 \sum_{n \geq 0} \binom{n + 1}{n} x^n = \sum_{n \geq 0} (n + 1) \cdot x^{n+2}$$
$$= \sum_{n \geq 2} (n - 1) \cdot x^n$$

impliziert. Jetzt können wir ganz entspannt die Koeffizienten vergleichen und feststellen: $g_n = n - 1$ für alle $n \in \mathbb{N}$.

Bemerkung 8.36 Wir haben im letzten Beispiel die Anzahl von Lösungen der Gleichung

$$x_1 + x_2 + x_3 + x_4 = n \quad \text{mit } x_1, \dots, x_4 \in \mathbb{N}_0 \tag{8.10}$$

berechnet mit den Randbedingungen $x_1 \leq 24$, $24 \mid x_2$, $6 \mid x_3$ und $x_4 \in \{2, \dots, 7\}$. Wenn wir die Randbedingungen ändern, können wir natürlich immer noch die gerade kennengelernte Methode benutzen. Lassen wir die Randbedingungen weg, gilt lediglich $x_i \in \mathbb{N}_0$ für $i \in \{1, \dots, 4\}$. Ist g_n dann die Anzahl von Lösungen von (8.10), dann ist mit Proposition 8.16

$$\sum_{n \geq 0} g_n \cdot x^n = \left(\sum_{n \geq 0} x^n \right)^4 = \frac{1}{(1-x)^4} = \sum_{n \geq 0} \binom{n+3}{n} \cdot x^n.$$

Wir erhalten also die aus Korollar 2.31 bekannte Formel $g_n = \binom{n+3}{n}$.

Zusammenfassung

- Man kann auch Wurzeln aus formalen Potenzreihen ziehen. Um dies explizit für $1 - x$ durchzuführen, wurden Binomialkoeffizienten $\binom{\alpha}{n}$ für beliebige $\alpha \in \mathbb{C}$ eingeführt.
- Es ist $\binom{\alpha}{n} = \frac{\alpha \cdot (\alpha-1) \cdot \ldots \cdot (\alpha-(n-1))}{n!}$. Für $\alpha \in \{0, \ldots, n\}$ entspricht dies genau dem bekannten Binomialkoeffizienten. Die Wurzel aus $1 - x$ wurde benutzt, um zu zeigen:
- In einem $(n \times n)$ Straßennetz gibt es genau $\frac{1}{n+1}\binom{2n}{n}$ kürzeste Wege von links unten nach rechts oben, die nie die Diagonale kreuzen.

Aufgaben

Aufgabe 110 Sei K ein Körper. Zeigen Sie, dass in $K[\![x]\!]$ das Distributivgesetz gilt.

Aufgabe 111 Sei $k \in \mathbb{N}$ und seien $\sum_{n \geq 0} a_n^{(1)} x^n, \ldots, \sum_{n \geq 0} a_n^{(k)} x^n$ formale Potenzreihen über einem Körper K. Beweisen Sie

$$\left(\sum_{n \geq 0} a_n^{(1)} x^n \right) \cdot \ldots \cdot \left(\sum_{n \geq 0} a_n^{(k)} x^n \right) = \sum_{n \geq 0} \left(\sum_{r_1 + \ldots + r_k = n} a_{r_1}^{(1)} \cdot \ldots \cdot a_{r_k}^{(k)} \right) \cdot x^n.$$

Aufgabe • 112 Seien $\sum_{n \geq 0} b_n \cdot x^n, \sum_{n \geq 0} c_n \cdot x^n \in K[\![x]\!]$.

(a) Schreiben Sie

$$\left(\sum_{n \geq 4} b_{n+1} \cdot x^{n-3} \right) \cdot \left(\sum_{n \geq 0} 2^n \cdot c_n \cdot x^n \right)$$

in der Form $\sum_{n \geq k} a_n \cdot x^n$ für ein geeignetes $k \in \mathbb{N}_0$ und $a_n \in K$.

(b) Seien $b \in K$ und $b_n = b$ für alle $n \in \mathbb{N}_0$. Berechnen Sie $\left(\sum_{n \geq 0} b_n \cdot x^n \right)^2$.

Aufgabe • 113 Sei $k \in \mathbb{N}$ beliebig. Berechnen Sie die multiplikativen Inversen in $\mathbb{C}[\![x]\!]$ von

(a) $\sum_{n \geq 0} x^{k \cdot n}$ und
(b) $\sum_{n \geq 0} (-1)^n \cdot x^{k \cdot n}$.

Aufgabe 114 Geben Sie die ersten 5 Koeffizienten der multiplikativen Inversen von $f(x) \in K[\![x]\!]$ an, wobei

(a) $f(x) = \sum_{n \geq 0}[2 \cdot (n + 1)] \cdot x^n \in \mathbb{Z}/7\mathbb{Z}[\![x]\!]$,

(b) $f(x)$ die erzeugende Funktion von $\{a_n\}_{n \in \mathbb{N}_0}$ ist mit

$$a_n = \begin{cases} 1 & \text{falls } n = 0 \text{ oder } n \text{ Primzahl,} \\ 0 & \text{sonst.} \end{cases}$$

Aufgabe 115 Sei $K = \mathbb{Z}/p\mathbb{Z}$ für eine Primzahl p. Gibt es eine formale Potenzreihe $f(x) \in K[\![x]\!] \setminus \{[0]\}$ mit $D(f(x)) = f(x)$? Falls es eine gibt, geben Sie sie explizit an. Falls es keine gibt, beweisen Sie dies.

Aufgabe 116 Seien $k, l, n \in \mathbb{N}_0$ beliebig. Beweisen Sie die Formel

$$\sum_{i=0}^{n} \binom{i + k}{i} \cdot \binom{n - i + l}{n - i} = \binom{n + k + l + 1}{n}.$$

Hinweis: Könnte die linke Seite ein Koeffizient vom Produkt zweier formaler Potenzreihen sein?

Aufgabe 117 Seien K ein Körper und $a, b \in K \setminus \{0\}$ mit $a \neq b$. Berechnen Sie $A, B, A', B' \in K$ mit

$$\frac{1}{(1 - ax)(1 - bx)} = \frac{A}{1 - ax} + \frac{B}{1 - bx} \quad \text{und} \quad \frac{1}{(x - a)(x - b)} = \frac{A'}{x - a} + \frac{B'}{x - b}.$$

Aufgabe 118 Diese Aufgabe ist recht komplex und die Gefahr ist groß, dass man sich irgendwo verrechnet. Sollte das passieren: nicht aufgeben!

Wir studieren die formale Potenzreihe $\frac{1}{-x^4 + 2 \cdot x^3 - 2 \cdot x + 1} \in \mathbb{C}[\![x]\!]$.

(a) Zeigen Sie, dass es $a \neq b \in \mathbb{C}$ und $r_a, r_b \in \mathbb{N}$ gibt, sodass gilt

$$-x^4 + 2 \cdot x^3 - 2 \cdot x + 1 = (1 - a \cdot x)^{r_a} \cdot (1 - b \cdot x)^{r_b}.$$

Bestimmen Sie a, b, r_a, r_b explizit.
Hinweis: Polynomdivision.

(b) Bestimmen Sie Polynome $A(x), B(x) \in \mathbb{C}[x]$, sodass gilt

$$\frac{1}{(1 - a \cdot x)^{r_a} \cdot (1 - b \cdot x)^{r_b}} = \frac{A(x)}{(1 - a \cdot x)^{r_a}} + \frac{B(x)}{(1 - b \cdot x)^{r_b}}$$

mit a, b, r_a, r_b aus Teil **(a)**.

(c) Benutzen Sie Teile (a) und (b), um $\frac{1}{-x^4+2\cdot x^3-2\cdot x+1}$ als formale Potenzreihe zu schreiben. (Präziser: Geben Sie das multiplikative Inverse von $-x^4 + 2 \cdot x^3 - 2 \cdot x + 1 \in \mathbb{C}[\![x]\!]$ an.)

Hinweis: Berechnen Sie die ersten zwei Koeffizienten separat.

(d) Beweisen Sie mithilfe von Teil (c) die Gleichung

$$\sum_{i=0}^{n} (-1)^{n-i} \cdot \binom{i+2}{i} = \frac{1}{8} \cdot (2 \cdot n^2 + 8 \cdot n + 7 + (-1)^n) \text{ für alle } n \in \mathbb{N}_0.$$

Hinweis: Finger weg von Induktion!

Aufgabe • 119 Seien $c, d \in \mathbb{C}^*$ beliebig. Benutzen Sie erzeugende Funktionen, um eine geschlossene Formel für die folgende Rekursion anzugeben:

$$a_0 = 0 \quad \text{und} \quad a_n = c \cdot a_{n-1} + d \text{ für alle } n \in \mathbb{N}.$$

Aufgabe 120 Wir betrachten die Rekursion

$$a_0 = 0, a_1 = 1 \text{ und } a_n = 2a_{n-1} - a_{n-2} + 1 \text{ für alle } n \geq 2.$$

Berechnen Sie eine geschlossene Formel, um a_n zu berechnen.

Aufgabe 121 Finden Sie eine Formel zur Berechnung von $s_n = \sum_{i=0}^{n} i^3$.

Aufgabe 122 Bestimmen Sie die eindeutige formale Potenzreihe $f(x) \in \mathbb{C}[\![x]\!]$ für die gilt

$$x \cdot f(x)^2 + 2 \cdot f(x) + 6 = 0.$$

Aufgabe 123 Sei R ein nullteilerfreier Ring (mit Einselement) und sei $a \in R$ beliebig. Beweisen Sie, dass es maximal zwei verschiedene Elemente $x \in R$ gibt mit $x^2 = a$.

Aufgabe • 124 Wir benutzen die Definition $\binom{\alpha}{n} = \frac{\alpha^{[n]}}{n!}$ für alle $\alpha \in \mathbb{C}$ und $n \in \mathbb{N}_0$. Zeigen Sie, dass $(-1)^n \cdot \binom{\frac{1}{2}}{n} = \binom{-\frac{3}{2}+n}{n}$ gilt.

Aufgabe 125 Seien $\alpha, \beta \in \mathbb{C}$ und $n \in \mathbb{N}_0$.

(a) Beweisen Sie die Formel $\binom{\alpha}{n+1} = \binom{\alpha-1}{n+1} + \binom{\alpha-1}{n}$.

(b) Beweisen Sie

$$\sum_{i=0}^{n} \binom{n}{i} \alpha^{[i]} \beta^{[n-i]} = (\alpha + \beta)^{[n]}.$$

Hinweis: Benutzen Sie Induktion über n und folgen Sie dem Beweis von Proposition 2.26.

Aufgabe 126 Berechnen Sie für alle $n \in \mathbb{N}_0$ die Anzahl von Lösungen der Gleichung

$$x_1 + x_2 + x_3 + x_4 = n \quad \text{mit } x_1, x_2, x_3, x_4 \in \mathbb{N}_0,$$

mit den Randbedingungen $x_1 \equiv 1 \mod 4$, $x_2 \geq 5$ und $x_3 \leq 3$.

Literatur

1. Aigner, M.: Diskrete Mathematik, 6. Aufl. Vieweg, Wiesbaden (2006)
2. Alford, W.R., Granville, A., Pomerance, C.: There are infinitely many Carmichael numbers. Ann. Math. **139**(3), 703–722 (1994)
3. Bosch, S.: Lineare Algebra. Springer, Heidelberg (2014)
4. Bose, R.C., Shrikande, S.S., Parker, E.T.: Further results on the construction of mutually orthogonal Latin squares and the falsity of Euler's conjecture. Canad. J. Math. **12**, 189–203 (1960)
5. Brüdern, J.: Einführung in die analytische Zahlentheorie. Springer, Heidelberg (1995)
6. Doxiadis, A., Papadimitriou, C.: Logicomix. Atrium-Verlag, Hamburg (2010)
7. Frank, M.C., Everett, D.L., Fedorenko, E., Gibson, E.: Number as a cognitive technology: Evidence from Pirahã language and cognition. Cognition **108**, 819–824 (2008)
8. Gartner, M.: Mathematics Magic and Mystery. Dover Publications, New York (1956)
9. Hoffstein, J., Pipher, J., Silverman, J.H.: An Introduction to Mathematical Cryptography. Undergraduate Texts in Mathematics, 2. Aufl. Springer, Heidelberg (2014)
10. Kramer, J., von Pippich, A.: Von den natürlichen Zahlen zu den Quaternionen. Basiswissen Zahlbereiche und Algebra. Springer Spektrum, Heidelberg (2013)
11. Maynard, J.: Small gaps between primes. Ann. Math. **181**(1), 383–413 (2015)
12. Mihailescu, P.: Primary cyclotomic units and a proof of Catalan's conjecture. J. Reine Angew. Math. **572**, 167–195 (2004)
13. Polymath, D.H.J.: Variants of the Selberg sieve, and bounded intervals containing many primes. Res. Math. Sci. **1**, 83 (2014). Art. 12
14. van Lint, J.H., Wilson, R.M.: A Course in Combinatorics, 2. Aufl. Cambridge University Press, Cambridge (2001)
15. Walsh, T.: Candy Crush's puzzling mathematics. Am. Sci. **102**(6), 40–43 (2014)
16. Wiles, A.: Modular elliptic curves and Fermat's Last Theorem. Ann. Math. **141**(3), 443–551 (1995)
17. Zhang, Y.: Bounded gaps between primes. Ann. Math. **179**(3), 1121–1174 (2014)

© Springer-Verlag GmbH Deutschland, ein Teil von Springer Nature 2019
L. Pottmeyer, *Diskrete Mathematik*,
https://doi.org/10.1007/978-3-662-59663-0

springer.com

Willkommen zu den Springer Alerts

Jetzt anmelden!

- Unser Neuerscheinungs-Service für Sie:
  aktuell *** kostenlos *** passgenau *** flexibel

Springer veröffentlicht mehr als 5.500 wissenschaftliche Bücher jährlich in gedruckter Form. Mehr als 2.200 englischsprachige Zeitschriften und mehr als 120.000 eBooks und Referenzwerke sind auf unserer Online Plattform SpringerLink verfügbar. Seit seiner Gründung 1842 arbeitet Springer weltweit mit den hervorragendsten und anerkanntesten Wissenschaftlern zusammen, eine Partnerschaft, die auf Offenheit und gegenseitigem Vertrauen beruht.

Die SpringerAlerts sind der beste Weg, um über Neuentwicklungen im eigenen Fachgebiet auf dem Laufenden zu sein. Sie sind der/die Erste, der/die über neu erschienene Bücher informiert ist oder das Inhaltsverzeichnis des neuesten Zeitschriftenheftes erhält. Unser Service ist kostenlos, schnell und vor allem flexibel. Passen Sie die SpringerAlerts genau an Ihre Interessen und Ihren Bedarf an, um nur diejenigen Information zu erhalten, die Sie wirklich benötigen.

Mehr Infos unter: springer.com/alert

A14445 | Image: Tashatuvango/iStock

Printed in the United States
By Bookmasters